中央高校基本科研业务费专项资助（xjj2016041）

人居环境可持续发展论丛（西北地区）

西安市生态安全综合评价与城镇化发展策略

Comprehensive Evaluation of Ecological Security and Development Strategy of Urbanization in Xi'an

王 非 著

中国建筑工业出版社
CHINA ARCHITECTURE & BUILDING PRESS

前言

城镇化是我国社会和经济发展的客观规律与历史选择，伴随着我国城镇化进程的加快，城镇无序扩张、人口快速膨胀所导致的一系列生态环境问题正威胁着地区生态安全。尤其是生态环境脆弱、生态承载力低下的广大西部地区，生态安全问题已经严重影响到当地经济与社会的可持续发展，亟须科学评估城镇化对于区域生态安全造成的潜在影响，确保城镇化建设与生态环境相适宜。

本书探讨了城市生态安全评价理论、方法与途径，以“驱动力—压力—状态—响应”（DPSR）模型框架构建城市生态安全评价指标体系，基于不同时相遥感影像数据、数字高程数据及统计资料，定量测度西安市城镇化进程对于生态安全的影响，分析了研究区域生态安全格局及生态安全等级分布规律，提出基于生态安全的城镇化发展策略。本书创新性与特色体现在以下几点：

（1）在城乡规划学科领域有机集成模型、数据库、GIS和遥感等前沿技术，为西安市新型城镇化与生态可持续发展战略提供数据支持与分析平台

以GIS与RS为代表的空间信息科学技术是大尺度科学研究中，资料收集、储存、处理和分析不可或缺的手段。在城市区域尺度上，通过解译遥感影像以及DEM数据获取土地利用以及评价所需的空间数据，以GIS平台建立生态安全评价数据库，分析区域生态安全状况与生态安全格局，可视化表达生态安全评价研究成果，为生态安全评价及城镇化建设策略提供数据支持。

（2）从生态安全角度审视城镇化问题，对城镇生态安全进行分级评价，为生态安全研究提出新的思路

依据基于“驱动力—压力—状态—响应”（DPSR）模型的城市生态安全评价指标体系，采用不同时相遥感影像与统计数据评估城市生态安全状态并确定城镇生态安全等级，为确定城镇化发展方向及城市规划、土地利用规划、环境保护、城镇生态潜力评估等提供科学方法与思路。

（3）针对城市新区城镇化建设受规划指导的特点，提出适用于评估规划的生态安全分析与评价方法，为科学评估规划实施对区域生态安全的影响提供技术平台

新区规划实施是影响区域生态安全的关键因素，将规划控制指标与生态安全要素相关联，通过比对现状遥感数据、统计数据与规划指标数据的差异，评估规划实施后的生态安全趋势并提出有针对性的城镇化调控策略，其结果为确保城市新区城镇化建设不突破生态安全底线提供数据支撑，并为城市新区规划、城镇化建设与管理提供参考与依据。

目录

第1章 引论

1.1 核心概念辨析

1.1.1 城镇化与城市化

城镇化指农业人口及土地向非农业的城镇转化的现象及过程[1]，是人类社会发展进程中必然经历的历史阶段。不同学科对于城镇化研究也有侧重点，人类学通常从居民生活方式转变角度出发，经济学侧重对城市内部生产要素及城市产业结构转换的研究，地理学着重从空间角度分析人类活动的地域规律，重点是人口与经济的空间分布变动[2]，城乡规划学科则偏重城镇空间形态及其合理布局。

城镇化与城市化概念的异同点。二者从本质特征讲是一致的，均指非农业人口迁移和非农二、三产业向城镇地区聚集的过程。不同点概括为以下两点：第一，接纳农业人口转移的“城”与“镇”规模不同。辜胜阻指出：“城市化是指人口向城市的集中过程，农村城镇化、非农化是农村人口向县城范围内的城镇集中和农业人口就地转移为非农业人口的过程[3]。”第二，城市化突出城市核心作用，城镇化强调城镇协调发展。胡必亮认为“我国更应该超越传统城市化道路而走出一条新型的、以城乡区域之间一体化的协调发展为中心的城镇化道路”[4]。

综上所述，本书所指的“城镇化”包括城市与中小城镇，即非农业人口和二、三产业在不同规模城镇的集中过程，是广义的城镇化概念。

1.1.2 生态安全与生态安全评价

有关生态安全的概念或定义，至今国内外学者未有定论[5]。一般而言，生态安全概念存在广义与狭义之分，前者以美国国际应用系统分析研究所（IASA，1989）提出的定义为代表，指人的生活、健康、安乐、基本权利、生活保障来源、必要资源、社会秩序和人类适应环境变化的能力等方面不受威胁的状态，包括自然生态安全、经济生态安全和社会生态安全，组成一个复合人工生态安全系统。狭义的生态安全是指自然和半自然生态系统的安全，即生态系统完整性和健康的整体水平反映。[5]

生态安全研究具有不同尺度与层次。肖笃宁认为生态安全研究尺度可大可小，在自然生态方面可以从个体、种群扩大到整个生态系统，而人类生态方面则包括个人、社区、地方乃至国家。[6]余谋昌指出生态安全研究具有层次性特征，形成“全球—大陆、海洋—区域”多层次的生态安全体系。[7]

生态安全评价是对生态系统完整性以及对各种风险下维持其健康的可持续能力的识别与研判，以生态风险和生态健康评价为核心内容，并体现人类安全的主导性。[8]

本书所指的生态安全是广义的生态安全概念，指城市自然、经济、社会复合人工生态系统无危险或不受生态威胁的状态，评价尺度上属于中观的区域层次尺度。

1.2 研究背景

全球经历了3次城市化发展浪潮。第一次发端于18世纪50年代的英国，并带动欧洲城市的发展，历时约200年。第二次城市化发展浪潮始于19世纪60年代的美国，历时约一百年。第三次浪潮则从20世纪30年代南美诸国开始并迅速扩展至广大发展中国家，一直延续至今。[9]伴随全球城镇化进程，人类对自然界的干扰活动加剧，全球生态环境恶化，生态安全日益受到重视，研究范围也从宏观国家生态安全研究[10]、中观区域生态安全研究[11]覆盖到微观城镇生态安全研究[12]，形成不同尺度与层面的生态安全研究局面，并成为相关学科研究热点问题。

我国的城镇化起步于改革开放，城镇化率从1978年的17.9%提高到2016年的57.4%，而且未来一段时间里仍将处于城镇化高速发展期。城镇化率显著提高是我国社会、经济发展的必然趋势，对于促进社会进步、拉动内需、提高人民生活质量和文明水平具有重要作用。然而，快速城镇化进程正在对我国本已脆弱的生态系统形成现实或潜在的巨大威胁，城镇扩张与人口膨胀造成人与自然关系失衡，环境污染、水土流失甚至产生生态危机，进而影响城镇社会与生态环境的可持续发展[13]。因此，城镇化进程对于区域生态安全的影响逐渐成为人们关注的问题，并已经进行了大量深入的研究[6]。

自西部大开发战略实施以来，我国西部城镇建设迎来了快速发展期，2012年西部地区城镇化率也达到了44.93%[14]。作为西部重要的中心城市，西安市近年来经济高速发展，城镇化水平在西部遥遥领先，2015年已达到72%[15]。与此同时，由城镇扩张与盲目发展、不合理的规划和破坏性建设而带来的生态环境问题日渐突出，严重影响当地的可持续发展。探索与分析西安市快速城镇化进程所引发的生态安全问题，构建城市生态安全评价模型，利用GIS与RS技术进行区域生态安全评价，提出基于生态安全的城镇化发展策略，对于指导西安市城镇建设，保障区域生态安全具有重要意义。

1.3 生态安全研究综述

1.3.1 国内外生态安全研究回顾

1. 国外生态安全研究历程

随着人类活动能力与强度的增强，自然环境与生态系统受到严重破坏，人类生存环境和经济社会的可持续发展受到严重威胁[16]，保护生态环境，合理开发利用自然资源以及维护生态系统服务功能的可持续性成为全世界共识[8]。在此背景下，生态安全问题广受关注，并逐渐成为研究热点，研究内容包括生态安全概念、相关理论及其与国家安全、可持续发展间的相互关系。

国外提出生态安全概念最早可追溯到20世纪40年代，Aldo Leopold提出了土地健康的概念及其评价方法，有关生态安全问题的研究在生态（环境）健康与生态（环境）风险两方面展开[17,18]。1988年，联合国环境规划署针对严重环境污染公害事故提出了应急处置计划，即“阿佩尔（Apell）计划”，并在此计划中首次提出环境安全的概念[19]。1996年的《地球公约》将生态安全概念定义为地球生物赖以生存的环境系统健康并且能够可持续发展[20]。1997年，Rogers认为生态安全是指自然生态环境能满足人类和群落的持续生存与发展需求，而不损害自然生态环境的潜力的一种状态[21]。1998年，Rapport等认为应当从人类社会可持续发展角度提出生态安全概念，以提供人类优良的生态服务功能为生态安全目标[17]。2000年，Ursula、Calow等从人类安全角度定义生态安全，认为生态安全是人类社会得以生存、发展的基础条件，是国家安全不可分割的一部分[22,23]。

国外有关生态安全理论可以概括为生态系统健康与环境风险评价理论、环境（生态）安全的国家利益理论以及生态权利理论及其法律实践等[5]，这些理论的提出将生态安全由单纯的生态环境问题上升到国家利益与人的基本权利的高度。

伴随冷战结束，战争威胁下降，传统的不安全因素很快被来自人口、环境变化的各种威胁所取代[24]，环境问题成为人类生存的首要问题。1981年，莱斯特·R·布朗最早从环境角度讨论生态安全问题，在《建立一个持续发展的社会》中对国家安全概念重新释义，认为生态环境是保障国家安全的首要问题[25]。20世纪80年代，人们开始关注生态系统健康问题[2,4]，而且意识到生态系统健康是保障社会经济可持续发展的基础条件[26,27]。1987年联合国环境与发展委员会在《我们共同的未来》报告中提出，“和平和安全问题的某些方面与持续发展的概念是直接有关的。实际上，它们是持续发展的核心”[28]。1991年，国际全球环境变化会议提出全球环境变化和人类安全研究项目，将生态安全和人类生计安全与可持续发展联系起来[29]。美国高度重视环境问题，并将其视为国家核心利益[30]，认为环境问题可能对美国国家安全带来严重威胁。90年代初，成立了环境安全办公室，每年向总统和国会提交关于环境安全的年度报告[31]，美国环境保护局也于2000年提交了《环境安全：通过环境保护加强国家安全》的报告[32]。2006年以来，生态环境的脆弱性受到关注，相继开展全球环境风险的脆弱性评估、全球环境监测和评价计划，以及全球环境变化与脆弱性的国际研讨[33]，并提出了脆弱性评价的框架和指标方法。

综合来看，国外在生态安全研究领域有以下共识：（1）资源、环境压力取代战争威胁，成为引发地区冲突、灾害的重要因素，进而影响到人类社会、经济、环境复合生态系统安全[34]。（2）人口的快速增长，不节制的资源消耗及污染物排放，对生态环境造成极大压力，在发展中国家及生态脆弱地区表现尤为明显。（3）生态安全研究虽然逐渐覆盖到不同尺度与层次，但仍以宏观的全球或国家层面研究为主体[35]。（4）全球气候变化导致生态环境脆弱，亟须评估其对人类生存与发展的潜在影响并积极应对。

2. 国内生态安全研究历程

我国生态安全研究始于20世纪90年代末，涉及内容有生态安全概念及内涵的探讨，土地利用、生态安全评价及技术手段，区域生态安全格局等。

2000年12月19日，由国务院颁布的《全国生态环境保护纲要》中明确定义“国家生态安全是指一个国家生存和发展所需的生态环境处于不受或少受破坏与威胁的状态”[36]。2001年，马克明、李瑾、袁兴中等学者提出生态系统健康概念，探讨了评价指标如何选取[37-39]，傅伯杰等则对生态系统综合评价的内容与方法开展研究[40]。2002年，肖笃宁定义了生态安全的概念和研究内容，提出了区域生态安全研究的特点、评价标准[6]，并就我国西部干旱地区生态安全问题进行深入探索[41,42]。陈国阶认为广义的生态安全应包括生物细胞、组织、个体、种群、群落、生态系统、生态景观、生态区、陆海洋生态及人类生态。任何一级生态层次受到损害、退化或胁迫，都会导致生态系统不安全[43]。李文华、欧阳志云等对生态系统服务功能、经济与环境协调开展研究工作[44-46]。2003～2004年，马克明、傅伯杰等从景观生态学角度提出了区域生态安全格局概念，与其他生态安全研究不同的是更为注重生态安全动态演变与格局分布问题而非生态安全现状描述[47-49]。2005年，陈星等将我国生态安全研究工作概括为生态系统自身安全、生态服务和生态安全分析与评价三个方面，并提出了生态安全研究框架[5]，如图1-1所示。

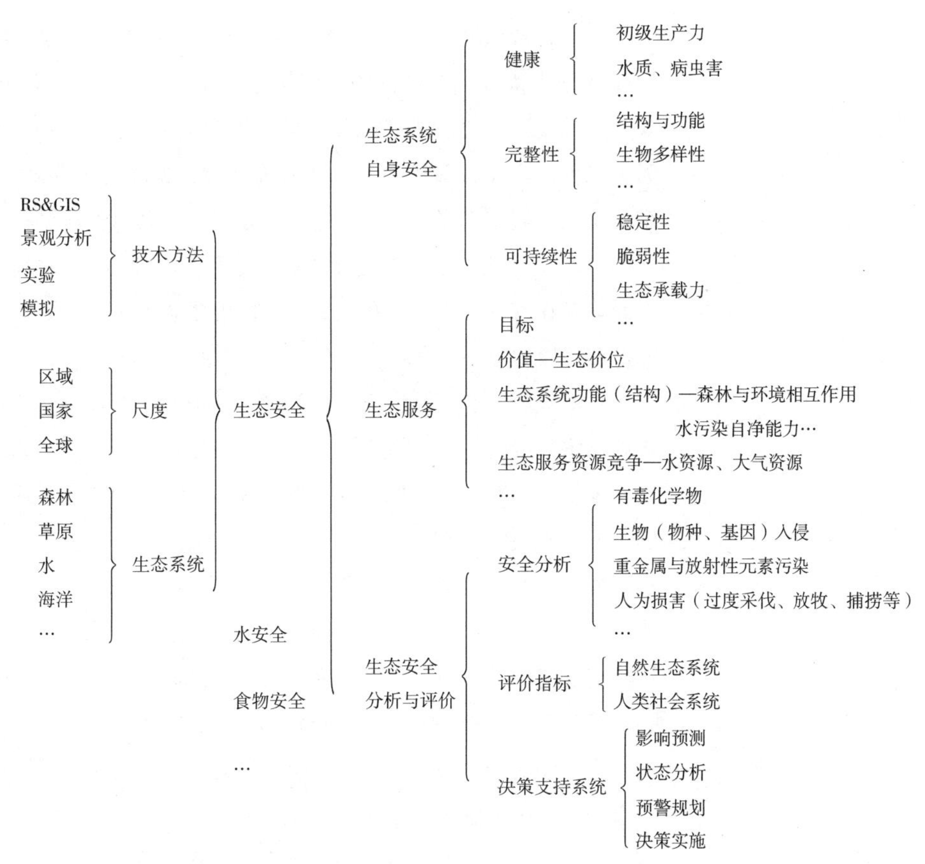

图 1-1　生态安全研究框架
资料来源：陈星，周成虎. 生态安全：国内外研究综述［J］. 地理科学进展，2005,24（6）：8-20。

国内生态安全研究得到了快速发展，已经形成了较为完整的研究网络，构建了统一的研究理念和方法[35]。然而，相较于国外先进国家，其研究仍处于探索阶段，多集中在基础理论的探讨和研究结论的实证检验上，其研究尺度还较少覆盖到各个层面，对生态安全的系统理论与实践的研究还不够深入，缺乏研究领域拓展和延伸。需在后续研究中进一步强化深层次（预测、预警、调控等）和不同尺度与生态环境系统类型研究，从而形成广泛、系统的生态安全研究脉络和知识体系。

关中地区生态安全研究主要从生态足迹、生态承载力、水资源安全、土地利用监测与生态安全演变趋势等方面展开。任志远、黄青等利用生态足迹的理论与方法，对关中地区1986～2002年的生态足迹、生态承载力、生态盈余、生态亏损进行了测算，结果表明关中地区已严重超载，处于生态不安全状态[50]。刘燕、李佩成等则从水资源安全角度分析了渭河流域陕西段生态安全现状，提出关中地区诸多生态安全问题都与水资源过度开发有关，合理开发、利用和保护水资源是保障区域生态安全的关键[51]。黄青等运用生态足迹分析方法对西安市1990～2001年的生态足迹进行了估算和动态变化分析，西安市生态承载力明显下降，对可持续发展构成威胁[52]。霍艳杰等利用不同时相遥感影像定量分析西安市土地利用时空变化状态，发现快速城市化进程导致耕地减少，转化为建设用地趋势明显[53]。郭斌、任志远将西安市土地利用变化与生态安全格局动态演变相关联，探索了二者的内在联系[54,55]。冯晓刚等分析了多时段的西安城区Landsat遥感数据，定量研究了城市扩张强度、紧凑度等指标，发现西安城区扩展空间主要集中在南北方向上[56]。薛亮，任志远等指出生态系统内部和生态系统之间并不封闭，各要素间均存在着相互作用。利用关中地区的生态安全评价数据，运用空间马尔科夫链对该区域的生态安全时空演变进行了分析[57]。

关中地区生态环境研究多侧重于水环境和生态环境的变迁，或者是针对西安水利、水系的研究。环境变迁多见于历史地理学研究中，如陕西师范大学的史念海、朱士光等对黄土高原地区气候、森林、植被、河流变迁展开研究并分析其成因；李令福在《关中水利开发与环境》著作中，对不同历史时期关中的农田水利、城市水利、漕运的开发和利用状况进行了系统研究；张猛刚对渭河中下游河流阶地演化模式进行了研究，预测了河流阶地的演化趋势；赵天改对关中湖沼的历史变迁进行了研究，主要研究了西汉到隋唐关中地区湖泊的数量的变化；桑广书对黄土高原地貌演变与土壤侵蚀的地质、气候、植被、人口与土地利用等因素在历史时期的变化进行了深入系统地研究，定量地研究了历史时期渭河、灞河的河道变迁与土壤侵蚀。

关中地区都市圈城镇发展与河流生态廊道保护的研究。张定青、周若祁等系统分析了关中地区城镇布局与河流分布关系，提出通过构建泾渭水系生态廊道来促建西安大都市圈城镇发展与生态环境保护相协调的策略[58,59]，并以关中地区蓝田县、户县为例，提出不同类型滨河小城镇生态化发展的空间格局模式及相应策略[60-62]。

1.3.2 生态安全评价研究进展

1. 研究方法

在充分吸纳生态、地理、环境、数学等相关学科、领域研究所长的基础上，生态安全研究在评价方法上已由简单的定性描述发展为精确的量化评判[63]。从掌握的文献资料来看，生态安全评价方法包括数学模型方法、景观生态学方法、生态承载力方法以及遥感与地理信息系统研究方法等[8,64-66]。

（1）数学模型方法

将复杂的生态安全系统问题抽象化并以数学模型予以表述，是当前生态安全评价领域的趋势。常用的数学模型方法包括综合指数法、模糊综合评价法、层次分析法、灰色关联度法和物元评判法等。

综合指数法是依据某种标准和计算方法，综合反映区域生态环境状况优劣程度的数量尺度，在全面评价生态环境状况和环境管理时具有重要价值[67]，在生态风险或生态健康定量评价中运用较为广泛[68,69]。

模糊综合评价法是一种基于模糊数学的评价方法，1965年由美国自动控制学专家L.A.Zadeh提出，用以量化表达事物的模糊性与不确定性。由于生态安全综合评价具有层次性和模糊性特点，以精确性著称的传统数学方法难以解决这类问题，而模糊评价则为解决此问题提供了数学语言和定量方法，利用隶属度理论将定性问题量化表达，可以较好地解决上述问题[70]。

层次分析法将研究对象视作一个系统，按照分解、比较判断、综合的思维方式进行系统分析研究。这种方法将复杂的生态安全问题分解成多层次的单目标问题，通过两两判断并辅以人工识别、综合，完成系统评价，很适合生态安全综合评价研究，使用广泛。

生态安全问题极为复杂，人工很难精确判定各指标权重系数值，灰色关联度法提供了解决上述缺陷的新方法以便减小人为主观因素对权重系数的影响。通过综合比较序列的变化态势来确定权重，变化态势相异则意味关联程度小，反之则关联度大[71-73]。

生态安全问题是复杂的系统问题，而且生态安全优与劣具有不确定性和模糊性，评价指标间可能存在不相容问题。层次分析法、模糊评判法等评价方法在实际评价过程中，均在处理级别区间内部差异、白化信息和确定权重方面存在不足[74]。蔡文教授提出的物元分析理论恰恰可以弥补这些不足，其理论支柱是物元理论和可拓集合论，逻辑细胞则是物元[75]。国内有学者尝试将可拓学的原理和方法运用在生态安全评价领域，在物元分析的基础上结合模糊集概念和熵权理论，选取若干反映城市生态安全水平指标，建立了类型识别的物元评判模型，为生态安全评价开辟新途径[76]。

（2）景观生态学方法

20世纪80年代起，景观生态学以其将空间格局、生态学过程和尺度相结合的研究方法[77-79]逐渐成为区域生态安全评价研究的新途径。俞孔坚引入地理学常用的费用距离建立阻力面模型，用以判别广东丹霞山风景区景观生态安全格局[80]。李绥等基于生态安全格局理论和RS、GIS技术，选择地形条件、洪水危害、土壤侵蚀、植被覆盖、地质灾害和生物保护6个要素作为城市空间扩展的生态约束条件，确定了南充市生态安全等级并预测城市合理扩张趋势[81]。

（3）生态承载力方法

目前，生态足迹法和能值分析法是最具代表性的生态承载力评价方法，加拿大学者William于1992年提出了生态足迹的概念[82,83]，并与Wackernagel发展和完善为生态足迹模型[84,85]。1997年，Wackernagel等计算了52个国家的生态足迹，提出全球人均生态足迹的阈值为1.7公顷[86]。2002年，Wackernagel等更新了全球生态足迹数据，发现人类的生态足迹已经超过地球承载力的20%[87]，而且预测50年后将会超过生态承载力100%[88]。

20世纪90年代末，国内有关生态足迹的研究逐渐兴起[89,90]，研究涵盖全国、区域、省份及大、中城市的生态足迹测算与评价[91-94]，对于推动我国的生态安全研究以及可持续发展度量工作具有重要意义[95]。

（4）遥感与地理信息系统方法

遥感（RS）技术是生态安全评价研究的重要技术工具，可以快速、大尺度地获取评价所需的各类空间数据。地理信息系统（GIS）则为解译遥感数据提供软件支持，而且利用GIS的空间分析功能，使评价单元从行政单元扩展到地理单元，为认识环境的区域分异规律，指导资源的合理配置和制定环境保护规划提供技术分析平台。[5]

上述研究方法各有特点，并在生态安全评价领域得到了广泛应用，比较其异同，如表1-1所示。

生态安全评价方法比较 **表 1-1**

评价方法	代表性方法	特点	案例
数学模型	综合指数法	体现生态安全评价的综合性和层次性，而且将评价数据标准化处理为0～1之间，便于比较	海南岛生态安全评价[96]；关中地区生态安全评价[97]
	模糊综合评价法	较好地解决模糊的、难以量化的评价问题，适合非确定性问题的比较	西北黑河流域中游张掖地区生态安全评价研究[98]；美国阿巴拉契亚地区[99]及哥伦比亚河盆地生态安全模糊综合评价[100]
	层次分析法	系统性的分析方法，简洁实用且所需定量数据较少，但权重确定受主观因素影响较大，指标较多时数据统计量大	浙江嘉兴土地资源生态安全评价[101]
	灰色关联度法	将主观因素对权重系数的影响减少到最小，精准确定评价指标权重系数	怀来县荒漠化地区生态安全评价[102]
	物元评判法	由于可拓学关联函数取值范围大，所以评判精度更高，但确定关联函数难度较大且不通用	北京、上海、广州等十座城市生态安全评价[76]；基于物元分析的河北省土地生态安全评价[103]
景观生态学	景观生态安全格局	将生态问题诊断、生态功能需求评估和景观格局规划三者紧密结合，使研究不再局限于对生态安全现状的评估，而更为注重生态过程与格局的变化趋势	广东丹霞山国家风景名胜区生物保护的生态安全评价[80]；北京市生态安全格局[104]；黑河流域酒泉绿洲生态安全评价[105]；台州市生态安全格局[106]；菏泽市生态安全格局[107]
生态承载力	生态足迹	概念易于理解，但过于强调社会经济对生态环境的影响而忽略其他环境影响因素的作用，具有生态偏向性，不够全面	关中地区生态安全定量评价与动态分析[50]；甘肃省[92]、新疆[93]生态足迹分析
遥感与地理信息	数字模型	利用3S技术，采用栅格数据结构，易于实现评价结果可视化表达	辽河中下游流域生态安全评价[108]；四川省生态安全评价研究[109]

2. 评价体系

生态安全评价是生态安全研究的核心问题[110]，而评价的关键环节则是评价体系的选取与确定[111]。当前尚未有一致公认的生态安全评价指标体系，归纳、总结相关文献资料，可概括为“压力—状态—响应”评价体系及其衍生评价体系、环境、生物与生态系统分类评价体系、暴露—响应评价指标体系等4类生态安全评价体系。

（1）“压力—状态—响应”（PSR）评价体系

1990年，联合国经济合作开发署提出了“压力—状态—响应”框架模型[112]，如图1-2所示。该框架模型具有明晰的因果逻辑关系，即人类活动对环境施加了压力，导致环境状态发生改变，为了恢复环境质量或防止环境退化，人类社会对环境的变化作出积极响应。目前，“压力—状态—响应”生态安全评价指标体系是国内外主流的，受到广泛认可的评价指标体系。

（2）“压力—状态—响应”衍生评价体系

在“压力—状态—响应”评价框架基础上，国内外学者发展了许多衍生评价体系，包括“驱动力—状态—响应”（DSR）、“驱动力—压力—状态—影响—响应”（DPSIR）、“驱动力—压力—状态—响应”（DPSR）等评价体系。

1996年，联合国可持续发展委员会建立了“驱动力—状态—响应”（DSR）框架模型，采用驱动力指标反映人类社会经济活动对环境变化所起的驱动作用。

针对P-S-R模型的一个明显缺陷，即人类活动对环境的影响只能通过环境状态指标随时间的变化而间接地反映出来[113]，欧洲环境署提出“驱动力—压力—状态—影响—响应”（DPSIR）评价框架体系，增加了“驱动力”指标（Driving force）和“影响”指标（Impact），描述了人类活动与环境之间相互作用的各因子之间的关系[114]。其中，“驱动力”指标指推动环境压力增加或减轻的社会经济或社会文化因子，“影响”指标指由环境状况改变导致的正面或负面结果[112]。

2003年，左伟等在上述生态安全评价研究框架基础上，提出了区域生态安全

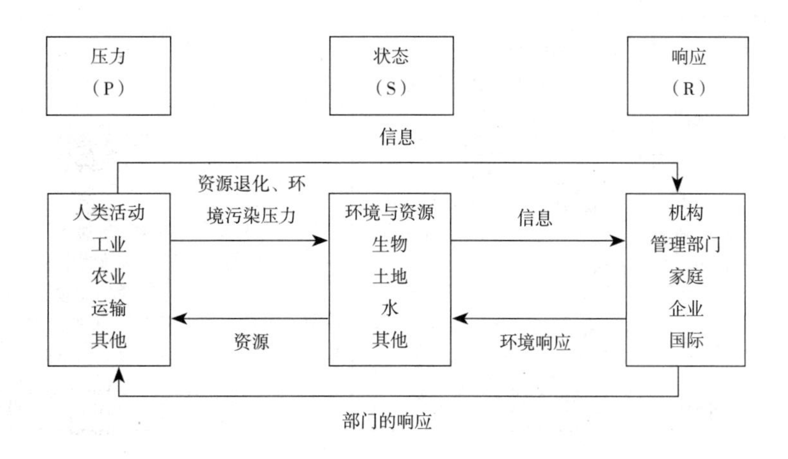

图1-2 “压力—状态—响应”（PSR）框架模型
资料来源：左伟，周慧珍，王桥. 区域生态安全评价指标体系选取的概念框架研究［J］. 土壤，2003，（1）：2-7。

评价指标体系概念框架[112]（图1-2），即“驱动力—压力—状态—响应”（DPSR）概念框架模型，该模型扩展了PSR模型中压力模块的含义[63]，应用领域广泛，指标选取反映了生态环境系统与人类活动和社会需要的密切关系[115]。

（3）“暴露—响应”（Exposure-effect）评价体系

该体系主要从生态风险与生态健康两方面建立指标体系[116,117]，是以美国环保局提出的《生态风险评价大纲》和美国国家科学院的《风险评价问题》为标准选取指标。上述两个纲要提出的风险源（Risk sources）、暴露-响应（Exposure-effect）评价框架等概念和方法对完善生态安全理论具有指导意义。欧盟基于“暴露—响应”评价框架提出了面向欧洲国家的环境压力指标清单，以便在欧盟国家间进行生态风险比较[118]，其评价内容主要包括危害评价（Hazard），暴露分析（Exposure），受体分析（Receptor）和风险表征[119,120]等。我国学者付在毅研究了环渤海三角洲湿地的生态风险，针对湿地常见风险源进行分级评价，提出可量化的湿地生态环境风险性和脆弱性指标[121]。

（4）环境、生物与生态系统分类评价体系

环境、生物和生态系统安全是这类评价指标体系关注的内容[122]，如环境安全指标分为污染源、环境受体以及资源状况等方面，生物安全则主要以生物多样性体现。评价大多针对微观生态系统的质量和健康，着重反映自然或半自然生态系统的安全状况。

对上述不同类型生态安全评价体系进行分析与比较，如表1-2所示。

生态安全评价体系比较 **表 1-2**

评价体系		特点	适用范围	不足	案例
“压力—状态—响应”（PSR）评价体系		评价框架强调人类经济活动及其对环境的影响之间的因果关系，指标选取综合、灵活	区域生态安全评价、流域生态健康评价、生态脆弱性评价等	注重生态安全现状研究，缺乏动态趋势研究	北京市生态安全研究[123]；新疆艾比湖流域生态系统健康评价[124]；泾河流域中下游生态安全评价与分析[125]；浙江省城市土地集约利用实证研究[126]
PSR衍生评价体系	驱动力—状态—响应（DSR）	注重环境问题产生的原因、环境质量、状态的变化及做出的响应	能够较好地分析社会、经济、生态等广义生态安全问题，广泛用于不同尺度生态安全评价、流域生态安全评价、风险评价、土地利用评价	明确产生环境问题的原因并选取合适的指标量化表述并非易事	淮河流域生态安全评价研究[127]
	驱动力—压力—状态—影响—响应（DPSIR）	强调生态安全的变化具有系统动力学特点，体现了人类活动与环境之间相互作用的各因子之间的关系		框架设计复杂，难以准确地区分并选择出驱动力、压力、状态、影响、响应等指标	金沙江流域生态安全评价指标体系研究[128]；吉林省白山市生态安全评价[129]
	驱动力—压力—状态—响应（DPSR）	在PSR框架基础上增加推动环境压力变化的驱动力指标，使该模型框架含义更加广泛			江苏东台自然保护区海岸带生态安全评估研究[130]；大连市、锦州市土地集约利用对比分析[131]

续表

评价体系	特点	适用范围	不足	案例
“暴露—响应”评价体系	从生态风险与生态健康两方面构建指标体系，选取的指标包含生态风险因素的识别、暴露分析以及影响等	不同尺度生态风险与生态健康评价	评价范围窄，大多针对生物入侵、人类干扰所引起的突发性灾害[132]	意大利东北海岸水生态系统和陆地生态系统生态分析评价[133]；辽河三角洲湿地生态环境风险性评价[121]
“环境、生物与生态系统分类”评价体系	从环境安全、生物安全和生态系统安全角度分析生态安全问题	不同尺度的环境质量评价	评价多限于对自然生态系统的环境质量评价	农业可持续发展的生态安全及其评价研究[134]；草地退化及其生态安全评价指标体系探索[135]

1.3.3 研究不足之处

第一，对快速城镇化区域生态安全研究关注不够，研究内容还不全面。城镇化是我国社会经济发展所必然经历的阶段，在快速城镇化过程中城市迅速扩张，导致环境污染、水土流失等一系列环境问题，对城市生态安全构成威胁。当前对于城市区域生态安全研究限于城市生态系统服务价值评估、生态系统健康评价、景观格局变化等方面[136,137]。系统研究快速城镇化进程对于生态安全的影响仍相对缺乏，如何在维护生态安全的条件下促进城镇化健康有序发展，是生态安全研究需解决的重要问题。

第二，对生态安全评价指标体系自身的科学合理性分析不足，造成评价结果无法令人信服。为了确保生态安全评价的准确性，普遍从定性评价发展到定量评价，利用数学模型进行评价研究。虽然评价中已经注意了数学方法的使用，但是缺乏对评价指标体系自身的信度与效度一致性检验，难以保证评价结果的科学性。

第三，多以行政区划为评价单元，无法反映内部空间差异性特征。区域生态安全评价大多以行政区划为评价单元，其原因是评价中所需要的社会、经济、污染物治理与排放数据是以行政区划口径统计的，例如人口密度、GDP增长率、人均能耗、三废排放强度、三废治理达标率等。其优点是评价数据容易获得且有权威性，这点对于生态安全量化评价至关重要，但缺点也显而易见，就是无法反映评价单元内部空间差异性特征。以人口密度为例，行政区划单元内部人口分布差异依然很大，城市与乡村、平原与山地的空间差异性被平均值所掩盖，无法反映人口分布特征。因此，在生态安全评价中如何反映出评价单元内部空间差异性特征是亟待解决的问题。

1.4 研究内容与研究意义

1.4.1 研究内容

充分运用生态学、地理学、环境学、建筑、规划等多学科知识，在RIS和

GIS技术支持下，综合评价西安市城镇化进程的生态安全状况并提出基于生态安全的城镇化发展策略。主要研究内容如下：

1. 生态安全评价指标体系构建

在充分认识城市生态系统特征的基础上，以系统设计法为指导，基于DPSR模型的生态安全评价方法，通过电话访谈统计指标频次以及专家访谈筛选指标的步骤，选择出有代表性、认可度高的32项生态安全评价指标，建立了城市生态安全评价指标体系，并对指标体系信度及效度进行了一致性检验。利用层次分析法确定了各指标权重，为西安市生态安全综合评价研究奠定基础。

2. 数据库建立

综合采用遥感影像分析、实地观测、调查走访、收集统计资料等方法获取评价数据，分为遥感数据与非遥感数据2类（前者为空间数据，后者为属性数据）。遥感数据包括研究区域遥感影像数据（TM）、数字高程模型数据（DEM），非遥感数据包括纸质地形图数据、评价所需的经济、社会、人口、城市、能源、环保等各方面统计数据。在GIS平台下，将收集的数据制作成研究区域空间数据库和属性数据库，为后续生态安全评价工作做好准备。

3. 生态安全单项评价研究

从驱动力、压力、状态、响应4方面32项生态安全指标对研究对象进行评价，定量测度西安市城镇化进程对于生态安全的影响。通过追加属性表、叠加分析等技术手段，将评价结果进行空间可视化表现，转换为栅格数据，为综合评价提供数据支撑。

4. 生态安全综合评价研究

利用GIS平台，将单项评价栅格数据分别赋以权重并进行叠加求和运算，从而得到生态安全综合指数。划分生态安全等级，揭示区域生态安全特征，并对区域城镇生态安全的空间分布格局进行分析，发现其与地形存在耦合规律，城镇生态安全等级分布呈现自山地、台塬、丘陵、平原逐渐递减的趋势，而城镇数目、城镇密度则相反。

5. 基于生态安全的城镇化发展策略与实例研究

在西安市生态安全单项评价与综合评价基础上进行实例研究，举例分析主城区、中小城镇、城市新区三类城镇化区域面临的生态安全问题，有针对性地提出基于生态安全的城镇化发展策略。

1.4.2 研究意义

盲目、不加控制的城镇化进程会对自然生态系统造成严重破坏，弱化生态系统服务功能，甚至威胁到人类的生存，从而使生态环境问题上升到生态安全问题，引起广泛关注。我国正处于快速城镇化进程中，据国家统计局公布的数据，2011年我国城镇化率为51.27%，历史上首次出现城镇人口超过农村人口的局面，而且在可预见的未来，仍将有数亿农村人口进入城镇生活。在此背景下，以生态安全视角审视城镇化问题，探索在快速城镇化进程中如何确保生态安全就显得尤为重要。目前生态安全研究已成为多学科、多领域的热门研究课题，但是评估城镇化进程对城市生态安全的影响，预期城市生态安全格局演变趋势的研究甚少[53,138]。

作为我国西北地区中心城市，西安市生态环境脆弱而城镇化进程又处于加速推进阶段，与尤其在“十一五”时期（2006~2010年），城市年扩张面积13平方公里，约为新中国成立后年扩张面积的2.5倍，评价这一时段快速城镇化进程对生态安全的影响具有典型性与代表性，对于探索我国西部快速城镇化地区可持续发展具有重要意义。

1）城市区域生态安全评价涉及生态学、地理学、环境学、规划、建筑等多学科领域，研究将有力促进各学科交流、融合，具有跨学科研究意义。将上述学科的知识和思路综合集成并形成体系，将有利于系统提出改善生态安全并促进区域城镇化的方法，协调城镇化与生态建设之间的关系，保护、恢复和重建赖以生存的城市生态环境。

2）以系统论、人居环境科学、生态学为理论基础，借鉴相关学科研究成果，以系统设计法为工具，利用“驱动力—压力—状态—响应”（DPSR）模型框架构建了目前较全面且具有可操作性的城市生态安全综合评价指标体系，使城市生态安全评价综合化、体系化、层次化，具有重要的应用研究价值。

3）定量的测度城镇化建设对于区域生态安全的影响，对于充分认识西安市城镇生态安全状况与分布规律，指导城镇建设、城市规划及土地利用规划具有重要应用价值。

1.5 研究方法与技术路线

1.5.1 研究方法

1. 人居环境科学研究方法

城市自然、经济、社会复合系统生态安全问题，属于典型的复杂系统性问题，对于此类问题，任何单一的学科研究方法都显得力不从心，迫切需要综合、系统的研究方法展开跨学科研究。吴良镛先生提出的人居环境科学研究方法强调“对于开放的复杂性系统问题需要进行融贯的综合研究，以问题为导向，将复杂问题化繁为简成若干方面，从相邻学科吸收知识解决问题，最终综合集成为整体，得到研究成果”[139]，如图1-3所示。本书中，区域尺度的生态安全评价研究借助于生态学、地理学、经济学、社会学学科的渗透和延展，而小尺度、具体的基于生态安全评价的城镇建设策略研究则需要规划、建筑等学科的支撑。以问题为导向，综合集成各学科所长，保证了研究既可以从宏观把握生态安全问题又能在微观领域将基于生态安全的城镇化建设措施落到实处。

2. 生态学研究方法

将研究对象视为由自然环境、社会、经济构成的城市复合生态系统，从生态系统安全角度构建评价指标体系，确定生态安全等级。其次，在快速城镇化地区生态安全研究中景观生态学研究方法极具优势，与其他生态学方法相比，更突出了不同尺度空间格局和生态学过程的相互作用，是一种动态的研究方法。

3. 空间信息科学研究方法

以GIS与RS为代表的空间信息科学技术为研究区域生态安全空间分布和动态变化，尤其是物理、生物和各种人类活动过程相互之间的复杂关系提供了极为有效的研究方法。在大尺度的区域生态安全研究中，已经成为资料收集、储存、处理和分析不可或缺的手段。在城市区域尺度上，将生态安全研究与空间信息技术结合，通过解译遥感影像以及DEM数据获取土地利用以及评价所需的空间数据，以GIS平台建立生态安全空间数据库，利用叠加分析手段评价西安市生态安全状况、生态安全格局和过程、可视化表达生态安全评价与生态安全格局研究成果，将评价数据、信息落实到具体空间位置，为生态安全综合评价及生态安全演变趋势研究提供数据支持。

4. 实地调研、调查问卷、统计分析等研究方法

在微观尺度研究上，实地调研不可或缺，是取得第一手资料必需的方法。实地调研方法又可采取访谈与观察两种方法。在生态安全评价指标的选取、权重的

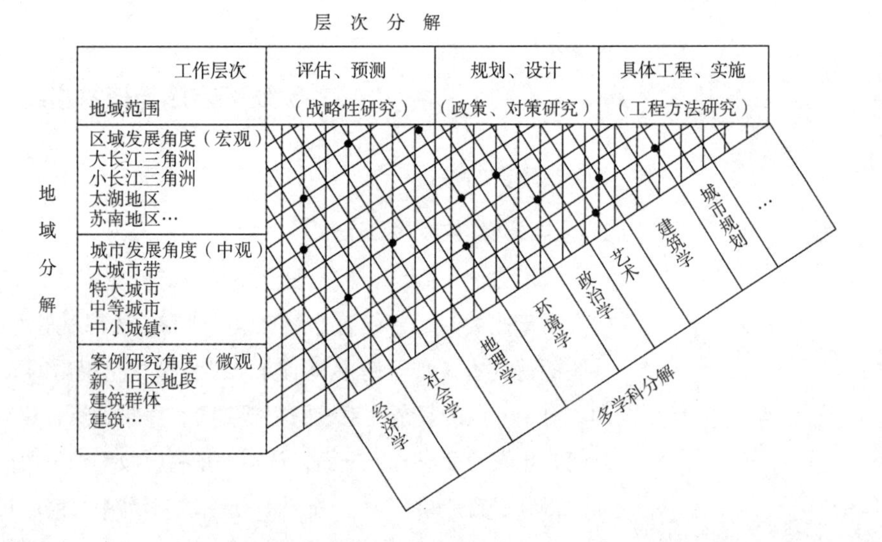

图1-3 “以问题为导向”的分解研究方法
资料来源：吴良镛．人居环境科学导论［M］．北京：中国建筑工业出版社，2001：111。

确定过程中都会用到调查问卷的方法，并利用SPSS分析软件进行数据统计分析研究。

1.5.2 技术路线

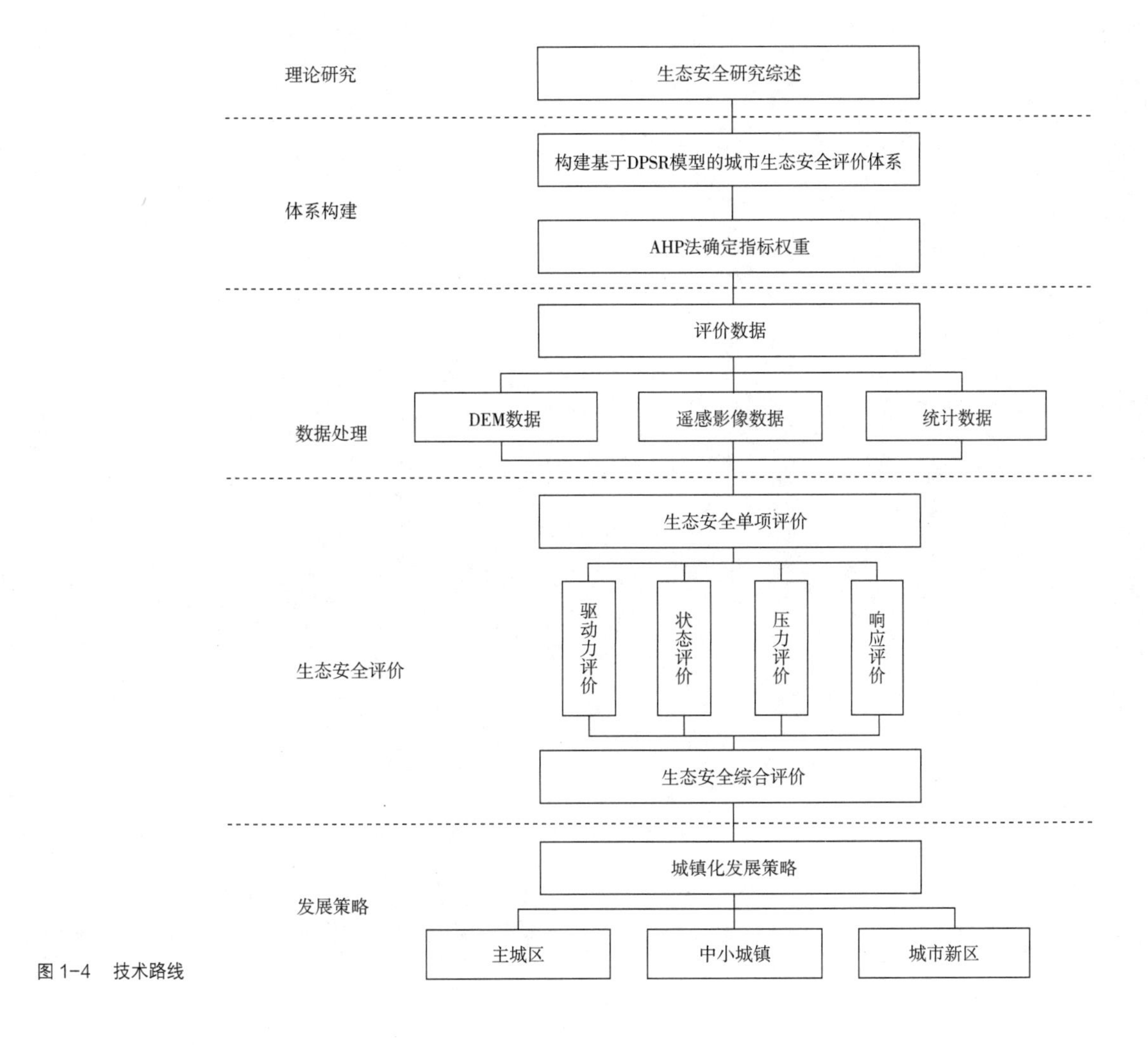

图 1-4 技术路线

第2章 城市生态安全综合评价体系

2.1 生态安全评价程序

城市生态系统是一个融自然、社会、经济为一体的复合生态系统，对城市区域的生态安全评价可以归类为系统评价的范畴。在生态安全评价工作过程中，评价主体按照一定的工作程序，采用系统评价方法，经历一系列的评价步骤，得到评价结果并用于决策，生态安全评价程序如图2-1所示。

在评价过程中，首先要搞清楚评价对象是什么，如果评价对象表述不清甚至错误，后面的工作也就失去了意义；其次，选择合适的评价方法是关键，生态安全评价方法多种多样，各有千秋，而最适合于解决特定评价问题的评价方法才是需要的，并不一定是最新的或流行的就是最好的；最后，值得关注的是系统评价本身是一个主、客观矛盾统一的过程。因为评价过程本身要建立在坚实的客观基础上（如各种评价数据、调研资料收集与分析），而评价结果往往又受到评价主体及决策者主观感受的影响。

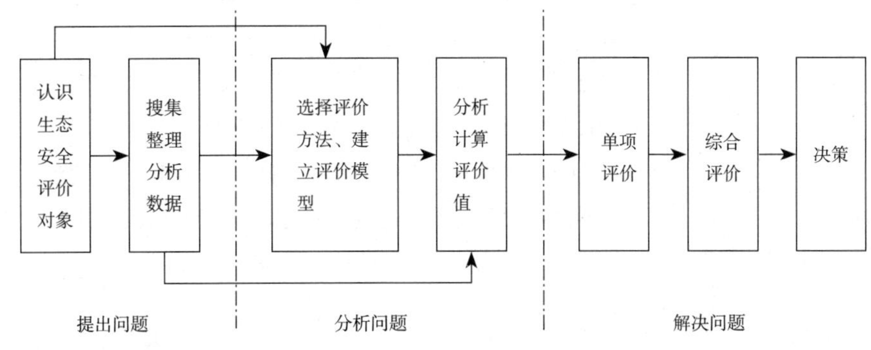

图2-1　生态安全评价程序

2.2 城市生态系统特征

20世纪80年代，我国学者马世骏、王如松提出了“社会—经济—自然”复合生态系统的概念，并认为城市是一个以人类行为为主导、自然生态系统为依托、生态过程所驱动的“社会—经济—自然”复合生态系统[140]。

相较于自然生态系统，城市生态系统具有以下特征：城市生态系统是以人类为核心的生态系统，人类不仅是消费者而且是整个系统的生产者，因此，人类活动对城市生态系统的发展起着重要的支配作用；城市生态系统中人口、能量和物质容量大，密度高，运转快，与社会经济发展的活跃因素有关；城市生态系统自我恢复、调节能力远远不如自然生态系统，极易出现环境污染等问题；城市是一定区域范围的中心地，需要周边区域能源、食品、物资供给而存在和发展，故城市生态系统的依赖性很强，独立性很弱[141]。城市生态系统示意[142]如图2-2所示。

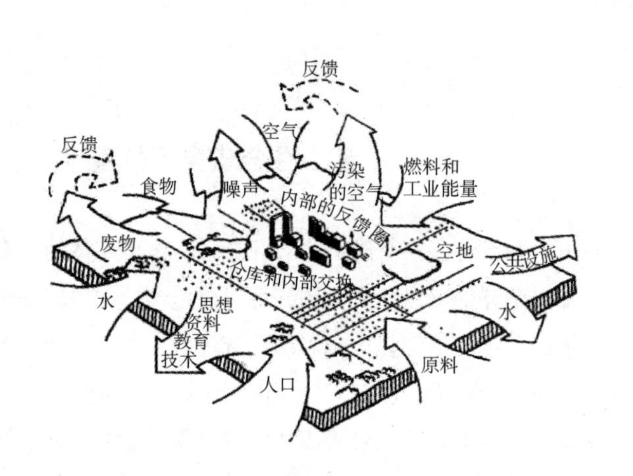

图 2-2　城市生态系统示意图
资料来源：席慕谊. 城市生态学与城市环境［M］. 北京：中国计量出版社，1997。

2.3 基于DPSR模型的指标体系构建

2.3.1 DPSR生态安全模型

2003年，我国学者左伟在PSR模型框架基础上提出了DPSR模型[112]，它扩展了原模型中压力模块的含义，指出既有人文、社会方面的压力，也有自然界方面的压力，并构建了满足人类需求的生态环境状态指标、人文社会压力指标及环境污染压力指标体系作为区域生态安全评价指标体系[63]。该指标体系从系统分析的角度阐述人与环境系统的相互作用关系，是衡量环境及可持续发展的一种评价概念模型，在生态安全研究中广泛使用[130]。DPSR模型比其他评价模型更为适合评估城市生态系统，原因有以下几点：

（1）模型在PSR框架基础上提出了生态环境系统变化驱动力的概念模块，强调导致环境压力与状态变化的驱动作用。相较于其他类型生态系统，城市生态系统变化受到人类社会、经济驱动作用更为直接、明确，因此适合采用DPSR模型来构建城市生态安全评价指标体系。

（2）模型具有很强的综合性和灵活性[112]，指标的选取同时面对人类活动与自然现象，能够综合评判城市生态系统。评价尺度可大可小，体现评价的灵活性。

（3）模型不仅注重对生态环境的评价，而且还评估了人类对环境恶化采取的补救措施的效果。强调人类并非被动接受环境恶化现状，而是通过主观努力，采取有效的调控手段改善生态环境，促进人类活动与城市生态的和谐，从而提高区域生态安全水平。

2.3.2 一级指标的确定

生态安全评价中，指标体系的选择和构建是评价的基础和关键，影响到评价的过程和结果。目前还没有通用的城市生态安全评价指标体系，由于研究者的出发点和视角不同，所提出的指标体系也不尽相同。考虑到城市生态系统受社会、经济等人为因素影响较多的特点，采用“驱动力—压力—状态—响应”（DPSR）模型框架[112]来构建城市生态安全评价指标体系，增加驱动力指标用以反映社会经济活动对城市生态环境的驱动作用（图2-3）。

2.3.3 二级指标及要素层内容的确定

在参考国内外主流生态安全评价指标体系的基础上，通过专家访谈初步确定二级指标体系的内容，按照全面、不重叠以及便于测量的原则对指标进行初级取舍。选择国内5所高校的城乡规划学科、建筑学科、环境学科、地理学科等相关专业的50名博士生进行电话访谈，再选择相关专业的5位专家、教授进行面对面访谈，通过统计指标提及频次及专家访谈来确定评价指标。以访谈问卷为基本提纲，统计访谈结果出现的频次，频次低于70%的指标予以剔除，对于专家面对面访谈中提到需要增减的指标予以增减，统计结果见表2-1。

电话访谈提及频次低于70%的指标予以剔除，包括：人均耕地面积、人均粮食产量、人均煤炭消耗量、人均汽油消耗量、SO_2排放强度、干旱天数、坡向、年平均气温、年积温、年降雨量、水土流失量、河流蜿蜒度、风景名胜资源度、

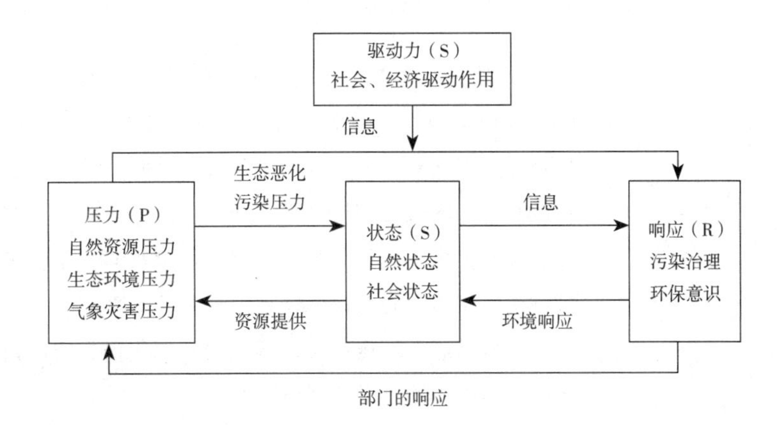

图 2-3 DPSR 生态安全评价模型框架
资料来源：左伟，周慧珍，王桥．区域生态安全评价指标体系选取的概念框架研究［J］．土壤，2003，(1)：2-7。

生态安全评价指标提及频次统计表 **表 2-1**

一级指标	二级指标	要素层指标		提及频次
驱动力	社会经济驱动	1	GDP增长率	74%
		2	城镇建设用地比率	88%
		3	人口密度	82%
压力	自然资源压力	4	水资源消耗密度	96%
		5	土地资源承载力	82%
		6	人均能耗	78%
		7	人均耕地面积	66%
		8	人均粮食产量	58%
		9	人均煤炭消耗量	64%
		10	人均汽油消耗量	52%
	生态环境压力	11	工业废水排放指数	90%
		12	工业废气排放指数	88%
		13	工业固废排放指数	82%
		14	农药化肥施用指数	90%
		15	SO_2排放强度	62%
	气象灾害压力	16	高温天数	84%
		17	强降雨天数	78%
		18	低温天数	72%
		19	干旱天数	58%
状态	自然状态	20	地形起伏度	86%
		21	坡度	82%
		22	坡向	46%
		23	年平均气温	56%
		24	年积温	62%
		25	年降雨量	68%
		26	水土流失量	64%
状态	自然状态	27	土壤侵蚀强度	76%
		28	河网密度	84%
		29	河流蜿蜒度	48%
		30	植被覆盖指数	96%
		31	风景名胜资源度	62%
	社会状态	32	城镇集聚—碎化指数	56%
		33	城镇化率	90%
		34	城镇人口增长率	78%
		35	人均财政收入	82%
		36	土地产出率	86%
		37	人均GDP	72%
		38	第三产业占GDP比重	78%
		39	道路交通指数	72%
		40	地区生产总值	42%
		41	人均预期寿命	64%
响应	污染治理	42	工业废水达标率	80%
		43	工业烟尘排放达标率	82%
		44	工业固废利用率	76%
		45	单位GDP能耗	86%
		46	$PM_{2.5}$浓度	82%
		47	饮用水源达标率	62%
		48	单位GDP耗电量	66%
		49	生活垃圾处理率	58%
	环保意识	50	环保投资指数	86%
		51	教育投入比重	66%
		52	每万人大学生数	42%

城镇集聚—碎化指数、地区生产总值、人均预期寿命、饮用水源达标率、单位GDP耗电量、生活垃圾处理率、教育投入比重、每万人大学生数。$PM_{2.5}$浓度指标被提及频次82%，本应予以保留，但由于所用遥感数据截至2010年，而我国公布$PM_{2.5}$监测数据始于2012年，西安市公布$PM_{2.5}$监测数据始于2012年7月1日，故在研究时限内无可量化数据，因此予以取消。在后续研究中，可将此项指标纳入到城市区域生态安全评价体系中予以量化评价。

风景名胜资源度以及城镇集聚—碎化指数统计频次低于70%，但是访谈专家普遍认为应当予以保留。原因如下：

风景名胜具有风景优美而且生态环境优良的双重属性，保护好风景名胜资源，既可满足人们审美与游憩活动需求，又对维护区域生态安全起到积极作用。因此，风景名胜资源分布的多少与等级的高低对提升区域生态安全水平有重要价值，予以保留。

城镇集聚—碎化指数是用来定量的测度城镇集中或者分散趋势的指标，用以判断区域城镇人口以及产业是集聚在城市中心单核心式发展，还是向周边中小城镇和乡村地区扩散，带动周边区域的产业发展及经济增长，从而使整个区域发展更趋均衡，出现明显的分散、碎化趋势。访谈专家普遍认为，该指标的测度有利于掌握研究区域总体城镇化发展水平以及区域内部城镇群集聚或者扩散趋势，应当测评。

通过电话访谈与专家面谈方法来筛选生态安全评价指标，从中选择出具有共识，认可度较高的生态安全评价指标共计32项。其中，反映驱动力的指标3项、压力指标10项、状态指标14项、响应指标5项。各项指标具体含义如下：

驱动力（driving force），代表驱动城市生态系统发生改变的动力，即人类社会经济活动驱动力。人类社会经济活动驱动力是指区域经济和社会发展对生态系统的驱动作用，包括经济发展、城镇扩张、人口集聚等方面，对应的指标有GDP增长率、城镇建设用地比率、人口密度。其中GDP增长率反映经济增长速度，过快的增速往往对生态环境带来较大压力；城镇建设用地比率指城镇建设用地与坡度小于25%用地比例，反映城镇扩张程度，值越大，城镇建设用地越多，生态用地越少，生态安全适宜程度越低；人口密度反映研究区域范围内人口集聚的疏密程度，人口密度越高，对生态环境压力越大，生态安全适宜程度越低。

压力（pressure），代表导致城市生态系统结构和功能发生变化的生态压力，是驱动力产生的结果，即由社会经济活动等人为扰动因素给城市生态系统带来的直接影响。对城市生态系统的压力概括为自然资源压力、生态环境压力和气象灾害压力。自然资源压力由人口增长、人口聚集造成，包括水资源消耗密度、土地资源承载力、人均能耗。其中，水资源消耗密度指单位面积土地上消耗的水资源量，人类生产、生活用水量越大，对城市生态环境压力越大；土地资源承载力反映了研究区域土地资源能否满足人口对于粮食等生存必需品需求；人均能耗指地区年消耗能源折算成标准煤与常住人口的比值，人均能耗越高，能源消耗越大，发展越不可持续，生态安全适宜程度越低。生态环境压力是指工农业生产排放的污染物对生态环境构成压力，包括工业废水、工业废气、工业固体排放物、农用化肥施用量等。上述4个指标均代表工、农业生产对生态环境所造成的破坏与污染，值越大生态安全适宜程度越低。气象灾害压力，包括高温、洪涝、低温等，分别以高温天数、强降雨天数、低温天数来测度。气象灾害一般指气候反常对人类生活和生产所造成的灾害。全球气候暖化背景下，气候异常、极端气象灾害事件频发，对社会经济破坏巨大，对生态安全带来不可忽视的影响。

状态（state），代表由压力导致的自然、生态、社会复合系统环境的改变，包括自然状态与社会状态。其中，自然状态包括地形起伏度、坡度、土壤侵蚀强度、河网密度、植被覆盖度、风景名胜资源度。其中，地形起伏度、坡度是用来划分地形地貌的重要指标，值越大，地形越不平坦，地势越陡峻，越不适宜人居，容易发生水土流失等灾害，威胁生态安全；土壤侵蚀强度是定量表示和衡量区域土壤侵蚀量与侵蚀程度的指标，值越大的区域生态安全适宜性越低；河网密度用来表示区域水系河网分布丰缺程度，值越大河网水系越密集，生态安全适宜性越高；植被覆盖度是区域生态环境系统变化的重要指标，植被覆盖度的高低反映了区域生态环境的优劣、生态安全适宜性的程度；风景名胜资源度指标反映了景观优美且生态良好区域的分布状况。社会状态指标包括城镇集聚—碎化指数、城镇化率、城镇人口增长率、人均财政收入、土地产出率、人均GDP、第三产业占GDP比重、道路交通指数。其中，城镇集聚—碎化指数用来定量测度城镇集聚或扩散趋势，值越高，说明城镇发展越均衡，生态安全适宜程度越高；城镇化率是定量测度城镇化发展水平的指标，反映人口向城市聚集的过程和聚集程度；城镇人口增长率指一定时期城镇人口自然增加数与该时期平均人数之比，增长率过快将会对城镇生态环境构成较大压力，威胁区域生态安全；人均财政收入、人均GDP反映了区域改善生态环境、提高生活质量的经济实力；土地产出率反映单位面积土地的产出情况，产出率越高意味着土地集约利用程度及效益越高；第三产业占GDP比重，第三产业耗费自然资源少、环境污染小，有利于区域生态环境的恢复与改善，比重越高越有利于区域生态安全；道路交通指数值越高，说明区域道路交通越发达，城镇间联系越紧密，生态安全越有保障。

响应（response），代表人类为改善城市生态系统的结构和功能所做出的调控措施，包括污染治理、环保意识等方面。污染治理包括工业废水排放达标率、烟尘排放达标率、固废利用率、单位GDP能耗。其中，前3项为三废处理指标，反映了治理工业污染的能力；单位GDP能耗是反映经济结构和能源利用效率指标，值越低说明能源效率越高，对区域生态安全越有利。环保意识反映了人们对生态环境保护的重视程度，采用环保投资比率来体现。环保投资比率指当年环境保护投资占当地国内生产总值的百分比，是表征区域环境保护力度的重要指标，值越高说明投入环保资金越多，越有利于保障区域生态安全。

2.3.4 建立指标体系

根据一、二级指标及要素层指标，构建基于DPSR模型的城市生态安全评价指标体系，如图2-4所示。

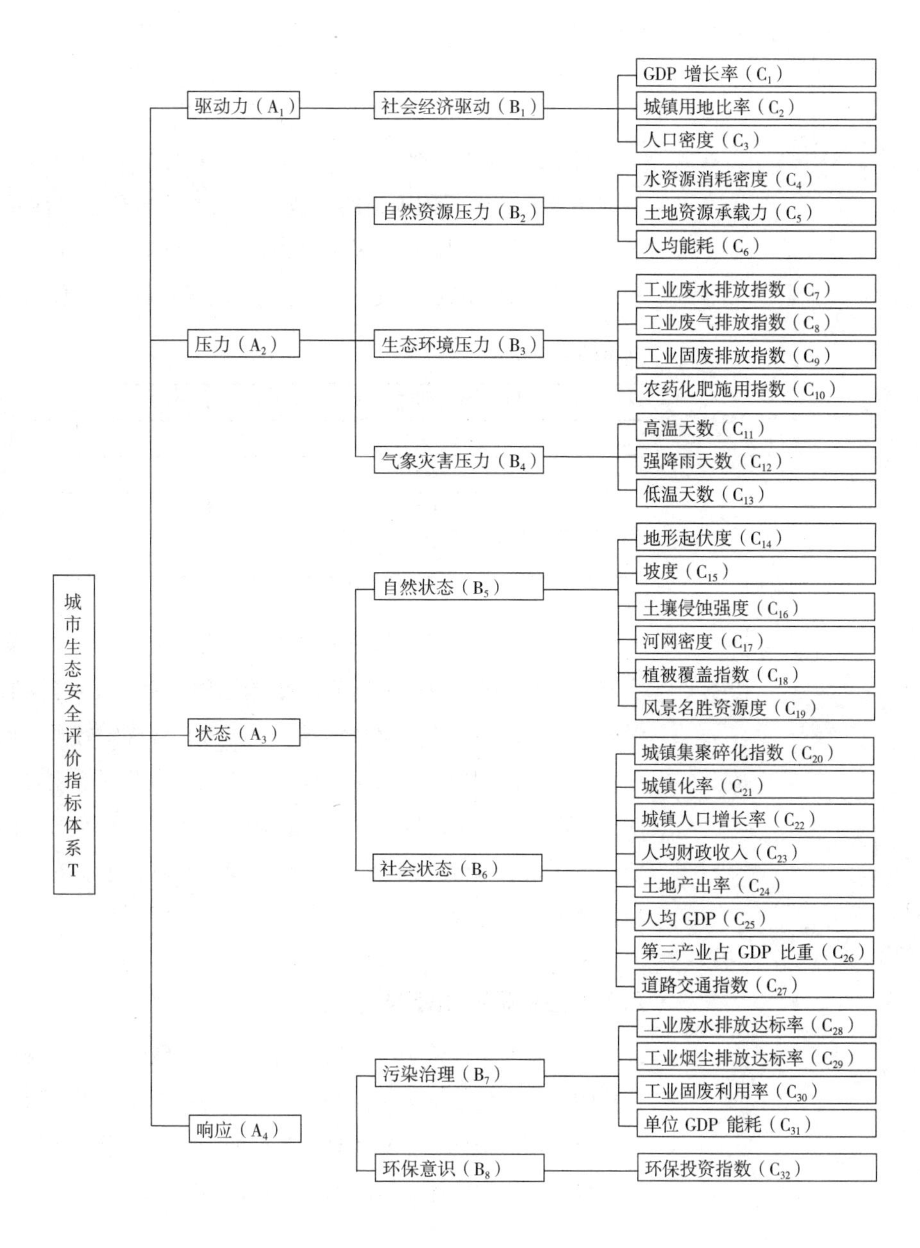

图 2-4 城市生态安全评价指标体系

2.4 指标体系检验与标准化处理

2.4.1 信度与效度检验

指标体系在使用前，需要经过信度和效度检验，只有通过检验，指标体系反映出的评价结果才是可靠的。研究着重考查指标体系的内部一致性信度，所谓一致性信度是指相同测评项目分数间的一致性程度，利用α系数进行分析[143]。α系数分析实际上是通过克朗巴赫1951年提出的公式计算一致性系数，即公式（2-1）：

$$\alpha = \left(\frac{n}{n-1}\right)\left(\frac{s_t^2 - \sum v_i^2}{s_t^2}\right) \quad (2\text{-}1)$$

其中，n为测评项目数，s_t^2为测评结果的方差，v_i^2为第i个项目得分的方差。α系数越大，表明不同项目的一致性越高。评价体系所涉及的准则层分属于不同的二级目标层，因此需要检验其内部一致性信度，具体结果见表2-2。结果显示，各问卷项目的α系数均在0.7以上，属于信度可接受范围（α>0.7）。

问卷信度分析 **表 2-2**

问卷项目	α系数
驱动力	0.803
压力	0.877
状态	0.757
响应	0.707

依照弗兰仕和米希尔提出的效度分类，重点考察生态安全评价指标体系的内容效度[144]。内容效度是指项目对预测的内容或行为范围取样的适当程度。一个量表具备好的内容效度必须满足两个条件，即确定好内容范围，并使预测的全部项目均在此范围内，以及项目能包含所测内容范围的主要方面。本书是以成熟的DPSR模型为基本框架，通过专家访谈，问卷调查等方法获得评价指标，作为评价指标体系的基础。因此，从定性的角度来看，生态安全评价指标体系的编制过程保证了其内容效度。

2.4.2 指标标准化处理

在生态安全评价中，各指标间存在不一致性，主要表现在两个方面：（1）各指标的度量单位（量纲）不一致，（2）各指标类型不一致。按指标类型可以分为两类：①正向指标：指标值越大越好的指标；②逆向指标：指标值越小越好的指标。根据论文评价体系整理的指标正负类型如表2-3所示。

城市区域生态安全评价指标正负类型 **表 2-3**

指标	指标含义	量纲	指标正、负向
GDP增长率C_1	国民生产总值与上年度国民生产总值的比较	%	负向
城镇用地比率C_2	城镇建设用地与区域坡度小于25%用地比率	%	负向
人口密度C_3	单位面积土地上居住的人口数	人/平方公里	负向
水资源消耗密度C_4	单位面积土地上消耗的水资源量	万立方米/平方公里	负向
土地资源承载力C_5	土地产出可承载的人口规模	—	负向
人均能耗C_6	消耗能源折算成标准煤与常住人口的比值	吨煤/万元	负向

续表

指标	指标含义	量纲	指标正、负向
工业废水排放密度C_7	单位面积工业废水排放量	吨/平方公里	负向
工业废气排放密度C_8	单位面积工业废气排放量	万立方米/平方公里	负向
工业固体废物排放密度C_9	单位面积固体废物排放量	吨/平方公里	负向
化肥施用密度C_{10}	单位面积农药施用量	吨/平方公里	负向
高温灾害指数C_{11}	年高温天数	天/年	负向
洪涝灾害指数C_{12}	年强降雨天数	天/年	负向
低温灾害指数C_{13}	年低温天数	天/年	负向
地形起伏度C_{14}	区域内部海拔高度差值	—	负向
坡度C_{15}	地表单元陡缓的程度	%	负向
土壤侵蚀强度C_{16}	单位面积、时间内被剥蚀并发生位移的土壤侵蚀量	吨/（平方公里·年）	负向
河网密度C_{17}	单位流域面积上的河流总长度	公里/平方公里	正向
植被覆盖指数C_{18}	植被生长状况	—	正向
景观资源C_{19}	自然风景名胜、人文风景名胜	—	正向
城镇集聚—碎化指数C_{20}	衡量区域集聚-分散程度	—	正向
城镇化率C_{21}	城镇人口占常住人口的百分比	%	正向
城镇人口增长率C_{22}	城镇人口自然增加数与平均人数之比	%	负向
人均财政收入C_{23}	财政收入与常住人口数之比	元/人	正向
土地产出率C_{24}	单位面积的产出	元/平方公里	正向
人均国民生产总值C_{25}	人均产出	元/人	正向
第三产业占GDP比重C_{26}	第三产业产值与GDP之比	%	正向
道路交通指数C_{27}	道路密度及人均道路面积与区域面积之比	—	正向
工业废水达标率C_{28}	工业废水排放达标比率	%	正向
烟尘排放达标率C_{29}	烟尘排放达标比率	%	正向
工业固废利用率C_{30}	工业固废利用比率	%	正向
单位GDP能耗C_{31}	能源供应总量与生产总值的比率	吨煤/万元	负向
环保投资指数C_{32}	环保投资占生产总值的百分比	%	正向

在综合评价时，需要将逆向指标转化为正向指标，从而将各分项指标统一到同一个量化的指标体系中，即指标标准化处理。采用级差变化法来标准化处理各指标，无论指标的正负，经过极差变换之后，正、逆向指标均转化为正向指标，最优值为1，最劣值为0。

正向指标极差化方法见公式（2-2）：

$$Y=\frac{C_i-C_{\min}}{C_{\max}-C_{\min}} \tag{2-2}$$

逆向指标极差化方法见公式（2-3）：

$$Y=\frac{C_{\max}-C_i}{C_{\max}-C_{\min}} \tag{2-3}$$

公式（2-2）、（2-3）中，Y为指标标准化赋值，C_i为该指标实际值，$C_{\max}$为该指标最大值，$C_{\min}$为该指标最小值。

2.5 指标权重的确定

层次分析法（AHP）是美国匹兹堡大学T.L.Satty教授提出的一种定性与定量相结合的决策方法，它把复杂问题分解成多因素、多层次的评价问题，通过两两比较的方式确定层次中诸因素的相对重要性，辅以人工综合判断，确定备选方案相对重要性的总排序[145]，整个评价过程体现了人们分解—判断—综合的思维特征[146]。

在运用层次分析法确定指标权重时，可分为以下步骤：分析评价系统中各要素间的关系，建立评价系统的递阶层次结构；对于同一层次的各元素相对上一层次某一准则的重要性进行两两比较，构造两两比较的判断矩阵，并进行一致性检验；由判断矩阵计算被比较要素对于该准则的相对权重；计算各层要素对系统总目标的合成权重。

1）建立递阶层次结构

评价指标体系分为三个递阶层次。总目标层（T），即城市区域生态安全综合评价指标。分目标层（A），即驱动力、压力、状态、响应。准则层（B），每个分目标又可分解为若干项具体准则，驱动力包含社会经济活动；压力包括自然资源压力、生态环境压力、气象灾害压力；状态包括自然状态、社会状态；响应包括污染治理、环保意识。指标层（C），每个准则又可以分解为若干可以具体量化的指标，它是评价区域生态安全最基本的单元。

2）构建两两比较矩阵

建立各阶层的判断矩阵A，并进行一致性检验。

$$A\approx(a_{ij}) \tag{2-4}$$

式中，a_{ij}是要素i与要素j相比的重要性标度。标度定义见表2-4。

判断矩阵标度定义 **表 2-4**

标度	含义
1	两个要素相比，具有同样重要性
3	两个要素相比，前者比后者稍重要
5	两个要素相比，前者比后者明显重要
7	两个要素相比，前者比后者强烈重要

续表

标度	含义
9	两个要素相比，前者比后者极端重要
2, 4，6, 8	上述相邻判断的中间值
倒数	两个要素相比，后者比前者的重要性标度

资料来源：汪应洛．系统工程［M］，北京：机械工业出版社，2003,130–132。

根据生态安全评价递阶层次结构，需两两比较11个判断矩阵，由此所得的判断矩阵及重要度计算和一致性检验的过程与结果如表2-5 ~ 表2-7所示。

目标层判断矩阵及重要度计算和一致性检验的过程及结果　　表 2-5

T	A_1	A_2	A_3	A_4	w_i	w_{i^*}	λ_{mi}	
A_1	1	1/2	1/2	2	0.841	0.189	4.017	$\lambda_{max}=4.010$ C.I.=0.033<0.1
A_2	2	1	1	3	1.565	0.351	4.006	
A_3	2	1	1	3	1.565	0.351	4.006	
A_4	1/2	1/3	1/3	1	0.486	0.109	4.012	

准则层判断矩阵及重要度计算和一致性检验的过程及结果　　表 2-6

A_2	B_2	B_3	B_4	w_i	w_{i^*}	λ_{mi}	
B_2	1	3	5	2.466	0.648	3.004	$\lambda_{max}=3.003$ C.I.=0.002<0.1
B_3	1/3	1	2	0.874	0.230	3.001	
B_4	1/5	1/2	1	0.464	0.122	3.005	

A_3	B_5	B_6	w_i	w_{i^*}	λ_{mi}	
B_5	1	1/2	0.707	0.333	2	$\lambda_{max}=2$ C.I.=0<0.1
B_6	2	1	1.414	0.667	2	

A_4	B_7	B_8	w_i	w_{i^*}	λ_{mi}	
B_7	1	3	1.732	0.750	2	$\lambda_{max}=2$ C.I.=0<0.1
B_8	1/3	1	0.577	0.250	2	

指标层判断矩阵及重要度计算和一致性检验的过程及结果　　表 2-7

B_1	C_1	C_2	C_3	w_i	w_{i^*}	λ_{mi}	
C_1	1	1/3	1/2	0.55	0.147	3.163	$\lambda_{max}=3.163$ C.I.=0.008<0.1
C_2	3	1	5	2.466	0.657	3.164	
C_3	2	1/5	1	0.737	0.196	3.162	

B_2	C_4	C_5	C_6	w_i	w_{i^*}	λ_{mi}	
C_4	1	7	9	3.979	0.785	3.08	$\lambda_{max}=3.081$ C.I.=0.041<0.1
C_5	1/7	1	3	0.754	0.149	3.08	
C_6	1/9	1/3	1	0.333	0.066	3.082	

续表

B_3	C_7	C_8	C_9	C_{10}	w_i	w_{i^*}	λ_{mi}	
C_7	1	2	3	1	1.565	0.351	4.006	$\lambda_{max}=4.01$ C.I.=0.003<0.1
C_8	1/2	1	2	1/2	0.841	0.189	4.017	
C_9	1/3	1/2	1	1/3	0.486	0.109	4.012	
C_{19}	1	2	3	1	1.565	0.351	4.006	

B_4	C_{11}	C_{12}	C_{13}	w_i	w_{i^*}	λ_{mi}	
C_{11}	1	2	7	2.410	0.592	3.015	$\lambda_{max}=3.014$ C.I.=0.007<0.1
C_{12}	1/2	1	5	1.357	0.333	3.015	
C_{13}	1/7	1/5	1	0.306	0.075	3.012	

B_5	C_{14}	C_{15}	C_{16}	C_{17}	C_{18}	C_{19}	w_i	w_{i^*}	λ_{mi}	
C_{14}	1	3	7	2	1/2	5	2.172	0.272	6.144	$\lambda_{max}=6.413$ C.I.=0.08<0.1
C_{15}	1/3	1	6	1/2	1/2	2	1	0.125	6.499	
C_{16}	1/7	1/6	1	1/2	1/7	1/3	0.288	0.036	6.527	
C_{17}	1/2	2	2	1	1/5	3	1.031	0.129	6.646	
C_{18}	2	2	7	5	1	5	2.980	0.373	6.409	
C_{19}	1/5	1/2	3	1/3	1/5	1	0.521	0.065	6.255	

B_6	C_{20}	C_{21}	C_{22}	C_{23}	C_{24}	C_{25}	C_{26}	C_{27}	w_i	w_{i^*}	λ_{mi}	
C_{20}	1	2	5	4	1/2	7	3	8	2.759	0.234	8.207	$\lambda_{max}=8.236$ C.I.=0.034<0.1
C_{21}	1/2	1	4	3	1/3	5	2	7	1.855	0.158	8.189	
C_{22}	1/5	1/4	1	1/2	1/7	2	1/3	3	0.539	0.046	8.2	
C_{23}	1/4	1/3	2	1	1/5	3	1/2	4	0.818	0.07	8.198	
C_{24}	2	3	7	5	1	8	4	9	3.96	0.336	8.326	
C_{25}	1/7	1/5	1/2	1/3	1/8	1	1/4	2	0.362	0.031	8.221	
C_{26}	1/3	1/2	3	2	1/4	4	1	5	1.223	0.104	8.198	
C_{27}	1/8	1/7	1/3	1/4	1/9	1/2	1/5	1	0.253	0.021	8.35	

B_7	C_{28}	C_{29}	C_{30}	C_{31}	w_i	w_{i^*}	λ_{mi}	
C_{28}	1	1/5	1	1/3	0.508	0.096	4.021	$\lambda_{max}=4.043$ C.I.=0.014<0.1
C_{29}	5	1	5	3	2.943	0.558	4.068	
C_{30}	1	1/5	1	1/3	0.508	0.096	4.021	
C_{31}	3	1/3	3	1	1.316	0.250	4.062	

3）指标权重计算与分析

根据11个判断矩阵两两比较所得的单层次权重统计结果，可以计算出对应上一层次的本层次所有元素的权重值，从而自上向下，逐层顺序计算，便可得到对应指标层的各指标最终权重结果（表2-8、图2-5）。

生态安全指标权重计算结果统计表　　　　表 2-8

目标层权重		准则层权重		指标层权重		最终权重
A_1	0.189	B_1	1	C_1	0.147	0.028
				C_2	0.657	0.124
				C_3	0.196	0.037
A_2	0.351	B_2	0.648	C_4	0.785	0.179
				C_5	0.149	0.034
				C_6	0.066	0.015
		B_3	0.230	C_7	0.351	0.028
				C_8	0.189	0.015
				C_9	0.109	0.009
				C_{10}	0.351	0.028
		B_4	0.122	C_{11}	0.592	0.025
				C_{12}	0.333	0.014
				C_{13}	0.075	0.003
A_3	0.351	B_5	0.333	C_{14}	0.272	0.032
				C_{15}	0.125	0.015
				C_{16}	0.036	0.004
				C_{17}	0.129	0.015
				C_{18}	0.373	0.044
				C_{19}	0.65	0.008
		B_6	0.667	C_{20}	0.234	0.055
				C_{21}	0.158	0.037
				C_{22}	0.046	0.011
				C_{23}	0.07	0.016
				C_{24}	0.336	0.079
				C_{25}	0.031	0.007
				C_{26}	0.104	0.024
				C_{27}	0.021	0.005
A_4	0.109	B_7	0.750	C_{28}	0.096	0.008
				C_{29}	0.558	0.046
				C_{30}	0.096	0.008
				C_{31}	0.250	0.02
		B_8	0.250	C_{32}	1	0.027

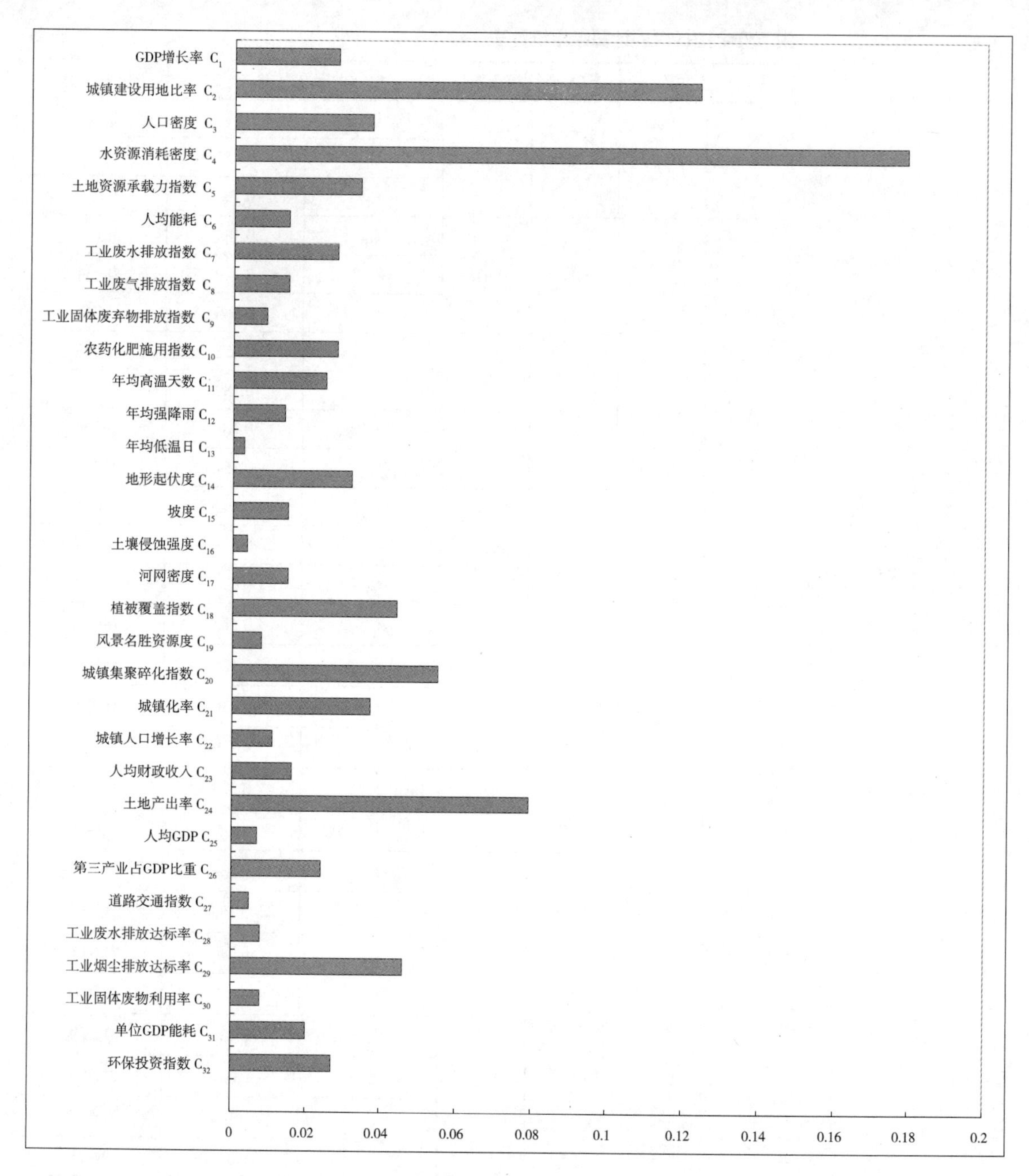

图 2-5　城市生态安全指标权重

指标权重表明该指标在评价体系中价值的高低和相对重要的程度以及所占比例的大小量化值。在评价过程中，是被评价对象的不同侧面的重要程度的定量分配，对各评价因子在总体评价中的作用可以进行区别对待。权重值越大，说明该指标对于评价问题越重要。

针对西安市城镇化进程的生态安全系统评价问题，指标权重分配差异明显，提示各指标相对评价问题的重要性不一。权重值较高的指标包括：驱动系统中的城镇用地比率（C_2）、人口密度（C_3）；压力系统中的水资源消耗密度（C_4）；状态系统中的地形起伏度（C_{14}）、植被覆盖指数（C_{18}）、城镇集聚—碎化指数（C_{20}）、城镇化率（C_{21}）、土地产出率（C_{24}）；响应系统中的工业烟尘排放达标率（C_{29}）。上述指标权重值大，对区域生态安全有重要影响。权重排在首位的是水资源消耗密度，说明降水少且人口密集的西安市制约社会经济发展、威胁生态安全的首要因素是水资源匮乏。其次是反映城市扩张的城镇建设用地比率指标，说明西安市的生态安全问题与大规模城市建设关系密切，这也反映了西安市是区域经济、文化活动的中心，人类活动范围广、建设强度高，生态环境受人为因素影响大于受自然因素的影响。

第3章 西安市概况与评价数据库构建

3.1 西安市概况

3.1.1 西安城镇发展历史回顾

远古时期，地处关中的西安以其山河形胜、土地丰腴、生态宜居而成为先民首选的栖居地之一。中华文明史上，西安举足轻重，先后有周、秦、汉、隋、唐等13个王朝在此建都达1100年之久（图3-1）。自公元前11世纪至公元9世纪末，西安曾长期是古代中国的政治、经济与文化中心，西安地区都城变迁历史[147]如图3-1所示。

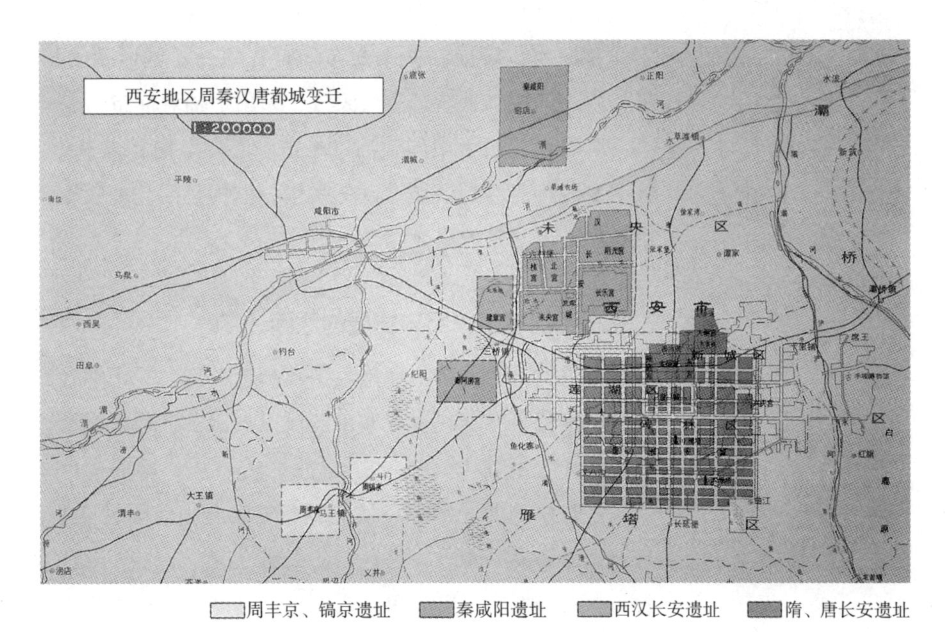

图3-1　西安地区都城变迁图
资料来源：西安市地图集编纂委员会. 西安市地图集［M］. 西安：西安地图出版社，1989：101。

根据地下遗址发掘、人类化石考古研究，远在80～100万年前，西安就有人类活动出现，蓝田猿人生活于灞河地区，成为继云南元谋之后较早的古人类活动地区。西安最早的人类聚落是距今6000年前新石器时代半坡遗址与姜寨遗址，以及散布于泾河、涝河、沣河、潏河、浐河、灞河沿岸阶地上的仰韶文化与龙山文化遗址，这些原始聚落的形成和发展为日后城镇的产生奠定了基础。

商周时期是我国奴隶制鼎盛时期，也是西安城镇发展、形成的重要历史阶段。兴于关中西部的周人逐渐把活动中心移至今西安城南沣河流域，文王和武王在此分别建立了丰、镐二京，其后统一华夏，建立周王朝，定制周礼，奠定了华夏文明的基础。

春秋战国时期，奴隶制逐步向封建社会演进。这一时期，秦国强大起来，西安地区城镇也得到快速发展，成为区域政治、经济中心及交通要隘。秦始皇统一中国后，因山为城，因河为池，以秦岭及北山为城墙，以黄河为护城河，营建秦都咸阳，都城横跨象征银河的渭水两岸，范围覆盖当今西安咸阳两市主城区，开创了参照天象而营建山水都城的先河。

汉承秦制，萧何以渭水南岸残存的秦宫室为核心修建都城，称之为“长安”，于是“长安”之名始见于典籍。西汉长安城北邻渭河，南接龙首原，且通过开凿昆明池解决城市供水问题，为城市发展提供水源保障。西汉时期，将各地的豪杰、富商迁于长安周边形成卫星城，极大促进西安城镇发展。司马迁《史记·货殖列传》记载：“汉兴，海内为一，开关梁，驰山泽之禁，是以富商大贾周流天下，交易之物莫不通，得其所欲，而徒豪杰诸侯强族于京师”。

隋唐是我国封建社会的巅峰时期，作为全国的政治、经济、文化中心，规模宏大、人口众多的隋唐长安城也是当时全球最为宏伟壮观的大都市。唐长安城位于龙首原与少陵原间，平面布局整齐划一，城形制为长方形，面积达84平方公里，由外郭城、宫城、皇城组成，采用中轴对称布局。

唐以后，由于中国政治、经济中心逐渐南移以及生态环境变迁，西安经济、社会发展相对滞后，城镇发展缓慢，但仍是西北地区军政与商贸重镇，是区域的中心城市，并延续至今。

3.1.2 西安城镇兴起与发展的原因

历史上，西安曾长期是我国政治、经济、文化中心，众多朝代在此建都，周边城镇星罗棋布，在世界城市建设史上留下了辉煌篇章。西安城镇兴起与发展与当时良好的生态环境密不可分。

古时候的西安生态环境优越，气候温和，雨量充沛，河流纵横，土地肥沃，且地理形势易守难攻，是著名的天府之国。《史记·留侯世家》记载：“夫关中左肴函，右陇蜀，沃野千里，南有巴蜀之饶，北有胡苑之利，阻三面而守，独以一面东制诸侯。诸侯安定，河渭漕挽天下，西给京师；诸侯有变，顺流而下，足以委输。此所谓金城千里，天府之国也。”在历史上，关中地区森林茂密，《荀子·强国》篇誉之为“山林川谷美，天材之利多”。正因为植被茂盛，巨木林立，涵蓄水分作用强，为河流提供丰沛水量，支撑关中地区城镇生产、生活用水，为城镇建设与发展提供生态屏障。

古时西安河流纵横、漕运发达，确保城镇人口粮食安全，也是促进城镇发展的重要原因。渭河及其支流水量充沛，从浐河东岸新石器时代文化遗址半坡所出土的捕鱼工具和鱼形饰纹彩陶推测当时古人逐水而居，过着渔猎生活。据《左传》记载，秦僖公十三年（公元前647年），秦国通过渭河河道向晋国运送粮食以换取土地，即历史上著名的“泛舟之役”，表明春秋时期渭河漕运已初具规模。秦汉以及唐代，为满足长安城的粮食供应，需从关东地区运粮，进一步促进漕运发展。黄盛章“关于《水经注》长安城附近复原的若干问题”一文指出，“汉武帝所以要凿昆明池，把南山诸水都集中到这里，其目的之一就是为了解决漕渠水源”，引潏、滈入昆明池经调蓄济漕，是一个系统工程[148]。

而隋唐以后，由于气候变迁加之滥砍滥伐，水土流失严重，关中河流水量减少，泥沙淤积严重，通航能力下降。到清代，作为黄河第一支流的渭河，也仅有部分河段可行驶小船，虢镇以东全线通航的历史宣告结束[149]。

3.1.3 西安自然环境现状

1. 地形地貌

西安市地形南高北低，西高东低，高差甚为悬殊。地貌类型多样，可以划分为平原、黄土台塬、丘陵和山地四种类型，地貌类型统计及分布如表3-1、图3-2所示。秦岭山地横亘于南面，自西向东呈波浪式缓降，西南端周至县与太白县交界处的太白山主峰，最高处海拔3767米。北面与秦岭相对应的渭河，海拔442～345米，是全市地势最低处，两者高差在3400米左右。平原沿渭河干支流平缓展开，在平原与山地之间又有黄土台塬、丘陵间或分布，河流水系错综其间（图3-3、图3-4）。

西安市地貌类型面积统计 **表 3-1**

地貌类型	海拔（米）	面积（平方公里）	占比（%）
山地	1200–3767	4878	48.3
丘陵	500–1200	640	6.3
黄土台塬	400–800	755	7.5
平原	345–700	3835	37.9
合计	—	10108	100

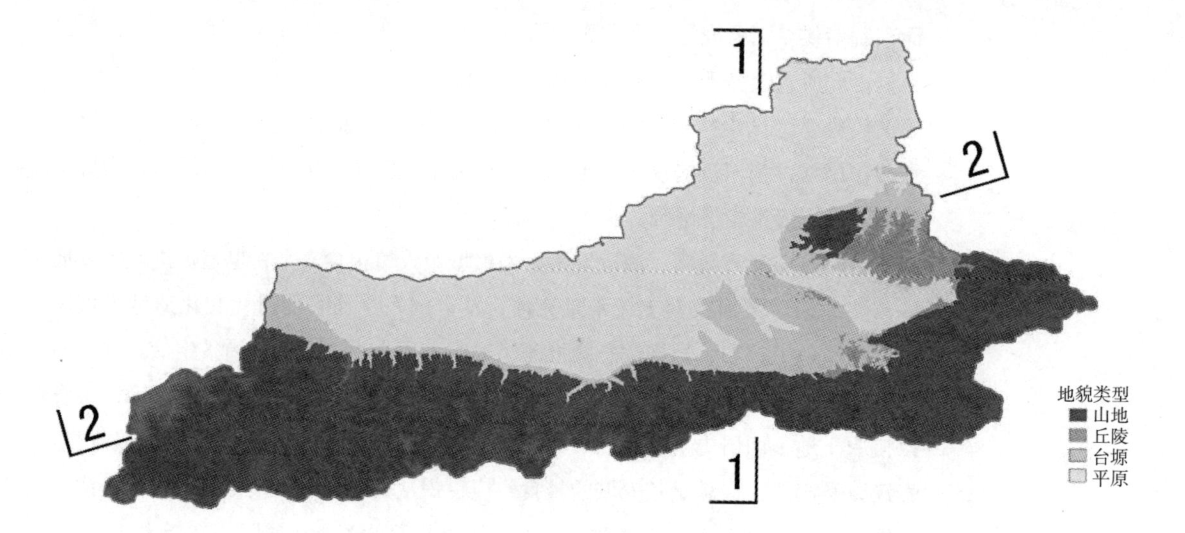

图 3-2　西安市地貌类型

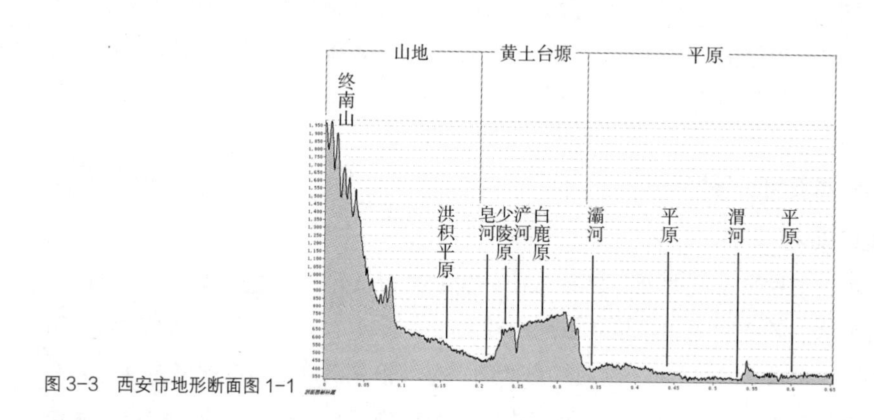

图 3-3　西安市地形断面图 1-1

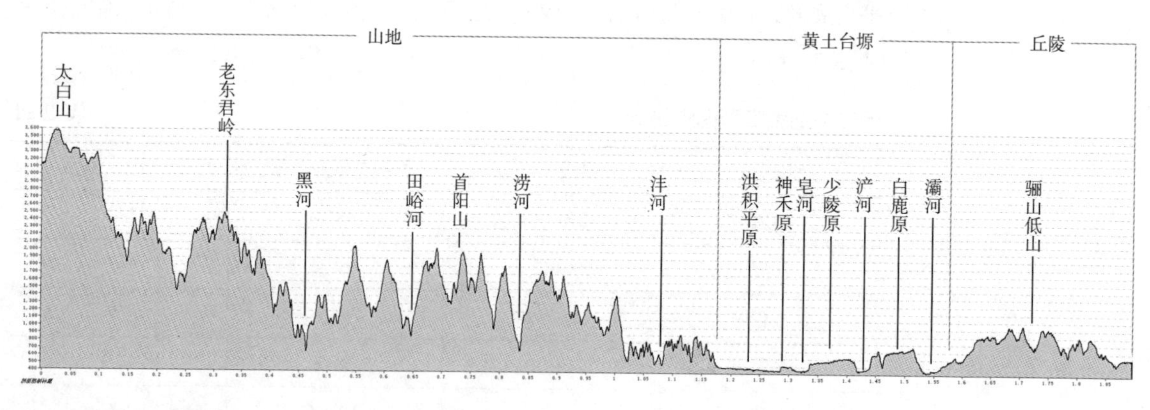

图 3-4　西安市地形断面图 2-2

2. 水文

西安市水系分布[148]如图3-5所示，境内主要河流均属黄河流域水系，包括渭河、泾河、灞河、沣河、涝河、黑河、石川河等，其中汇水面积在100平方公里以上的有35条，1000平方公里以上的有6条。除渭河、泾河、石川河为过境河流外，其他均发源于秦岭北麓和骊山丘陵，在西安境内入渭。

渭河是区域内最大的一条河流，古称渭水。在周至县河心滩入境，流经户县、长安、未央、灞桥、高陵，至临潼南戈村流出，市内长141公里，流域面积9812平方公里。渭河的一级河流有泥峪河、黑河、大耿峪河、涝峪河、沣河、灞河、玉川河、零河、泾河及石川河等。

泾河是渭河的第一大支流，市内河长8.5公里，在高陵泾渭堡村入渭。石川河是渭河北岸的一级支流，流经市内的阎良、临潼等市县，于临潼交口乡迎仁村注入渭河，在阎良、临潼境内长32.3公里，流域面积189.82平方公里；清河是石川河的支流，流经三原、阎良、临潼，境内流域面积134.8平方公里。

沣河是长安八水之一，发源于秦岭北坡长安区喂子坪乡鸡窝子。上游有三条支流，像一个三股叉。东有沣峪在长安境内，西有太平峪在户县境内，中有高冠峪基本上是界河。三条峪水各有自己的出山口，出山后在秦渡镇上游西留堡与北张堡附近汇合成沣河干流。秦镇南门口的东边又纳入了潏、滈合流后的交河，再北流于北陶村附近入咸阳再北流、东北流于咸阳鱼王村流入渭河。沣河秦渡镇站年径流量2.58亿立方米，沣河合沙量较小，年均输沙9万吨。

黑河古名芒水，以其出芒峪得名，又因其水色青，故名黑河。黑河属于渭河南岸支流，源于周至、太白和眉县三县交界处的太白山。黑河水源充沛，水质清纯，现作为西安市供水主要水源地，年向西安供水达3亿立方米。

涝河古称潦水，源头有两条，东涝河发源于静峪垴，西涝河发源于秦岭梁，两河交汇后北流，绕西安之西，最后北经咸阳流入渭河。涝河长82公里，流域面积663平方公里，多年平均径流量1.79亿立方米。

灞河源于蓝田县，支流繁多，古名滋水，秦穆公时改名霸水，以显扬功，后演变为今之灞河。灞河总长104公里，主要支流有浐河、辋川河，白马河、白牛河等。

浐河是灞河水系的最大支流，源头有三条河流，东有岱峪，西有库峪，中有汤峪，以汤峪为正源，汤岱汇后叫浐河。后于鸣犊与库峪河交汇后，北流15里进入西安市郊区，并在高桥纳入荆峪沟，再北流经纺织城在广太庙附近注入灞河。浐河长70公里，主河道比降9.9‰，总流域面积753平方公里。

收集、汇总、整理西安市水系资料[148]，如表3-2所示。

西安市水系统计表 **表 3-2**

河流名称		流经长度（公里）	流域面积（平方公里）	平均比降（‰）	年均径流量（亿立方米）	主要支流
平原河流	渭河	141.5	9984.5	1.5	54.75	南岸有泾河、石川河过境河流，河流北岸主要有黑河、涝河、沣河、灞河等水系。
	泾河	8.5	455.1	2.5	21.4	泾河支流众多，主要部分在甘肃境内，市内为下游，在高陵泾渭堡村入渭。
	石川河	32.3	189.8	4.6	2.15	主要支流清河，流经三原、阎良、临潼，在临潼交口乡注入石川河。
山区河流	灞河	107	2563.7	7.4	5.32	浐河、辋川河，白马河、白牛河、余家河、红河等。
	浐河	66.4	752.8	8.8	2.1	汤峪河、岱峪河、库峪河等。
	沣河	81.9	1460	8.8	2.58	上游有沣峪、太平峪、高冠峪，中游有交河（潏河、滈河汇流而成）。
	潏河	31.8	176.4	10.2	2.1	潏河较大的支流有小峪河、太峪河、金沙河等。
	滈河	46	238.4	10.2	1.14	发源于长安区石砭峪，主要支流有子午河等。
	涝河	86	665.4	9.4	1.79	古称潦水，源头有两条，东涝河发源于静峪垴，西涝河发源于秦岭梁，两河交汇后北流，最后北经咸阳流入渭河。
	黑河	123.6	2283	9.8	8.17	板房子河、虎豹河、王家河、陈家河等

资料来源：西安市水利志编纂委员会. 西安市水利志［M］，西安：陕西人民出版社，1999：42-50。

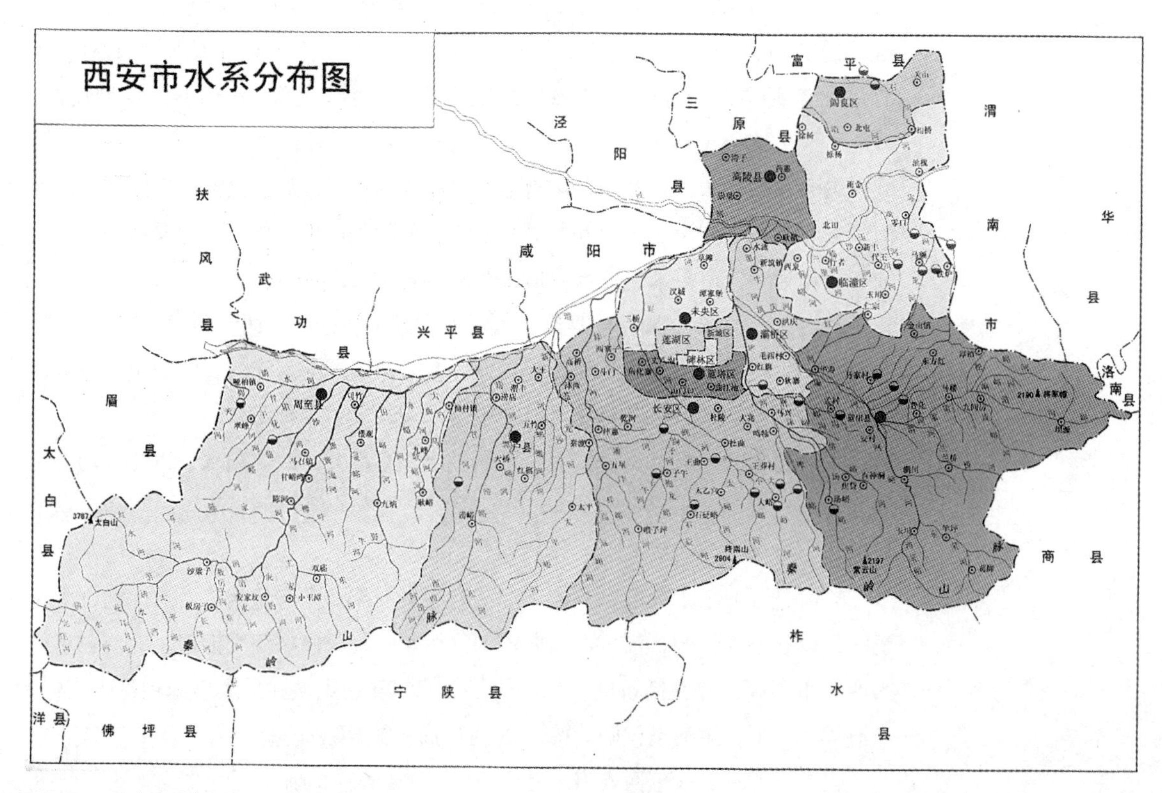

图 3-5 西安市水系分布图
资料来源：西安市水利志编纂委员会. 西安市水利志［M］，西安：陕西人民出版社，1999：48。

3. 气候

西安市地处中纬度内陆地区，属暖温带温暖半湿润大陆性季风气候。由于深处内陆，与东南沿海同纬度地区比较，降水量明显偏少，夏热冬冷气候特征明显。

第一，受地形影响，市域内南北气候差异明显，北暖干，南冷湿，东西气温差异不大。其原因是南部的秦岭地势高，气温低。来自秦岭以南的暖湿气流沿南坡上升时逐渐冷却，水汽凝结成雨，翻越秦岭以后气流下沉，水汽减少，到达平原后成为干热焚风，这种焚风效应在夏季尤为明显。再加上西安城区地势低，静风天数多，积聚的热量难以消散，夏季炎热也就不足为奇了。

第二，西安四季分明，雨热同季，气候温和。冬季干冷，降水量稀少，降水量17～26毫米，占全年4%左右，夏季炎热，降水丰沛，平均气温25～25.8摄氏度，降水量221～294毫米，占全年35%～40%；春季气温13.3～14摄氏度，降水量126～177毫米，占全年20%～28%；秋季平均气温13～13.3摄氏度，略低于春季，降水量195～255毫米，占全年34%～36%，且常有连阴雨出现，气象学称之为秋淋。

第三，西安市降水和气温年际变化较大，常有旱涝等灾害性天气出现。冷暖年间气温相差较大，降水年际变化幅度也很明显，降水量年际极差可达495～648毫米。由于气象要素年际变化与波动幅度较大，常伴有高温、干旱、洪涝等灾害性天气的发生。

4. 植被

西安境内地质、地貌、气候、水文、土壤类型多样，人类社会生产活动历史悠久，在自然与社会环境诸要素的共同作用下，形成独特鲜明的植被特点。

第一，自然植被与栽培植被区域界限分明。秦岭山地基本属自然植被，渭河平原、骊山丘陵与黄土台塬则属栽培植被，两大植被区域的分布与地貌区域范围大体一致。

第二，栽培植被历史悠久。早在距今6000多年的新石器时期，地处渭河平原的西安开始出现原始农业，从半坡遗址出土的谷子和蔬菜种子可以确证当时已有栽培植被。自古渭河平原就是我国农业发达地区之一，自然植被被栽培植被所取代。

第三，秦岭山区植被类型随海拔高度演变，垂直分布特征明显。先后出现落叶、阔叶林带，针、阔叶混交林带，针叶林带，高山灌丛，草甸等植被带。

3.1.4 西安社会经济概况及行政区划沿革

西安市，陕西省省会、副省级城市，西北地区最大的中心城市与交通枢纽，辖11区2县，总面积10108平方公里，2015年常住人口870.56万人，城镇人口635.68万人。

西安是我国重要的机电、纺织、国防工业与教育、科研基地，综合科研实力居全国城市前列，高等学校众多，科研院所集中，科技人才荟萃。近年来，西安经济与城市建设步入了快速发展的上升通道，初步形成了高新技术产业、装备制造业、旅游产业、现代服务业、文化产业等五大主导产业和“五区一港两基地”的发展格局。一批国家级的开发区已经成为西安主导产业的集聚地、引领全市经济发展的增长极和现代化城市建设的示范区。

新中国成立以来，西安市行政区划范围经历了15次调整，整理如表3-3所示。

西安市行政区划历史沿革 **表 3-3**

年代	辖区	辖县	备注
1954年	碑林区、新城区、莲湖区、草滩区、灞桥区、未央区、雁塔区、阿房区、长乐区	无	将新中国成立后建立的以顺序命名的12个区调整为以地名命名的9个区
1957年	碑林区、新城区、莲湖区、灞桥区、未央区、雁塔区、阿房区	无	撤销长乐、未央两区，将草滩区更名为未央区
1958年	碑林区、新城区、莲湖区、灞桥区、未央区、雁塔区、阿房区	长安县、临潼县、户县、蓝田县	将长安县、临潼县、户县、蓝田县划归西安市
1960年	灞桥区、未央区、雁塔区、阿房区	长安县、临潼县、户县、蓝田县	撤销碑林区、新城区、莲湖区，将其行政区划划归其余4区
1961年	灞桥区、未央区、雁塔区、阿房区	长安县	将临潼县、户县、蓝田县划出
1962年	碑林区、新城区、莲湖区、灞桥区、未央区、雁塔区、阿房区	长安县	恢复碑林区、新城区、莲湖区行政区划
1965年	碑林区、新城区、莲湖区、郊区	长安县	合并灞桥区、未央区、雁塔区、阿房区为郊区
1966年	咸阳市、碑林区、新城区、莲湖区、郊区、阎良镇	长安县	将咸阳市、阎良镇划归西安市
1971年	碑林区、新城区、莲湖区、郊区、阎良区	长安县	咸阳市复归咸阳地区，撤销阎良镇设立阎良区
1980年	碑林区、新城区、莲湖区、灞桥区、未央区、雁塔区、阎良区	长安县	撤销郊区，分设灞桥区、未央区、雁塔区
1983年	碑林区、新城区、莲湖区、灞桥区、未央区、雁塔区、阎良区	长安县、户县、周至县、蓝田县、临潼县、高陵县	将户县、周至县、蓝田县、临潼县、高陵县划归西安市
1997年	碑林区、新城区、莲湖区、灞桥区、未央区、雁塔区、阎良区、临潼区	长安县、户县、周至县、蓝田县、高陵县	撤销临潼县，设立临潼区
2002年	碑林区、新城区、莲湖区、灞桥区、未央区、雁塔区、阎良区、临潼区、长安区	户县、周至县、蓝田县、高陵县	撤销长安县，设立长安区
2015年	碑林区、新城区、莲湖区、灞桥区、未央区、雁塔区、阎良区、临潼区、长安区、高陵区	户县、周至县、蓝田县	撤销高陵县，设立高陵区
2016年	碑林区、新城区、莲湖区、灞桥区、未央区、雁塔区、阎良区、临潼区、长安区、高陵区、鄠邑区	周至县、蓝田县	撤销户县，设立鄠邑区

3.2 西安市生态安全评价基础数据源

3.2.1 基础数据收集

1. 非遥感数据资料

从西安市城乡建设委员会、西安市规划局、西安市城市规划设计研究院、西安市水务局、西安市林业局、西安交通大学、西安建筑科技大学、陕西师范大学等企事业单位和研究机构收集大量城市建设、城市规划、社会经济、生态环境、水利、农业等基础资料，掌握政府主导的西安市城市发展方向及其实施情况。

这些资料的收集对于全面、系统的了解研究区域现状，更加理性的认识城市生态安全问题具有重要作用，同时也为评价提供基础数据支持。收集、整理的数据主要有以下几方面：

（1）1：10万纸质地形图，用于采集控制点和对遥感影像几何校正与解译参考。

（2）1：300万陕西省域资源纸质图纸，包括地貌、地势、地质、水文地质、水文区划、土地利用、土地适宜性、土壤类型、土壤侵蚀、植被类型、河流水系、耕地面积、林业区划、年均气温、人口密度、人口自然增长率、森林覆盖率等省域基础图件。这些资料为从区域整体研究生态安全提供基础信息。

（3）2006年、2010年西安市及陕西省统计年鉴中相关经济、社会、人口、城市、能源、环保等方面的统计数据，为实现量化评价及GIS可视化表达提供基础数据支持。

选择2006年及2010年的统计数据作为评价数据是出于以下两点考虑：其一，“十一五”时期（2006~2010年）是西安市社会、经济高速发展期，城市扩张迅猛，城镇化进程处于加速发展阶段，评价这一时段的城市生态安全状态具有典型性与代表性。其二，与两期遥感影像数据时间相吻合，共同构成生态安全评价所需的量化数据。

2. 遥感数据资料

卫星遥感影像种类多样，其中Landsat的TM遥感器由于其所具有的光谱特征优势成为生态安全研究中常用的遥感数据。Landsat卫星由美国发射，从1972年的Landsat-1 到目前仍在轨的Landsat-7，如表3-4所示。

Landsat 卫星类型 **表 3-4**

卫星名称	服务时间	遥感名称	时间周期/轨道高度	拍摄宽度	分辨率
Landsat-1	1972~1978年	RBV，MSS	18天/918公里	185公里	30米
Landsat-2	1975~1982年	RBV，MSS	18天/918公里	185公里	30米
Landsat-3	1978~1983年	RBV，MSS	18天/918公里	185公里	30米

续表

卫星名称	服务时间	遥感名称	时间周期/轨道高度	拍摄宽度	分辨率
Landsat-4	1982～1992年	MSS，TM	18天/918公里	185公里	30米
Landsat-5	1984～至今	MSS，TM	18天/918公里	185公里	30米
Landsat-6	1993年	MSS，ETM	发射失败	185公里	60米
Landsat-7	1999～至今	TM	18天/918公里	185公里	30米

TM数据有七个光谱波段，光谱分辨率高，信息量丰富。书中的遥感数据采用美国Landsat-5 TM遥感影像数据，其各波段信息含义具体如表3-5所示。

TM图像各波段信息解释 **表3-5**

波段	类型	波谱范围	分辨率	波谱特征
band1	蓝波段	0.45～0.52微米	30米	对水体的穿透强，常用于水系提取；对叶绿素、叶色素浓度敏感
band 2	绿波段	0.52～0.60微米	30米	对健康茂盛植物反射敏感，对水体具有一定穿透力
band 3	红波段	0.63～0.69微米	30米	为叶绿素主要吸收波段，可用于区分植物类型、覆盖度、判断植物生长状况等
band 4	近红外波段	0.76～0.90微米	30米	对绿色植物类别敏感，多用于植物的识别、分类；位于水体的强吸收区，可用于勾绘水体边界
band 5	中红外波段	1.55～1.75微米	30米	对植物和土壤水分含量敏感，用于土壤湿度、植物含水量调查
band 6	热红外波段	10.40～12.50微米	30米	对地物热量辐射敏感，用于辐射热制图
band 7	中红外波段	2.08～2.35微米	30米	位于水体的强吸收区，用以地质调查

（1）2006年和2010年全波段（7个波段）landsat TM遥感影像数据，各波段的空间分辨率均为30米，时间段分别是2006年7月24日和2010年6月17日，时间段接近，图像云量均较少（均小于1%），影像清晰度高。不同时相的遥感影像数据为研究整个区域的生态安全状况以及城镇格局的变迁和土地利用的变化提供了可能。

（2）DEM数据采用美国航天雷达地形数据（SRTM），空间分辨率为30米，用于制作研究区域高程图、地形地貌分析和山区遥感数据几何校正等。

3.2.2 遥感数据预处理

不同时期遥感影像的处理，要经过分辐校正、几何精校正、坐标配准等工作程序，才能得到具有统一地理坐标互相配准的影像数据，为准确提取遥感信息奠定基础，技术流程如图3-6所示。所有影像预处理工作是在遥感图像处理软件

Envi 4.8 和地理信息系统处理软件 Arcgis10.1支持下完成的。

利用ARCGIS软件对2006年7个波段的TM影像进行几何校正，采用多光谱影像的红、绿、蓝通道合成输出影像图。以2006年校正好的TM影像为参考，采用影像对影像配准方式再校正2010年的7个波段的TM影像，然后将区域行政边界进行矢量化处理，最终生成按行政边界裁剪出的研究区遥感图像。

在几何校正的基础上，利用ENVI软件的镶嵌功能将两幅遥感影像进行镶嵌，再使用羽化功能融合影像边缘。再将边界投影系统定义为与影像一致后，利用裁剪功能对影像进行裁剪，从而实现研究区域遥感影像提取工作（图3-7，图3-8）。

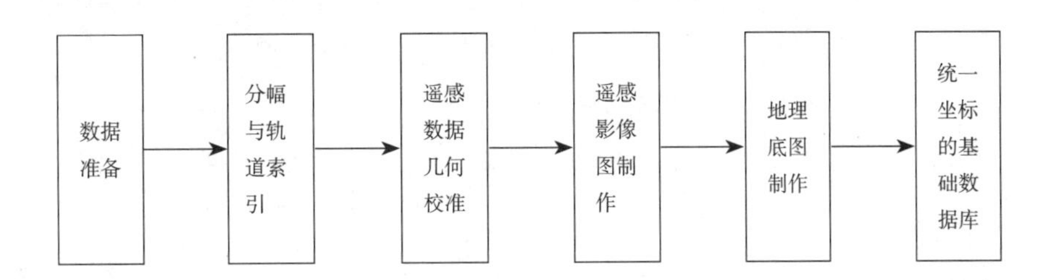

图 3-6 影像数据技术处理流程

图3-7 2006年西安市TM遥感影像图

图3-8 2010年西安市TM遥感影像图

3.3 西安市生态安全评价数据库

3.3.1 数字高程数据

1. 数字高程模型概念

数字高程模型（DEM）是描述地表起伏形态特征的空间数据模型，由地面规则格网点的高程值构成的矩阵，形成栅格结构数据集。该测量数据每经纬度方格提供一个文件，精度有30米和90米两种，称作SRTM1和SRTM3。二者精度存在区别是由于模型采样点不同造成的，SRTM1的文件里面包含3600×3600个采样点的高度数据，SRTM3的文件里面包含1200×1200个采样点的高度数据，采用30米的SRTM1数据作为源数据以保证精度。

2. 数字高程图制作

由于SRTM1数据以1个经纬度为文件单位，制作数字高程图就需要对应的能够覆盖区域经纬度跨度范围的若干SRTM1数据。

西安市北临渭河和黄土高原，南邻秦岭，经纬度在东经107.40度～109.49度和北纬33.42度～34.45度之间。根据西安市经纬度范围，需东经107～110度和北纬33～35度共计6幅SRTM数据。利用GIS软件数据管理中的镶嵌栅格命令将6幅SRTM1数据合并，采取自然间断法对高程数据分类，生成涵盖整个研究区域的数字高程图（图3-9）。利用ARCGIS软件数据管理工具中的镶嵌裁剪命令将西安

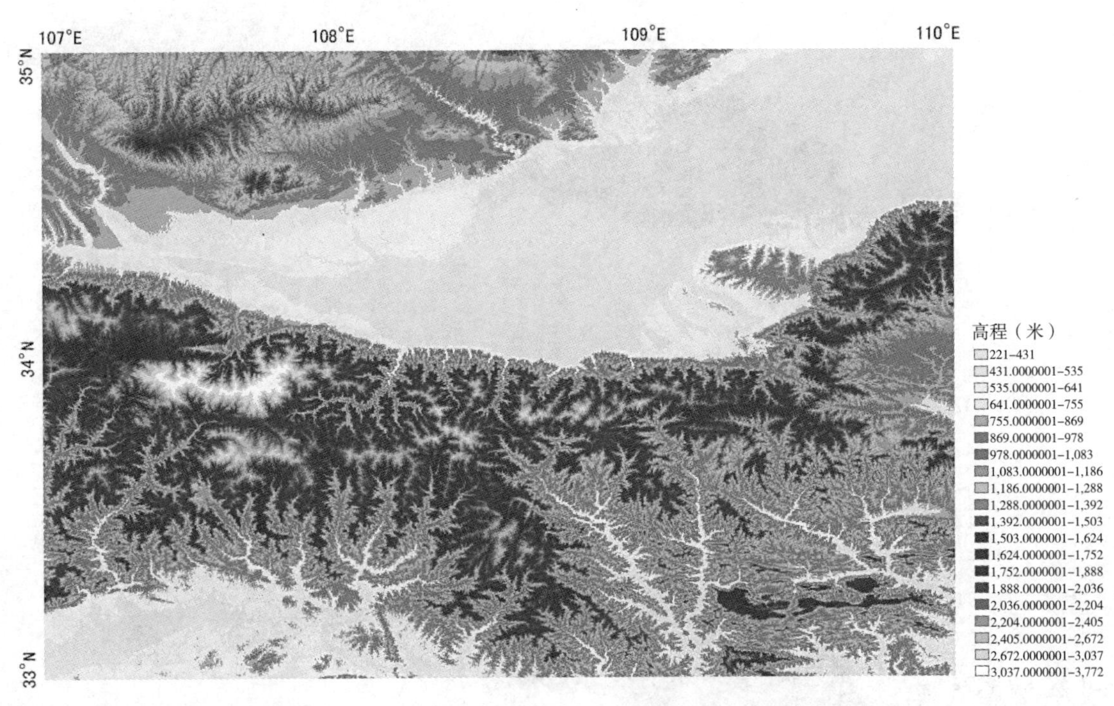

图3-9　覆盖研究区域数字高程图

图 3-10　西安市数字高程图

市域范围的数字高程图提取出来，如图3-10所示。

3. 数字高程数据分析

利用GIS软件，按照高程分类统计面积，见图3-11。西安市高程<500米土地面积占36.2%，高程500～1000米土地面积占20.9%，高程1000～2000米土地面积占33.9%，高程2000～3000米及3000米以上面积均较小，分别占8.8%和0.3%。

3.3.2 归一化植被指数数据

选用的遥感影像时间为6～7月份，时值初夏，树木正处于生长旺盛期，此时树木种群的覆盖度较大，林地与背景反差强烈，可以得到较好的分类结果，能够准确地反映研究区域植被覆盖状况。

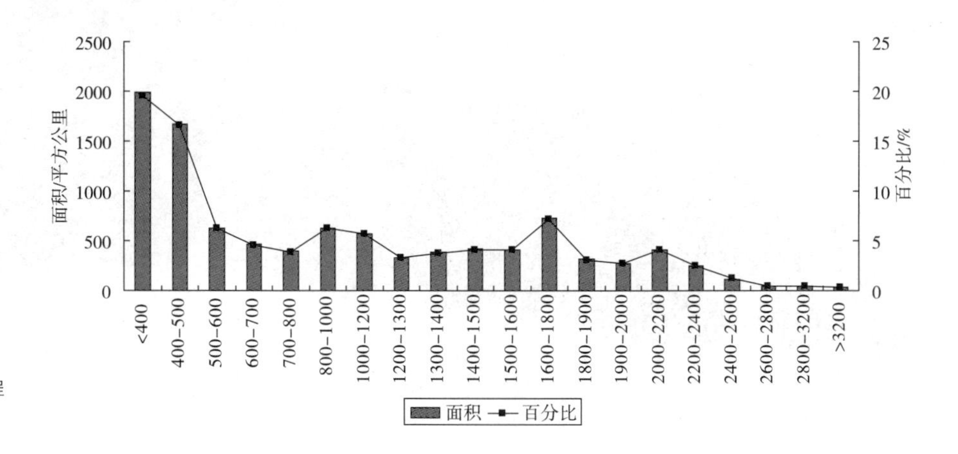

图 3-11　西安市不同高程面积占比图

1）NDVI指数概念

植被遥感监测的物理基础是植物叶面在可见光红光波段有很强的吸收特性，而在近红外波段有很强的反射特性，通过对这两个波段检测值的不同组合，可以得到不同的植被指数[150]。归一化植被指数（NDVI，Normalized Difference Vegetation Index）是多种植被指数中应用最广泛的，其计算公式见式（3-1）：

$$\mathrm{NDVI}=(\mathrm{NIR}-R)/(\mathrm{NIR}+R) \quad (3\text{-}1)$$

式中，NIR表示红外波段的反射率，R表示可见光波段的反射率，该指数常用于提取植被的生长状况及其植被覆盖度等信息。

2）NDVI数据处理

使用ENVI软件提取植被NDVI值，ENVI软件是美国RSI公司开发的遥感影像处理软件，用于处理、分析和显示多光谱数据和雷达数据。ENVI软件完全由交互式数据语言（IDL）编程开发，方便灵活，可扩展性强，是目前分析NDVI主流的软件。

在ENVI中选用Transform下的NDVI工具命令，出现NDVI Calculation Input File 对话框，输入2006年遥感影像图像；出现参数选择的对话框，主要核对要输入的NDVI 波段：要确认Red波段为影像的可见红光波段，对于TM影像通常是波段3，Near IR输入近红外波段，TM通常是波段4，确认后即可输出NDVI栅格图层。按此步骤，再处理2010年遥感影像图像，最终得到研究区域植被覆盖NDVI图（图3-12，图3-13）。

图 3-12　2006 年西安市植被覆盖 NDVI 图

图 3-13 2010 年西安市植被覆盖 NDVI 图

3.3.3 土地利用数据

土地利用结构与土地利用方式对区域生态安全有重要影响，分析城市土地利用变化为进一步研究城市生态安全格局下的土地利用优化配置及不同土地利用类型产生的生态服务功能价值提供了数据支撑。

1. 土地利用分类系统

我国在土地利用调查与制图过程中制订了一系列土地利用分类方案，具有代表性的有：《中国1：100万土地利用图》、《土地利用现状调查技术规程》、《全国土地分类》和《土地利用现状分类》等[151]。

1992年，中科院和农业部提出了适用于遥感影像数据的土地资源分类系统，该分类系统将土地资源分为6个一级类，25个二级类[151,152]，见表3-6。其中，一级类包括耕地、林地、草地、水域、城乡工矿居民用地、未利用地。二级类则根据土地的覆被特征、覆盖度及人为利用方式上的差异做进一步的划分。

中国土地资源分类系统 **表 3-6**

一级类		二级类（编码 + 类型名）
编码	类型名	
1	耕地	11水田，12旱地
2	林地	21有林地，22灌木林，23疏林地，24其他林地
3	草地	31高覆盖度草地，32中覆盖度草地，33低覆盖度草地
4	水域	41河渠，42湖泊，43水库，44永久性冰川雪地，45滩涂，46滩地

续表

一级类		二级类（编码+类型名）
编码	类型名	
5	城乡工矿居民用地	51城镇用地，52农村居民点，53其他建设用地
6	未利用地	61沙滩，62戈壁，63盐碱地，64沼泽地，65裸土地，66裸岩，67其他未利用地

资料来源：张景华，封志明，姜鲁光．土地利用/土地覆被分类系统研究进展［J］．资源科学，2011,33（6）：1195-1203。

由于草地与耕地光谱性质相似且研究区域分布稀少，所以将遥感解译中的6个一级土地利用类型合并为5个，即耕地、林地、建设用地、水域、未利用地。

2．土地利用分类方法

基于遥感影像的土地利用分类方法有两种，即监督分类与非监督分类方法，前者靠人工经验判别，后者则借助计算机自动识别，各有优缺点（表3-7）。[153]在土地利用分类研究中，应根据图像特征及分类精度要求灵活运用两种分类方法，以达到影像分类的预期目的[154]。

不同影像分类方法优缺点及适用条件 **表 3-7**

分类方法	优点	缺点	适用范围
监督分类	精准度高，分类结果与实际土地利用较吻合	工作量大	具有先验知识，熟悉区域土地利用状况
非监督分类	工作量小	精确度不高，分类结果与实际土地利用有较大出入	无先验知识，不了解区域土地利用状况

资料来源：赵春霞，钱乐祥．遥感影像监督分类与非监督分类的比较［J］．河南大学学报（自然科学版），2004,34（3）：90-93。

3．采取的分类方法

采用监督分类与非监督分类相结合的方式对影像进行分类，以便取得较好的分类效果。首先用非监督分类法对TM遥感影像图进行非监督分类；然后结合多种相关知识信息资料进行人工的监督分类，并利用西安市1：10万土地利用现状图、陕西省资源地图，对研究区域样本进行定性监督判别；最后对分类结果进行处理，完成遥感影像分类工作。

4．土地利用分类结果

在GIS软件中采用上述两种分类方法进行土地利用分类，用非监督分类法对研究区域遥感影像进行分类处理，再进行定性的人工判别，对分类结果进行二次处理，得到2006年、2010年西安市土地利用分类图（图3-14，图3-15）。

5. 分类精度验证

对土地利用分类结果进行精度验证，结果显示，2006年土地利用分类的kappa系数达到82.5%，2010年土地利用分类的kappa系数达到78.2%，分类精度一致性较高，达到研究要求。

图3-14　2006年西安市土地利用分类图

图3-15　2010年西安市土地利用分类图

3.3.4 土地利用变化分析

1. 土地利用变化幅度

通过分析土地利用类型的总量变化，可了解土地利用变化的总体趋势和土地利用结构的变化[155]，对西安市2006年和 2010 年两期土地利用数据进行统计得到各类用地变动情况（表3-8）。

西安市土地利用变动统计 **表 3-8**

土地利用类型	2006年		2010年	
	面积（平方公里）	比例（%）	面积（平方公里）	比例（%）
建设用地	1195	11.8	1359	13.4
耕地、园地	4467	44.2	4178	41.3
林地	4105	40.6	4218	41.7
水域	189	1.8	156	1.6
未利用地	161	1.6	196	1.9
合计	10108	100	10108	100

由表3-9 可知，西安市土地利用类型以耕地、林地和建设用地为主，2006 ~ 2010 年间，西安市耕地面积减少了288平方公里，减少幅度为2.9个百分点，建设用地面积增长了164平方公里，增加幅度达到1.6个百分点，林地面积增长了113平方公里，增加幅度达1.1个百分点。结果表明，西安市耕地减少明显，减少的耕地主要分布在城乡居民建设用地周围和山区坡度较陡的地区，说明耕地向城乡居民建设用地、林地的转变所致。

以上分析虽能反映出西安市土地利用总体变化状况，但是无法显示出市域范围内各区县土地利用变动情况。因此，借助GIS空间分析手段来研究分区县的土地利用变化情况，利用GIS软件空间分析模块中掩膜分析命令，分别提取每个区县耕地、林地、建设用地、水域、未利用地并统计面积，即可得到分区县土地利用状况，见表3-9、表3-10及图3-16 ~ 图3-18。

2006 年西安市各区县土地利用统计表 **表 3-9**

区、县	建设用地		耕地、园地		林地		水域		未利用地	
	面积（平方公里）	比例（%）	面积（平方公里）	比例（%）	面积（平方公里）	比例（%）	面积（平方公里）	比例（%）	面积（平方公里）	比例（%）
新城区	22.3	92.9	0	0	1.5	6.3	0.22	0.9	0.02	0.1
碑林区	20.9	87	0	0	2.25	9.4	0.82	3.4	0	0
莲湖区	41.1	91.3	0	0	2.86	6.4	0.94	2.1	0	0
灞桥区	122.9	37.9	173.9	53.7	16.3	5.0	6.1	1.9	5	1.5

续表

区、县	建设用地		耕地、园地		林地		水域		未利用地	
	面积（平方公里）	比例（%）	面积（平方公里）	比例（%）	面积（平方公里）	比例（%）	面积（平方公里）	比例（%）	面积（平方公里）	比例（%）
未央区	149.4	56.8	92.9	35.3	7.7	2.9	12.9	4.9	0.1	0
雁塔区	88.6	59.5	46.9	31.5	2.1	1.4	1.6	1.1	10	6.7
阎良区	54.3	19.4	216	77.1	2.6	1	0.89	0.3	6	2.1
临潼区	155.9	17.3	488.3	54.2	241.5	26.8	5.39	0.6	9.05	1
长安区	157.9	10.2	823.3	53.1	531.8	34.3	20.1	1.3	27.5	1.8
蓝田县	61.6	3.1	851.3	42.8	956.7	61.7	84.2	5.4	33.3	2.1
周至县	81.2	27.4	888.9	30.0	1913.4	64.6	27.1	1	52.9	1.8
户县	144.3	11.3	686.8	53.6	415.1	32.4	24.3	1.9	6.9	0.5
高陵县	94.5	30	198.3	63.2	11.2	3.6	4.2	1.3	10.13	3.2

2010 年西安市各区县土地利用统计表 **表 3-10**

区、县	建设用地		耕地、园地		林地		水域		未利用地	
	面积（平方公里）	比例（%）	面积（平方公里）	比例（%）	面积（平方公里）	比例（%）	面积（平方公里）	比例（%）	面积（平方公里）	比例（%）
新城区	22.5	93.8	0	0	1.5	6.3	0.1	0.4	0	0
碑林区	21.3	88.8	0	0	2.1	8.8	0	0	0.3	0.7
莲湖区	34.8	77.3	0	0	6.3	14	0	0	3.9	8.7
灞桥区	174	53.7	94.5	29.2	44.2	13.6	4.6	1.4	8	2.5
未央区	187.7	70.6	63.4	23.8	6.67	2.5	3.3	1.2	4.8	1.8
雁塔区	81.4	58.1	41.6	29.7	6.5	4.6	0.56	0.4	9.9	7.1
阎良区	59.8	21.4	218.1	77.9	1.3	0.5	0.52	0.2	1.1	0.4
临潼区	167.7	18.5	390	43.2	325.3	36	6.3	0.7	13	1.4
长安区	178.2	11.5	782.7	50.4	528.9	34	22.9	1.5	41.5	2.7
蓝田县	67.1	3.4	851.9	42.9	966.6	48.6	63.6	3.2	37.7	1.9
周至县	98.8	3.3	925.5	31.2	1866.9	63	30	1	43.2	1.5
户县	178.3	13.9	603.7	47.1	453.9	35.4	22.9	1.8	21.4	1.7
高陵县	94.3	30	206.4	65.7	5.1	1.6	1.5	0.5	7	2.2

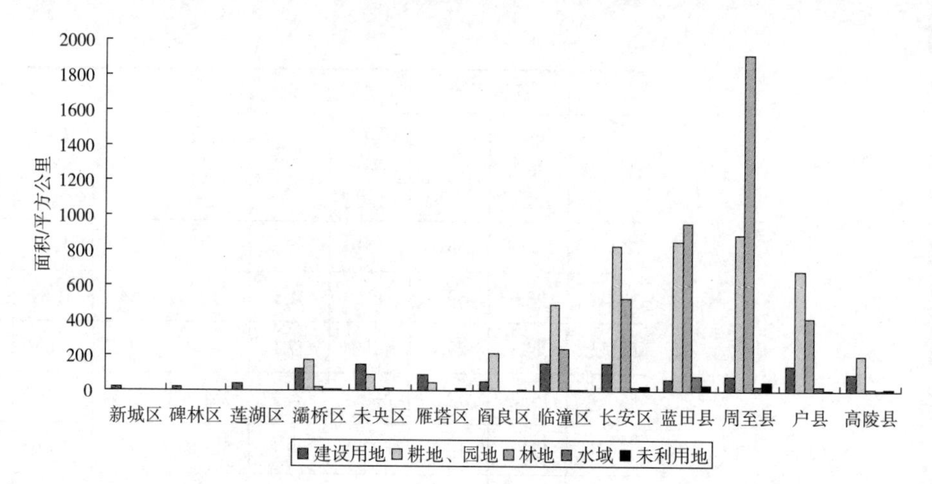

图 3-16 2006 年分区县土地利用类型结构图

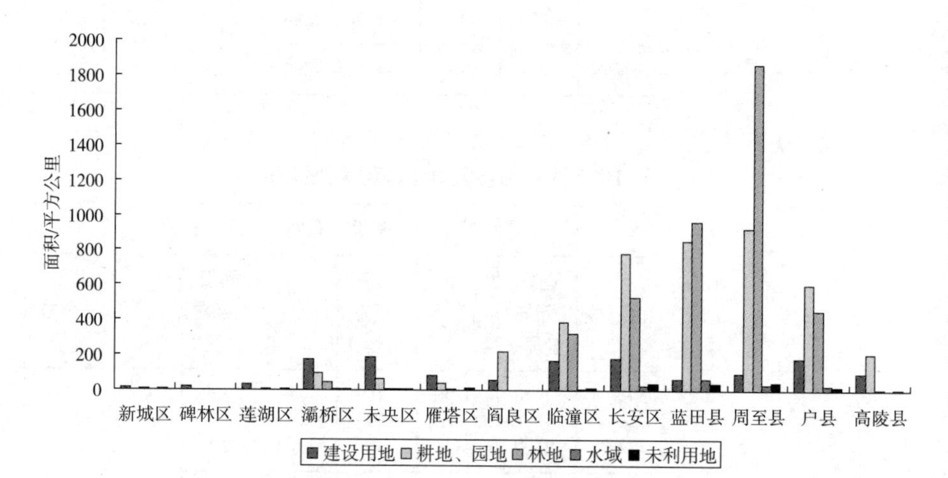

图 3-17 2010 年分区县土地利用类型结构图

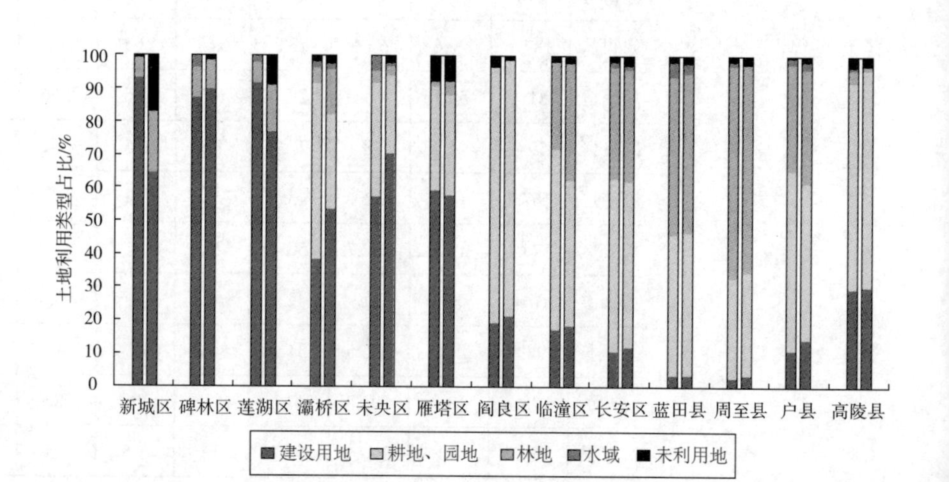

图 3-18 2006 ~ 2010 年分区县土地利用类型变化比较

2. 土地利用变化速率

土地利用类型动态度可定量描述区域一定时间范围内某种土地利用类型的数量变化情况[156]，其计算公式为：

$$K = \frac{U_b - U_a}{U_b} \times \frac{1}{T} \times 100\% \tag{3-2}$$

式中，U_a、U_b分别为研究期初、研究期末某种土地利用类型的面积；T为研究时间；K为研究时间内某种土地利用类型的年变化率[157]。

综合土地利用动态度用以表征区域土地利用变化的速度，其表达式：

$$LC = \frac{\sum_{i=1}^{n} \Delta LU_{i-j}}{2\sum_{i=1}^{n} LU_i} \times \frac{1}{T} \times 100\% \tag{3-3}$$

式中，LU_i为监测起始时间第i类土地利用类型面积；ΔLU_{i-j}为监测时段第i类土地利用类型转为非i类土地利用类型面积的绝对值；T表示研究期时段长。当T设定为年时，LC值就是该研究区土地利用年变化率[157]，见表3-11。

2006 ~ 2010 年西安市土地利用年变化率统计 **表 3-11**

土地利用类型	2006年土地利用面积（平方公里）	2010年年土地利用面积（平方公里）	变化幅度（平方公里）	年变化率（%）
建设用地	1195	1359	164	2.41
耕地、园地	4467	4178	–289	–1.38
林地	4105	4218	113	0.5
水域	189	156	–23	–2.23
未利用地	161	196	35	3.57

根据公式（3-3）计算西安市各区县综合土地利用变化动态度（图3-19），结

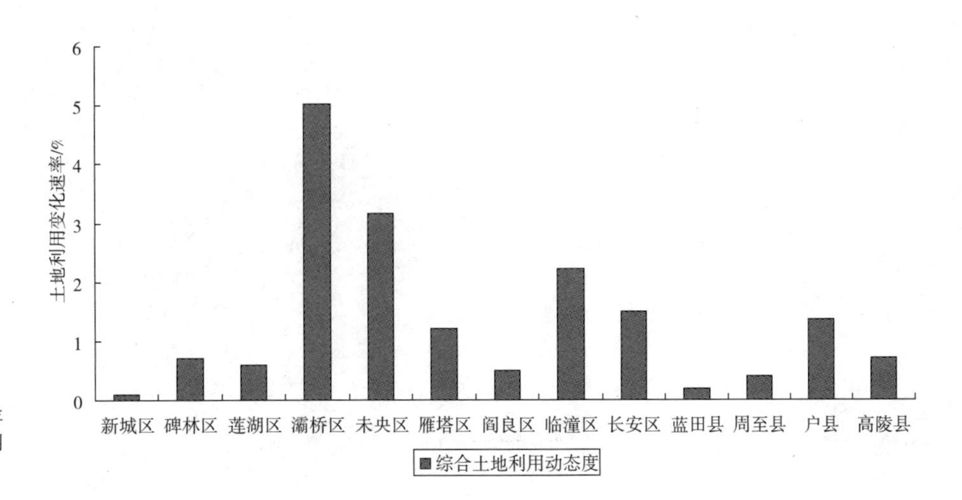

图 3-19　2006 ~ 2010 年西安市分区县综合土地利用变化图

果表明，西安城区周边区县土地动态变化最为明显，如灞桥区、未央区、临潼区、长安区、户县等，远郊县土地利用变化较小，如高陵县、周至县、蓝田县、阎良区等；新城区、碑林区、莲湖区等老城区变化也很小。

3. 分析结果

通过对不同时期遥感影像解译，获取和分析了西安地区土地利用变化情况。西安市在2006～2010年期间，土地利用变化明显。

一方面，从西安市城区土地利用变化的幅度来看，城乡居民建设用地、林地、未利用地均属于扩展型，总面积逐年增长；其中，建设用地增加幅度较大，5年内增加了164平方公里；林地面积也有大幅增长，增加了113平方公里；而耕地、水域其他用地属于缩减型，总面积逐年减少，其中，耕地缩减幅度明显，达289平方公里，水域减少了33平方公里。

另一方面，从土地利用变化的速度来看，西安市土地利用的年变化率为0.63%，其中耕地以平均每年1.38% 的速度在减少；而建设用地和林地的变化速度均较大，分别以年变化率2.41%和0.5%的速度增加。分区县来看，城市周边区县土地利用变化最为迅速，远郊县及老城区变化轻微，说明当前西安市快速城镇化区域主要发生在主城区周边地区。

第4章 西安市生态安全单项指标评价

4.1 生态安全单项指标评价方法

生态安全评价数据有2种类型，即空间数据与属性数据，前者为遥感与DEM数据，主要用于评估土地利用、地形地貌、植被覆盖等自然环境状态，后者为统计数据，主要用于评估社会、经济、人口、污染物排放状况。生态安全评价研究中，对后者多以行政区划为单元进行评价，忽略了单元内部差异性。这就会出现一个问题，即使评价结果显示这个单元是生态不安全的，却不知应具体落实到哪个位置，也难以用于空间差异的比较。改进此评价方法，以地形坡度、土地利用、植被覆盖等因子作为阈值条件确定评价数据在评价单元内部的分布范围，从而提高评价精度与准确性。

选择地形坡度、土地利用、植被覆盖等因子来确定评价数据分布范围是基于以下几点考虑。

第一，建筑布置难易程度与地形坡度关系密切，坡度越小用地越平缓，适于建设，反之则不适于建设。当坡度大于25%时，建筑布置受到较大限制，一般不适于作为建设用地。此外，为防止水土流失，国家退耕还林政策明确规定禁止开垦25%度以上陡坡地。因此可以25%坡度作为区分建设用地与非建设用地的重要条件。

第二，土地利用分类是认识土地类型在区域内部分布特征的基础，为分析生态安全变化的地域差异性提供支持。

第三，植被生长及覆盖状况对于环境污染极为敏感，污染严重区域植被生长状态差，覆盖率低，污染轻微区域植被生长状况好，覆盖率高，二者存在相关性。因此，可通过分析植被生长及覆盖状况来间接确定污染物排放范围。植被归一化指数（NDVI）是反映反映植被生长及覆盖状况的常用指标，当NDVI值小于

0.4，提示植被生长状态差，污染较严重，可以NDVI阈值界定污染物排放范围。

在GIS软件中提取研究区域遥感数据与数字高程数据（DEM），按照上述三个因子阈值条件进行分类，即可得到坡度、植被覆盖阈值分类图（图4-1～图4-3）。土地利用分类图的制作详见图3-14、图3-15，不再赘述。这些阈值图件的制作为确定属性评价数据在单元内部的分布范围提供支撑，有利于提高评价的科学性与准确性。

图4-1 西安市坡度阈值分类图（坡度<25%）

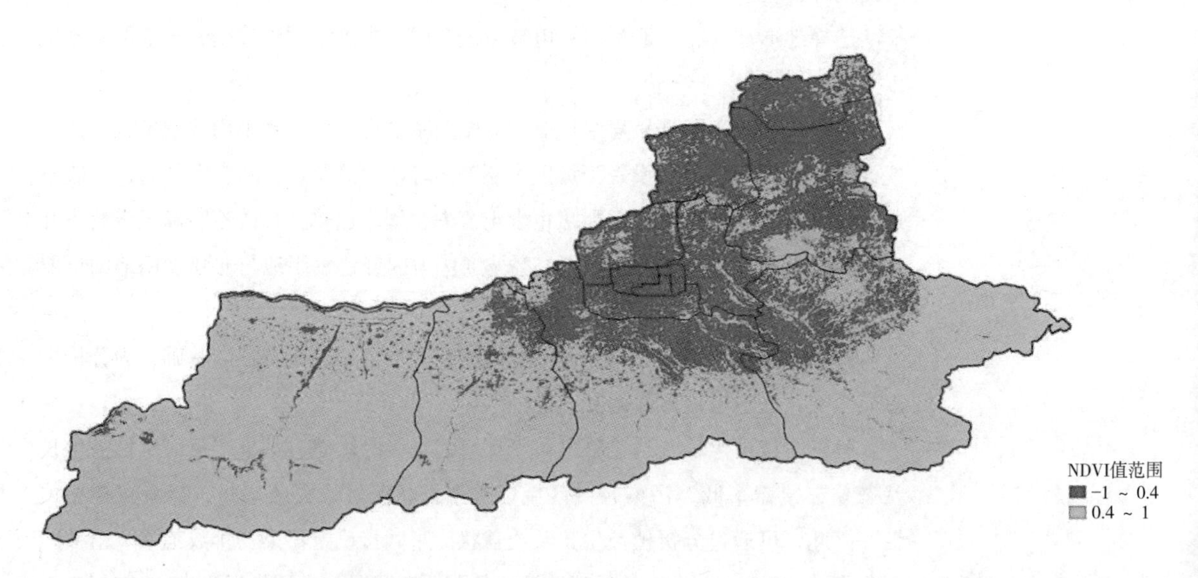

图4-2 2006年西安市植被覆盖阈值分类图（NDVI值<0.4）

采用此评价方法，综合利用3个因子来限定属性数据分布范围，进行生态安全评价的12项指标如表4-1所示。

利用限定因子确定分布范围的指标 **表 4-1**

指标序号	指标名称	限定因子		
		地形坡度	土地利用	植被覆盖
C_2	城镇建设用地比率	√		
C_3	人口密度	√	√	
C_7	工业废水排放指数	√		√
C_8	工业废气排放指数	√		√
C_9	工业固废排放指数	√		√
C_{10}	农药化肥施用指数		√	
C_{22}	人口增长率	√	√	
C_{24}	土地产出率		√	
C_{28}	工业废水排放达标率	√		√
C_{29}	工业烟尘排放达标率	√		√
C_{30}	工业固废利用率	√		√
C_{32}	环保投资指数	√		√

图 4-3　2010 年西安市植被覆盖阈值分类图（NDVI 值 <0.4）

4.2 驱动力评价

驱动力指驱动城市生态系统发生变化的动力，它反映了区域经济和社会发展对城市生态系统的驱动作用。驱动力评价指标包括经济发展、城市扩张、人口集聚等指标。

4.2.1 经济发展

对于一个国家与地区而言，经济发展的重要性不言而喻，但如果处理不好经济发展与生态环境的关系，片面强调GDP发展速度，就有可能变成一把双刃剑，影响社会、经济、生态的可持续发展。因此，选取合适的指标来反映经济发展对于城市生态系统变化的驱动作用就显得尤为重要。

一般而言，可以从规模（存量）和速度（增量）两方面来衡量一个国家或地区的经济发展水平。测量经济规模的常用指标是“国内生产总值”（GDP），它综合性地代表了一个国家或地区在一定时期内所生产的财富（物品和服务）的总和。在经济发展速度方面，常用指标是“GDP年增长率”。具体到研究对象，由于各区县经济发展水平悬殊，既有高度发达的城市经济又有落后的乡村经济，比较其经济规模毫无意义。所以选取GDP年增长率来测度各区县经济发展驱动力，过高的经济增长率往往带来资源、环境的巨大压力，二者相关性高。

统计2006年、2010年西安市各区县GDP数据，整理各区县GDP年增长率（图4-4 ~ 图4-6）。观察图4-4，除临潼区外，所有区县2010年经济增长率较2006年都有所加快，总体呈加速增长态势。尤其是西安东北部的阎良区、灞桥区、高陵县增长率均在25%以上，其次，蓝田、周至、长安、雁塔增长率也较高，而主城区增长速度平缓，主要是近年来西安市工业发展逐渐从主城区迁移，向临近的北部及南部郊区县扩散的结果。

4.2.2 城镇扩张

城镇扩张引起土地利用变化，植被、耕地、水域等生态用地被建筑、道路等建设用地所取代，导致城市生态环境发生改变。以城镇建设用地比率反映建成区在市域范围内的分布格局以及扩张程度，即分区县统计建设用地面积以及理论上可用作城市建设的用地面积，二者的比值作为评价指标。特别指出的是并非城市建成区面积与行政区划面积的比值，因为受地理、经济、人口、环境等要素的限制，行政区划范围内并非所有用地都适合城市建设。由于城市建成区是人工构筑的城市环境，人工构筑物的布置与地形坡度关系密切，坡度决定了建设的难易程度，因此选取坡度（<25%）作为阈值来确定理论可建设用地范围。当坡度>25%时，建筑及道路布置受到较大限制，不适合作为建设用地。评价步骤如下：

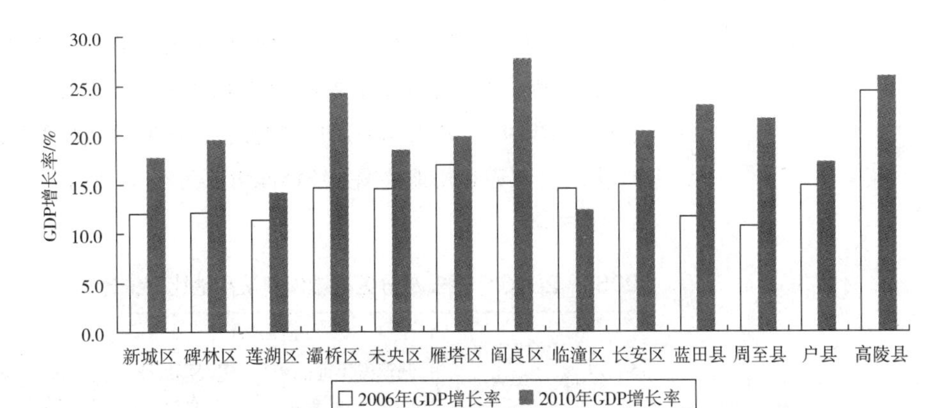

图 4-4　西安市各区县 GDP 增长率

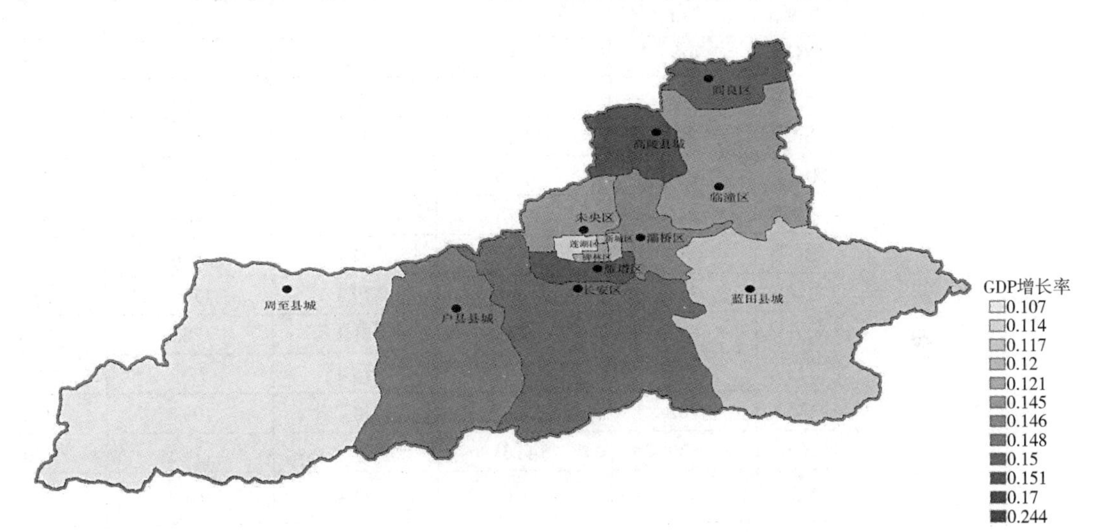

图 4-5　2006 年西安市各区县 GDP 增长率

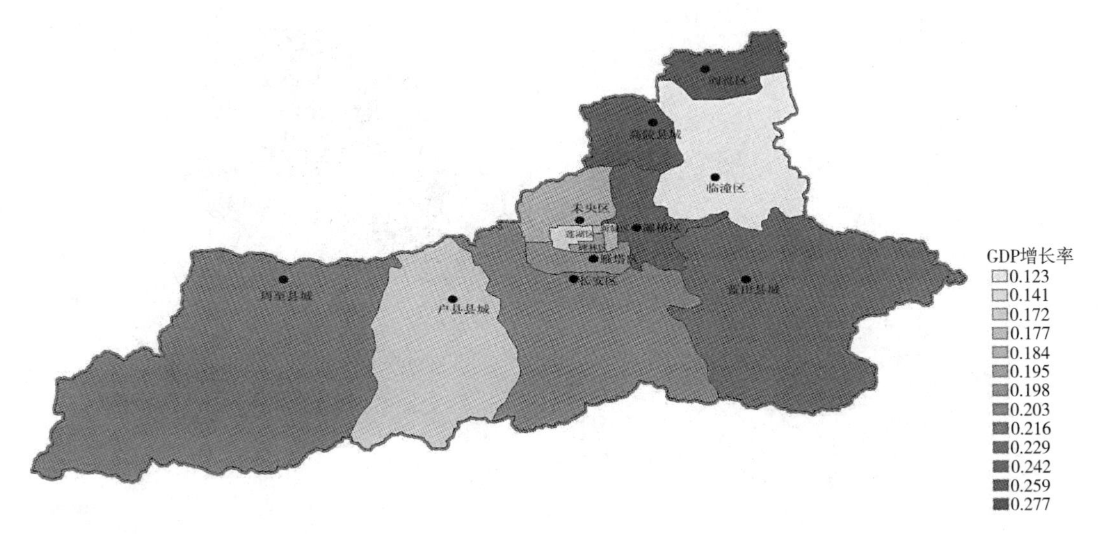

图 4-6　2010 年西安市各区县 GDP 增长率

提取2006年、2010年西安市土地利用图中建设用地范围作为各区县建成区面积范围；利用DEM数据提取坡度<25%的用地范围作为理论上的可建设用地范围（图4-7、图4-8）；采用GIS软件空间分析模块掩膜分析命令，分别提取各区县可建设用地、已建设用地范围并统计面积（表4-2）；最后，分区县统计城镇用地比率，如图4-9。

2006～2010年西安市分区县城镇建设用地比率统计 **表4-2**

区、县	可建设用地面积（平方公里）	2006年		2010年	
		已建设用地面积（平方公里）	建设用地比率（%）	已建设用地面积（平方公里）	建设用地比率（%）
新城区	30	22.3	74	23	75
碑林区	24	20.9	87	21	87
莲湖区	43	41.1	95	41.2	95
灞桥区	295	122.9	41.7	174	58.9
未央区	254	179.36	70.6	141.7	55.8
雁塔区	146	98.57	67.5	81.4	55.7
阎良区	218	54.3	24.9	59.8	27.4
临潼区	756	145.9	19.3	177.7	23.5
长安区	832	177.9	21.4	178.2	21.4
蓝田县	375	61.6	16.4	77.1	20.6
周至县	782	81.2	10.4	108.8	13.9
户县	530	144.3	27.2	178.3	33.6
高陵县	275	94.3	34.3	104.5	38
合计	4560	1254.83	27.5	1328.9	29.1

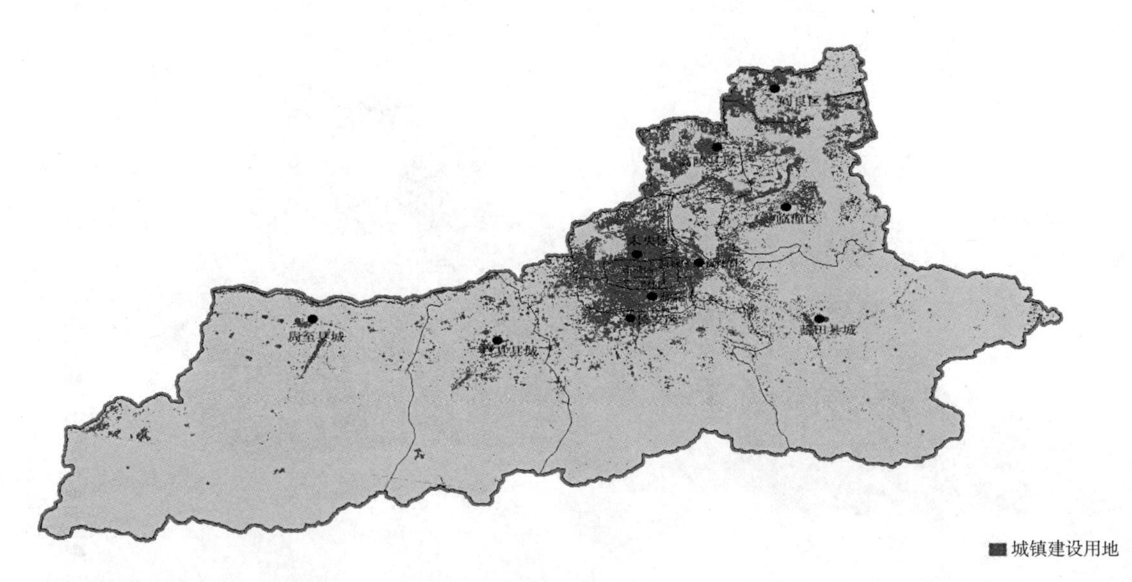

图4-7　2006年西安市城镇建设用地范围

结果表明，2016～2010年间西安市各区县建设用地面积均有所增长。增长较快的有灞桥区、户县、临潼区；其次是蓝田县、周至县、雁塔区；增长不明显的是新城区、碑林区、莲湖区等。城镇建设用地比率最高的是城三区的新城区、碑林区、莲湖区，均在80%以上，几乎达到极限；其次是主城区周边快速城镇化的未央区、雁塔区、灞桥区，城镇建设用地比率均达到60%；然后是高陵县、户县北部地区，城镇建设用地比率在30%～40%之间；阎良区、临潼区、长安区

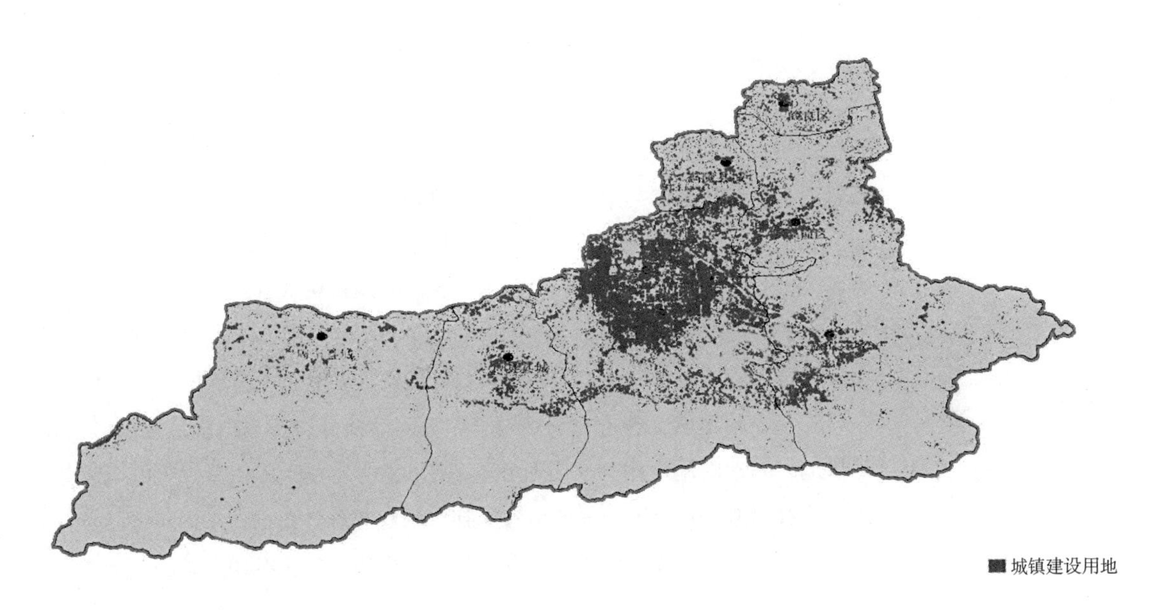

图 4-8　2010 年西安市城镇建设用地范围

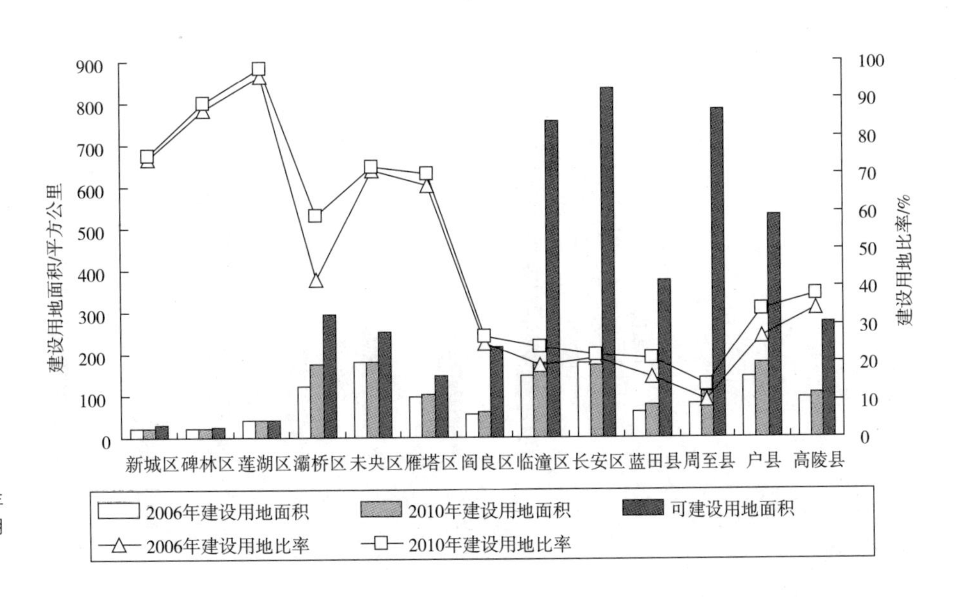

图 4-9　2006 ～ 2010 年西安市分区县城镇建设用地比率图

在20%～30%之间；最低的是蓝田县、周至县，城镇建设用地比率在10%～20%之间。

4.2.3 人口集聚

人口的聚集才会产生村落、城镇乃至城市，区域中心城市往往对周边地区产生强大的人口集聚效应。西安市作为陕西省乃至西北地区最为重要的城市，其人口集聚效应十分突出。据2010年陕西省第六次人口普查公报数据，西安市占全省人口比重持续上升，由2000年的20.56%上升到2010年的22.69%，提高了2.13个百分点[158]。

人口密度反映了区域范围内人口集聚的疏密程度，常用于人口集聚测度。由于统计资料提供的人口密度是行政区划单元人口的平均数值，无法揭示人口在区域内部的分布格局与集聚程度。尤其在城市行政区划范围内，既有城镇又有乡村，城镇人口较集中分布在城镇建设用地之中，农业人口分散于乡村用地之中，城乡人口分布及密度差异巨大，平均值无法反映这种差异。

为了准确表达人口在城乡空间分布上的差异，并使其与生产方式、经济状态紧密结合，尝试按乡村人口与城镇人口分类统计并计算人口密度，方法如下：

首先，利用坡度与土地利用因子作为阈值条件，筛选出满足坡度<25%而且是耕地、园地的用地作为农用地分布范围。然后，采用GIS软件中的掩膜分析方法，从农用地分布范围中提取出各区县农用地并统计面积，求得各区县乡村人口与农用地面积商，即可得到分区县乡村人口密度，如图4-10。其次，城镇人口集中分布于城镇建设用地上，求得分区县城镇常住人口与城镇建设用地面积商，即可得各区县城镇人口密度，如图4-11。最后，将分别统计的农业人口密度与城镇人口密度相叠加形成人口密度图，如图4-12、图4-13所示。

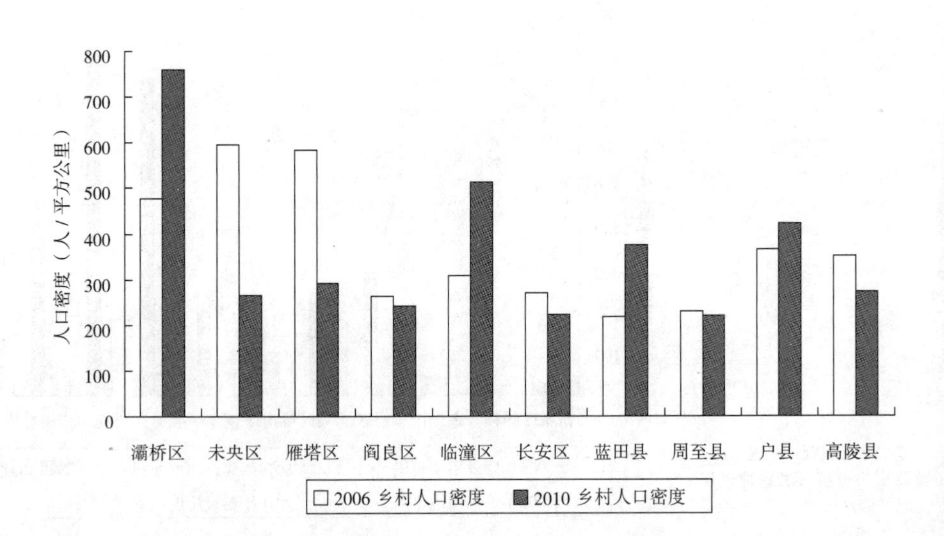

图 4-10 西安市分区县乡村人口密度图

西安市人口密度空间分布不均衡，城三区及周边地区人口密度极高且呈聚集状态；较远郊区、县平原地区人口主要集中于县、镇政府所在地，广大农村人口分散，呈现大分散、小聚居的分布格局；南部秦岭山区，受地形地貌所限，人口分布稀少，零星分布于河流川道周边区域。

对比2006年、2010年人口密度图及图表数据，各区县城镇人口密度及空间分布出现变化，城三区除莲湖区持平外都出现大幅下降，尤其碑林区城镇人口密度从40622人/平方公里下降到28528人/平方公里。周边未央区、阎良区、雁塔

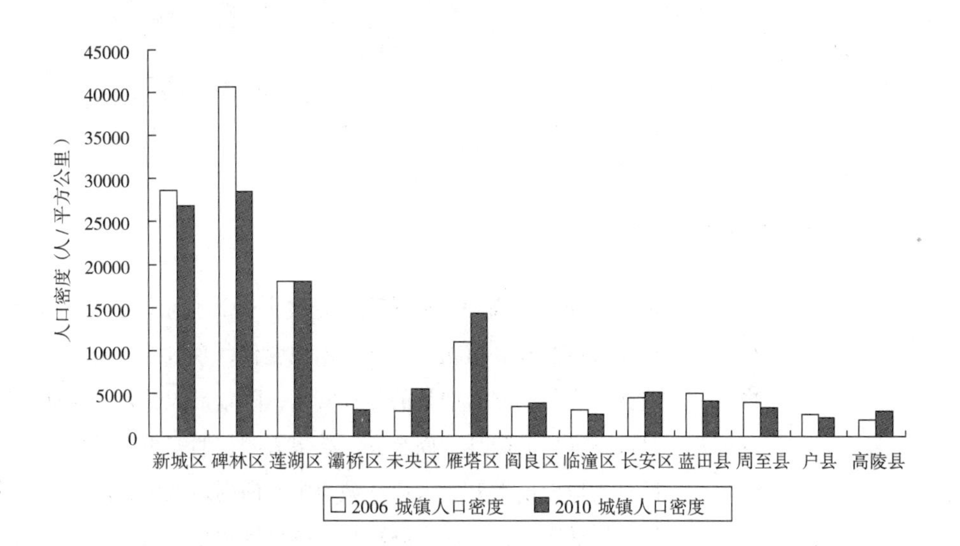

图 4-11　西安市分区县城镇人口密度图

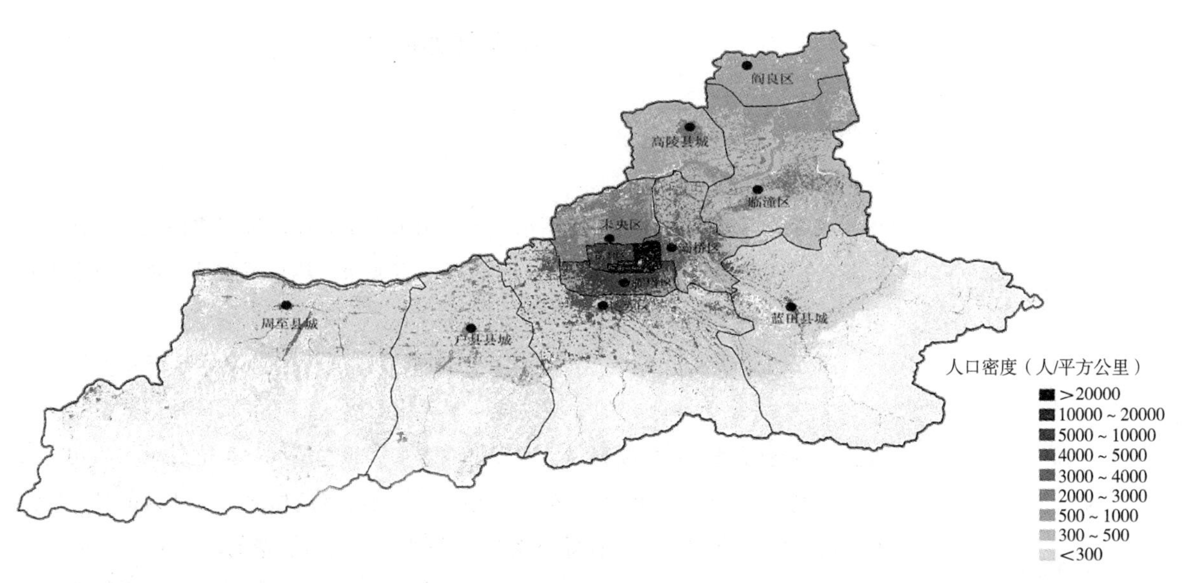

图 4-12　2006 年西安市人口密度图

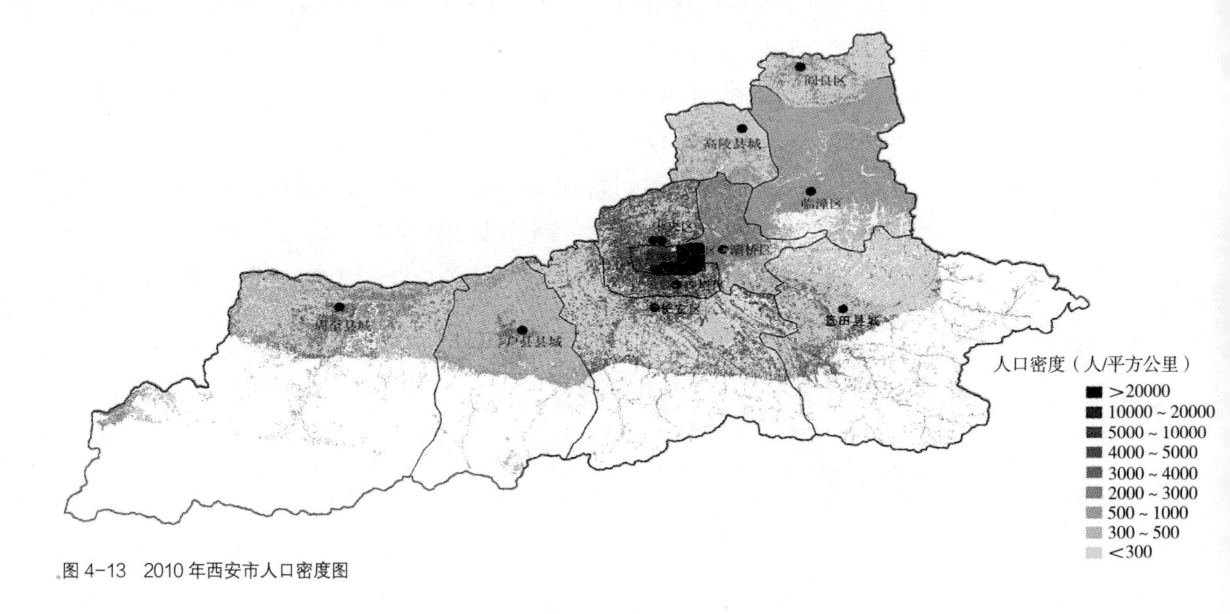

图 4-13　2010 年西安市人口密度图

区、长安区、高陵县城镇人口密度上升，其余区县基本平衡或有所下降。同样，西安市各区县乡村人口密度也出现变化，乡村人口密度上升明显的有灞桥区、临潼区、户县，略有增长的是长安区；降幅最大的是未央区、雁塔区，略有下降的是阎良区、高陵县、周至县。结果表明，西安市主城区人口密度下降，周边临近区县人口密度上升，人口从城市中心向周边地区扩散趋势明显，而且主要由未央区、雁塔区、长安区、高陵县、阎良区承接人口转移，上述区县乡村人口密度下降、乡村人口转化为城镇人口趋势明显。

4.3 压力评价

4.3.1 自然资源

1. 水资源消耗密度

水资源消耗主要包括生活用水、工业用水以及农业用水三方面用水消耗，水资源消耗密度则指单位面积土地上消耗的水资源量，用以反映某一地区范围内水资源消耗的疏密程度。

西安市属于水资源严重不足地区，水资源匮乏一直是制约经济发展的关键因素之一[148]，近年来，随着城镇化、工业化的快速推进，水资源消耗量越来越大，水资源短缺矛盾日渐突出。西安市地表水资源总量约24亿立方米，人均占有量仅约400立方米，与世界、全国、陕西省人均占有量相比，分别为世界人均占有量的3.8%。全国人均占有量的15.7%、陕西省人均占有量的27.7%[148]。而且水资源空间分布极不均衡，秦岭北麓山地占有超过80%的水量，人口密集的平原地区仅有不到20%的水量。

目前，只有各类用水总量数据，无法体现水资源消耗在市域范围内分布格局与空间差异。尝试按照用水类型（生活用水、工业用水以及农业用水）分别进行统计并确定各类用水分布范围及面积，从而得到单位面积水资源消耗量，较为精确地反映水资源消耗空间分布格局及其变动状况，为区域水资源合理配置提供科学依据。

按用水类型分类计算是基于以下几点考虑。生活用水消耗量与居民人口规模成正比，可根据各区县供水人口数计算得到相应生活用水量，从而得到生活用水消耗密度。工业用水消耗于建设用地，其消耗量与工业产值正相关，可依据各区县工业产值比例估算工业用水量，进而得到工业用水密度。农业用水用于灌溉耕地，可根据各区县灌溉耕地面积确定农业用水量，并最终得到农业用水密度。

水资源消耗量数据来源于西安市水务局、西安市建委提供的资料，以及陕西省水资源公报、西安市统计年鉴、西安市水利志等。其中，生活用水包含居民用水及公共绿化用水，工业用水包括生产过程中使用的地表水、地下水及自来水等，农业用水则包括灌溉过程中取用的地表水、地下水等。

统计各区县生活用水人口数，计算用水量，从土地利用图中得到相对应的建设用地面积，即可得到生活用水密度（表4-3）。同理，统计各区县工业产值，可推算出相应工业用水量，继而得出工业用水密度。不同的是，在计算工业用水量时需考虑工业重复用水的问题，工业用水总量减去重复用水量才是工业用水消耗量（表4-4）。由于农业用水量与灌溉面积成正比，统计各区县灌溉面积，由此可计算出相应用水量，得到农业用水密度（表4-5）。将上述三类用水密度数据叠加，即可得到研究区域水资源消耗密度（图4-14～图4-17）。

西安市分区县生活用水密度统计表 **表 4-3**

区、县	2006年				2010年			
	用水量（万立方米）	用水人口（万人）	建设用地面积（平方公里）	生活用水密度（万立方米/平方公里）	用水量（万立方米）	用水人口（万人）	建设用地面积（平方公里）	生活用水密度（万立方米/平方公里）
新城区	3549	34.1	22.3	159	3501	33.2	22.5	115.6
碑林区	4715	45.3	20.9	225.6	3649	34.6	21.3	171.3
莲湖区	4111	39.5	41.1	100	4134	39.2	34.8	118.8
灞桥区	3018	29	122.9	24.7	3512	33.3	174	20.2
未央区	3133	30.1	149.4	21.0	4788	45.4	187.7	25.5
雁塔区	6120	58.8	88.6	69.1	6992	66.3	81.4	85.9

续表

区、县	2006年				2010年			
	用水量（万立方米）	用水人口（万人）	建设用地面积（平方公里）	生活用水密度（万立方米/平方公里）	用水量（万立方米）	用水人口（万人）	建设用地面积（平方公里）	生活用水密度（万立方米/平方公里）
阎良区	1384	13.3	54.3	25.5	1655	15.7	59.8	27.7
临潼区	3695	35.5	155.9	23.7	3889	36.9	167.7	23.2
长安区	5589	53.7	157.9	35.4	6398	60.7	178.2	35.9
蓝田县	180	5.2	66.6	2.7	192	6	67.1	2.9
周至县	212	5.2	81.2	2.6	244.4	7.7	98.8	2.5
户县	495	10.2	144.3	3.4	522	11	178.3	5.6
高陵县	601	8.4	94.5	6.4	710.9	11.2	94.3	7.5
合计	36776	368	1195	30.8	40205.3	401.3	1359	29.6

西安市分区县工业用水密度统计表 **表 4-4**

区、县	2006年				2010年			
	用水量（万立方米）	工业产值（亿元）	建设用地面积（平方公里）	工业用水密度（万立方米/平方公里）	用水量（万立方米）	工业产值（亿元）	建设用地面积（平方公里）	工业用水密度（万立方米/平方公里）
新城区	3227	85	22.3	144.5	1418	132.5	22.5	63
碑林区	1128	29.7	20.9	54	909	85	21.3	42.7
莲湖区	3379	89	41.1	82.1	1870	174.8	34.8	53.8
灞桥区	1314	34.6	122.9	10.6	1016	97.5	174	5.8
未央区	3734	99	149.4	25	2281	218.8	187.7	12.1
雁塔区	4290	113	88.6	48.4	2203	211.3	81.4	27
阎良区	1025	27	54.3	18.9	524	50.3	59.8	8.8
临潼区	1409	37.1	155.9	9.1	824	79	167.7	4.9
长安区	1606	42.3	157.9	10.1	1418	136	178.2	8
蓝田县	433	11.4	66.6	6.5	271	26	67.1	4
周至县	285	7.5	81.2	3.5	146	14	98.8	1.5
户县	1443	38	144.3	10	615	59	178.3	3.5
高陵县	737	19.4	94.5	7.8	1251	120	94.3	13.3
合计	24031	633	1195	20.1	14885	1391.2	1359	11.1

西安市分区县农业用水密度统计表 **表 4-5**

区、县	2006年			2010年		
	用水量（万立方米）	耕地面积（平方公里）	农业用水密度（万立方米/平方公里）	用水量（万立方米）	耕地面积（平方公里）	农业用水密度（万立方米/平方公里）
灞桥区	6180	129.5	47.7	5091	113.7	44.8
未央区	4168	50.9	81.9	2829	34.7	81.5
雁塔区	1437	26.7	52.8	849	13.5	62.9
阎良区	13079	163.5	80	12587	158.4	79.5
临潼区	31333	501.4	62.5	31114	493.3	63.1
长安区	18397	468.7	39.3	18527	462.6	40
蓝田县	9055	410.6	22.1	9758	406.7	24
周至县	20122	335.8	59.9	20224	335.3	60.3
户县	26446	386.5	68.4	27578	383.1	72
高陵县	12504	152.1	82.2	12728	154.1	82.6
合计	143729	2625.7	54.7	141427	2555.4	55.3

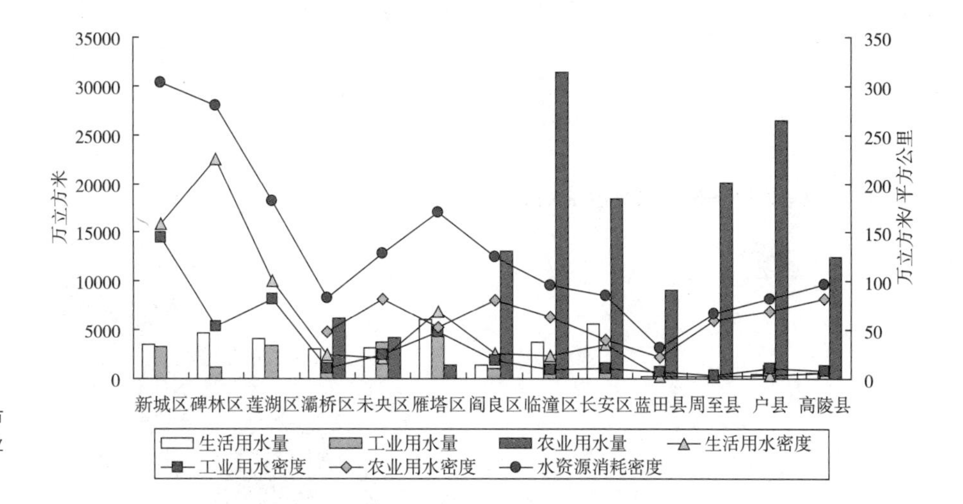

图 4-14 2006 年西安市分区县生活、工业、农业用水量及用水密度

结果显示，2010年较2006年水资源消耗总量略有减少，从20.45亿吨下降到19.65亿吨。其中，生活用水量与城镇化水平有关，伴随城镇居民人数的增长，生活水平提高，城市生活用水出现增长，增幅达9%。工业用水下降幅度明显，减少38%，主要归功于工业重复用水率的大幅提高，从2006年76%上升到2010年84%。农业用水略微减少，下降1.6%，说明农业节水进展不大。

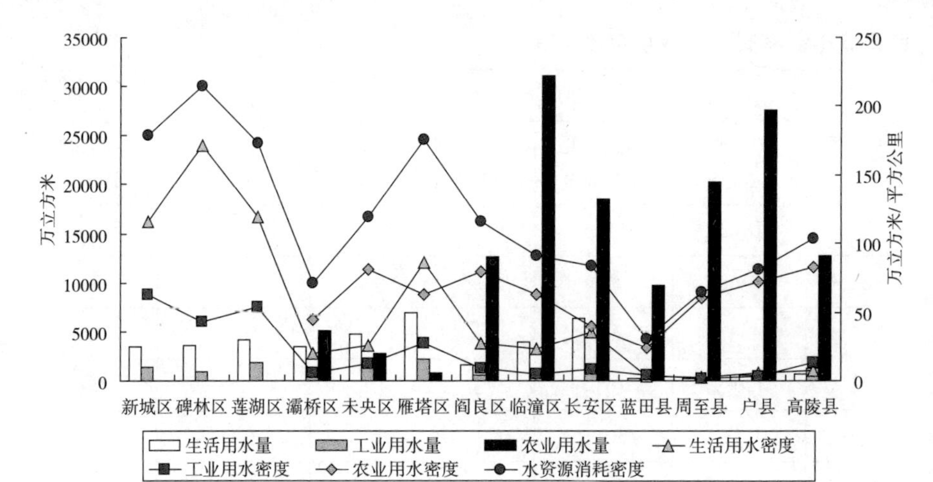

图 4-15　2010 年西安市分区县生活、工业、农业用水量及密度

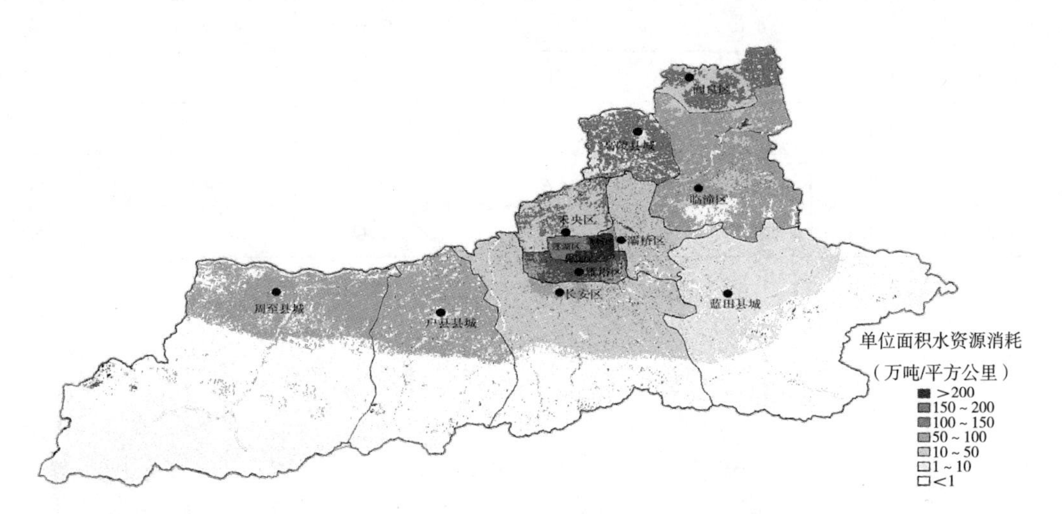

图 4-16　2006 年西安市分区县水资源消耗密度图

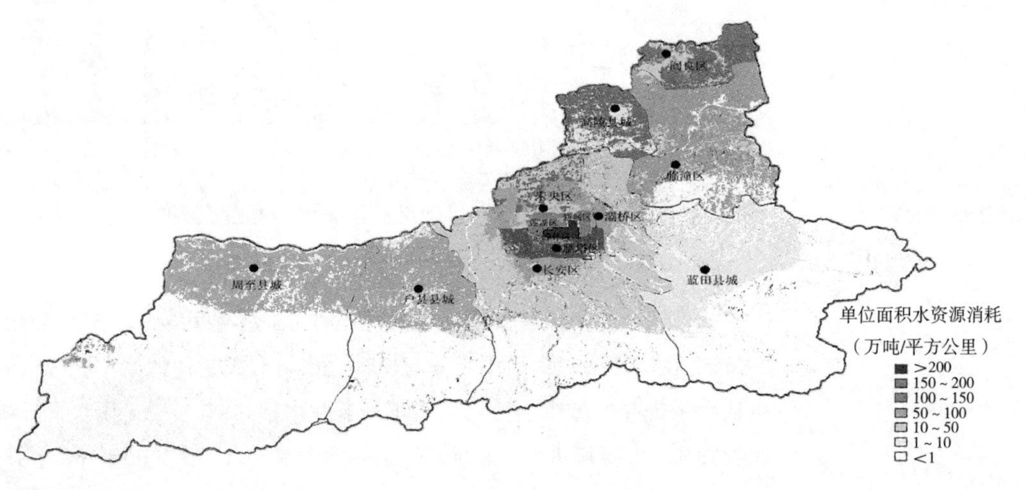

图 4-17　2010 西安市年分区县水资源消耗密度图

按用水类型来看，生活用水密度高的有碑林区、新城区、莲湖区、雁塔区、长安区等，低的有蓝田县、周至西安、户县、高陵县。工业用水情况与生活用水较接近，依然是城镇化水水平较高、工业较为发达的城三区及周边郊区县较高。农业用水则与两个因素有关，一是地形因素，二是城镇化因素。西安市中北部区县位于关中平原，地势平坦，便于灌溉，普遍农业用水量大，用水密度高，如高陵、阎良、未央、户县、临潼等均如此。主城区周边区域受城市扩张影响，城镇化进程加快，农用地转化为建设用地明显，农业灌溉用水量及用水密度均减小，如长安区、灞桥区、未央区等。

2. 土地资源承载力评价

（1）土地资源承载力概念

土地资源承载力的概念是从土地可承载的人口规模角度提出的，我国自然资源综合考察委员会定义，土地资源承载力是指在一定生产条件下土地资源的生产力和一定生活水平下所承载的人口限度[159]。因此，对于土地资源承载力的测评主要是通过计算土地的粮食产出来预测可支撑的最大人口规模，并以此确定发展战略。从土地资源承载力概念及测评方法可以看出，其本质是以土地为基础，粮食为保障，人口容量的测算为目标[159]。出于环境保护和可持续发展的目的，土地资源承载力研究逐渐得到重视并广泛应用于城市规划和环境评价等领域。

（2）数据来源

评价所需数据包括耕地面积、粮食产量以及人口数据，均来源于当年西安市统计年鉴。

（3）土地资源承载力和土地资源承载指数

计算土地资源承载力可以通过测算区域内粮食生产总量和人均占有量，并由此测算该区域所能承载的人口数量，研究步骤如下。

首先，计算粮食生产总量，在土地生产潜力分析的基础上，根据区域的耕地面积及粮食作物用地占耕地总面积的百分比，计算粮食生产总量，见式（4-1）。

$$Y=P\times A\times R \qquad (4\text{-}1)$$

式中，Y代表粮食生产总量，P代表土地生产潜力（亩产）水平，A代表耕地面积，R代表粮食用地占耕地的百分数 。

其次，计算人均粮食占有量，人均粮食占有量应包括人口口粮、种子粮、饲料粮、本地工业用粮及仓储等其他用粮。一般可根据人均粮食占有量，并考虑到经济发展水平确定，见式（4-2）。

$$T=Y/S \qquad (4\text{-}2)$$

式中，T是土地所能承载的总人口数量，Y是土地生产潜力，S是人均社会粮食占有量 ，文中以小康水平为标准，也是我国粮食安全的主要标准，将人均粮食占有标准定为400公斤。

土地承载指数即区域人口规模与土地承载力之比，以式（4-3）表示。

$$L_{cci}=P_a/T \quad (4\text{-}3)$$

式中，L_{cci}是土地资源承载指数，P_a是区域常住人口数，T是土地所能承载的人口数量。$L_{cci}<1$，说明粮食生产超过人口所需，土地资源承载力尚有盈余；$L_{cci}=1$，说明粮食生产与人口所需保持平衡，土地资源承载力处于临界状态；$L_{cci}>1$，说明粮食生产不能满足人口所需，土地资源承载力处于超载状态。

（4）评价结果

评价结果显示，蓝田县、周至县、户县、高陵县、临潼区土地承载潜力大，而阎良区、长安区基本在土地承载的临界值，雁塔区、灞桥区、未央区则远远超过其土地承载极限（图4-18，图4-19）。2006～2010年，只有临潼区、蓝田县、户县土地承载力略有提高，其余区县均下降，尤其雁塔区、未央区土地承载力急剧下降，灞桥区土地承载力下降也较为明显，其余变化不大（表4-6）。说明随着西安城镇化进程的加快，城市建成区迅速向周边区县推进，农用地转化为建设用地，导致土地承载力下降，并呈现由城市中心向周边递减的规律。这一结论在分区县耕地变化统计中也可以得到印证（表4-7）。

西安市分区县土地承载指数统计 **表 4-6**

	2006年土地承载指数	2010年土地承载指数	指数变动率
灞桥区	2.94	3.23	0.29
未央区	9.09	12.5	3.41
雁塔区	33.3	45	11.7

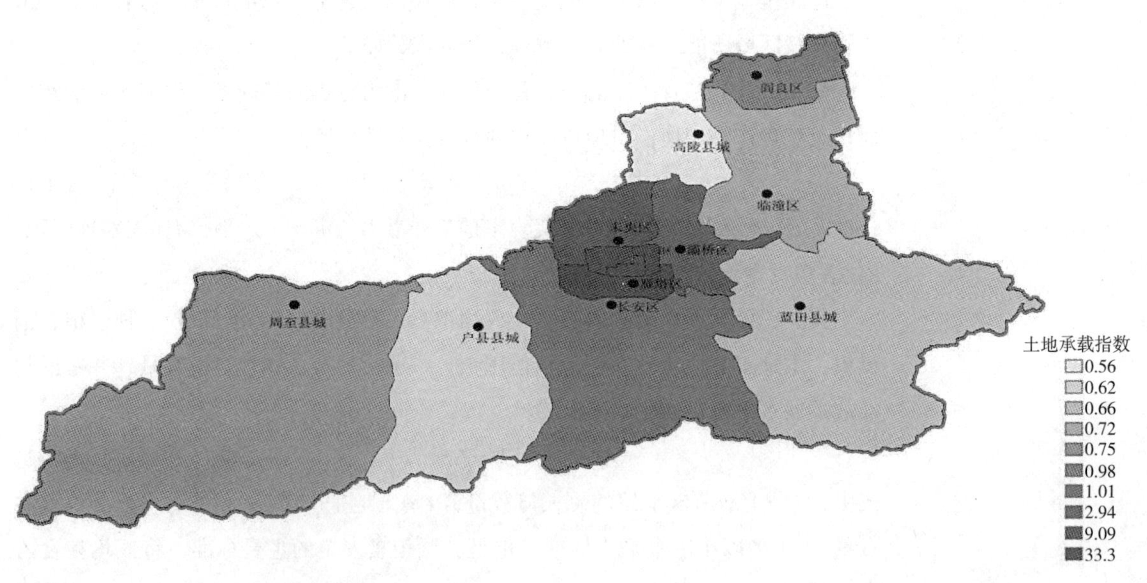

图 4-18　2006 年西安市分区县土地承载指数图

续表

	2006年土地承载指数	2010年土地承载指数	指数变动率
阎良区	0.98	1.16	0.18
临潼区	0.72	0.65	−0.07
长安区	1.01	1.04	0.03
蓝田县	0.66	0.61	−0.05
周至县	0.75	0.78	0.03
户县	0.62	0.6	−0.02
高陵县	0.56	0.64	0.08

2006 ~ 2010 年西安市耕地面积变动情况统计表 **表 4-7**

	2006年耕地面积（亩）	2010年耕地面积（亩）	耕地变动率
灞桥区	12950	11374	−9.39%
未央区	5089	3473	−31.75%
雁塔区	2665	1347	−49.46%
阎良区	16348	15843	−3.09%
临潼区	50144	49330	−1.62%
长安区	46874	45265	−3.43%
蓝田县	41061	40667	−0.96%
周至县	33582	33526	−0.17%
户县	38647	38013	−1.64%
高陵县	15211	15406	1.28%

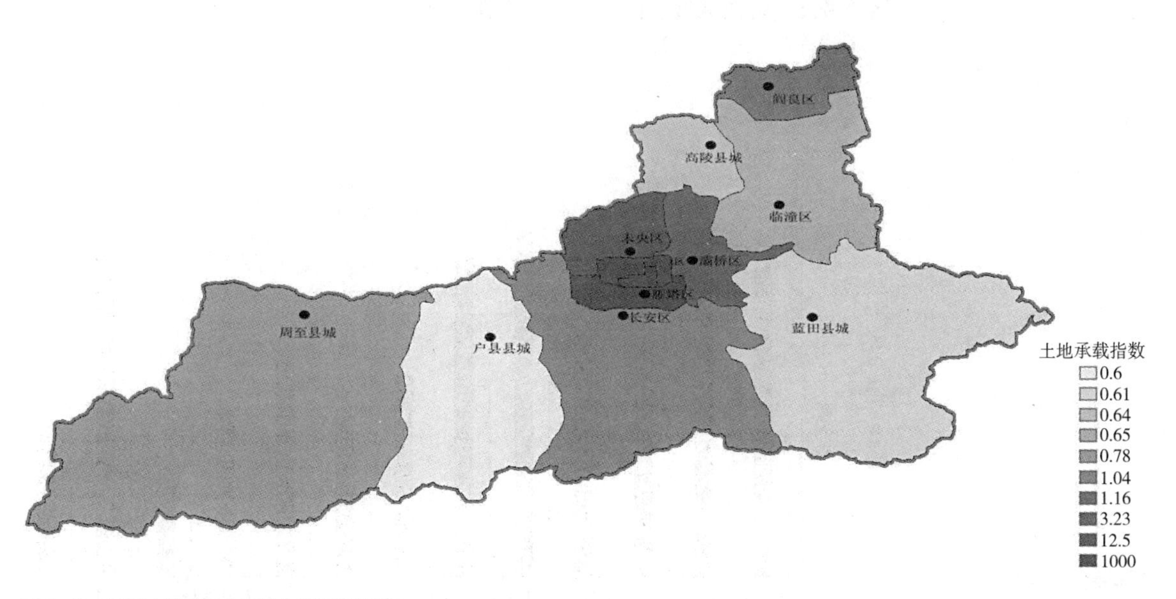

图 4-19 2006 年西安市分区县土地承载指数图

从表4-7中可知，2006～2010年除高陵县耕地面积略有增长外，其余区县均不同程度递减。其中，雁塔区、未央区递减幅度最大，其次为灞桥区，这三个区县递减幅度在30%以上，说明这些地区是西安城市扩展、产业转移的主要承接地区。阎良区、长安区、户县耕地减少幅度在1%～5%之间，也受到城市扩散的影响。蓝田县、周至县减少幅度均在1%以下，影响不明显。

3. 人均能耗

人均能耗是衡量一个国家或地区能源消耗常用的指标，即国家或地区年消耗能源折算成标准煤与常住人口的比值。2012年5月26日，在“2012中美清洁能源论坛”上的统计数据显示，我国人均能耗已达2.6吨标准煤，达到世界平均能耗水平[160]。随着未来中国经济进一步发展，能源需求将水涨船高，国家能源局预测2020年我国的能源需求总量将达到50亿吨标准煤，未来将面临更为严重的能源问题。

从经济发展规律看，伴随工业生产规模扩大、人民生活水平提高，能耗水平必然提高，这是一个具有合理性的结果。但是从环境容量角度出发，就不得不考虑这种大规模消耗能源的可持续性和生态安全性。选择人均能耗指标作为测度资源压力的指标，统计2006年、2010年西安市各区县常住人口及能源消耗数据得出人均能源消耗状况（图4-20～图4-22）。

2006年，户县、未央区、雁塔区人均能耗较高，周至、高陵县、长安区、蓝田县、临潼区较低，其余居中。2010年，灞桥区、未央区、户县高，新城区、碑林区、莲湖区增长较快，长安区、阎良区紧随其后，临潼区、蓝田县、高陵县依然较低。从数据的空间分布分析，城市老城区人均能耗居中，临近老城区的人均能耗最高，远离老城区的区县人均能耗最低。

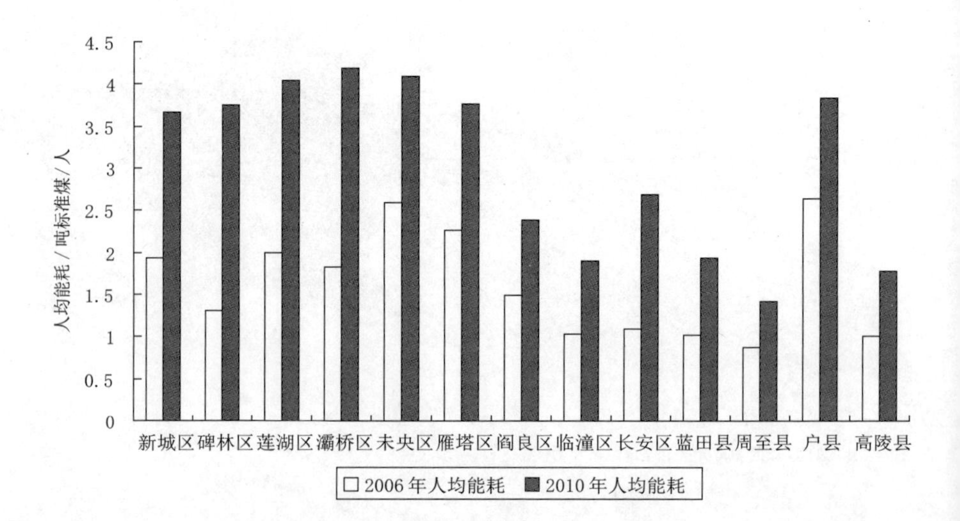

图 4-20 西安市分区县人均能耗统计

评价结果表明，伴随城市扩展及产业转移，西安市区工业企业外迁至邻近郊区县，灞桥区、未央区、户县等区县逐渐集中了西安主要的工业生产，而工业生产耗能最大，因此人均能耗最高。而新城区、莲湖区、碑林区等老城区属于城市核心区，以发展第三产业为主，经济发达，市民生活水平高，人均能耗也较高。离城市较远的区县如周至县、蓝田县、临潼区、阎良区等，受城市产业转移辐射的影响较弱，仍以农业生产为主，人均能耗最低。

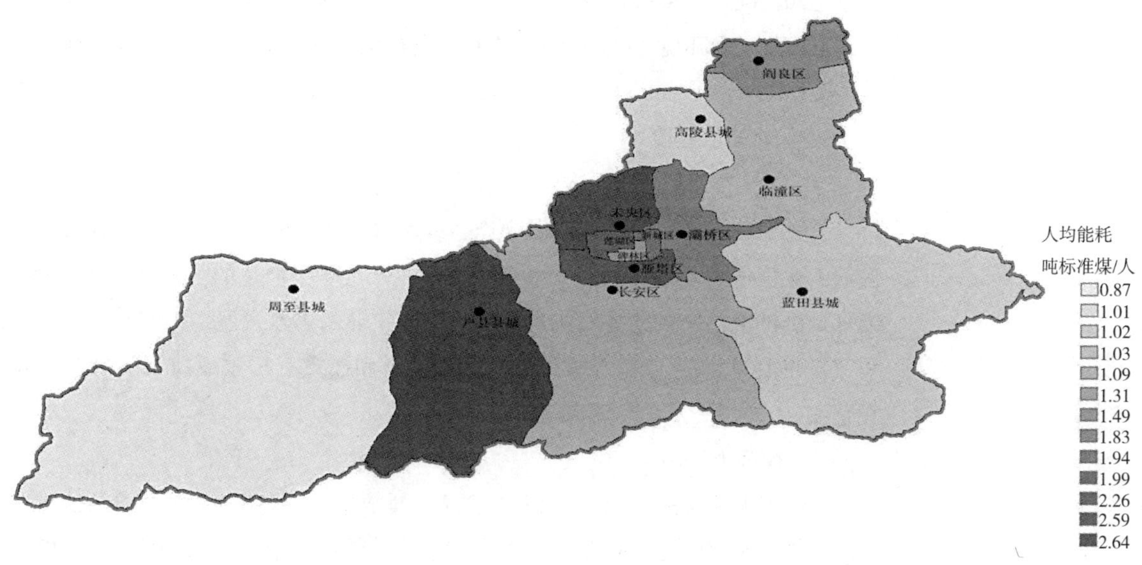

图 4-21 2006 年西安市分区县人均能耗统计

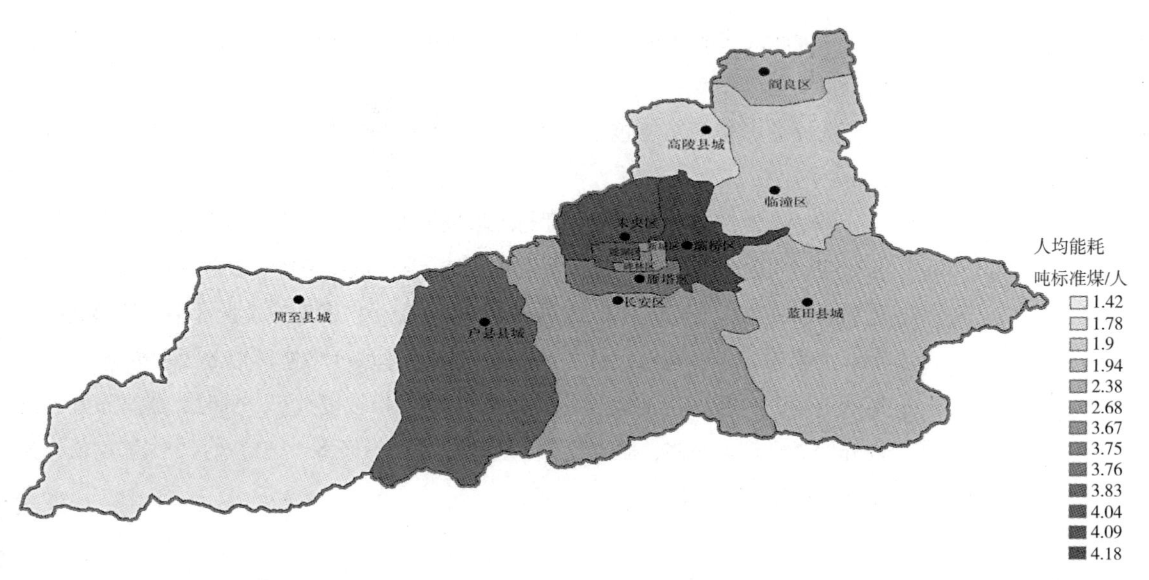

图 4-22 2010 年西安市分区县人均能耗统计

4.3.2 生态环境

随着我国工业化进程加快，工业污染对于环境的破坏与扰动剧烈，环境问题更显突出。因此，在测度生态环境压力方面选择反映工业污染的三废单位排放量作为评价指标。除工业生产造成的生态环境问题以外，农业生产对生态环境尤其水环境的污染也不容忽视。目前，我国水体氮磷污染物中来自工业、生活污水和农业面源污染的大约各占1/3[161]，我国湖泊的氮、磷50%以上来自于农业面源污染[162]。我国受农业面源污染影响的耕地面积已近2000万公顷[163]，每年土壤流失量达50亿吨，大量氮、磷、钾及微量元素等养分进入了水体中[164]，导致水体的富营养化与水环境污染。因此，选择农药化肥单位面积排放量来反映土地受农业污染程度。

1. 工业废水排放密度

（1）工业废水概念

工业废水是指工业生产过程中产生的废水、污水和废液，其中含有随水流失的工业生产用料、中间产物和产品以及生产过程中产生的污染物[165]。工业废水是水环境污染的主要污染源，随着我国工业的迅速发展，工业废水的种类和数量迅猛增加，对水体的污染也日趋广泛和严重，严重威胁人类的健康和安全。

（2）研究方法

工业废水排放密度即单位面积工业废水排放量，一般由工业废水排放量与对应的行政单元面积之比来表述。这种计算方法反映的是在行政区划单元范围里工业废水排放的平均值，忽视了工业废水排放的空间分布格局。采用地理学、生态学等相关学科知识，利用地形坡度与植被生长状况等要素来确定工业废水排放范围，从而较真实的反映出工业废水排放密度，为治理水环境污染、提高区域生态安全提供重要参考。

选择地形坡度与植被生长状况作为工业废水排放范围的条件基于以下两点考虑。

第一，建筑的布置难易程度与地形坡度关系密切，坡度越平缓越适合作为建筑用地，反之则不适于。由此规律可以划定某个坡度值作为工业建筑用地的阈值，进而可以划出工业建筑用地范围。而坡度阈值可以参考建筑设计中的地形坡度分级标准来确定。在建筑设计中，一般根据地形坡度将地形划分为六种类型[166]，地形坡度的分级标准与建筑的关系见表4-8。当坡度大于25%时，建筑布置与设计开始受到较大限制，施工复杂、建设成本高不经济，因此选择25%坡度值作为工业建筑用地的阈值。

地形坡度分级标准及与建筑的关系 **表 4-8**

类别	坡度值	度数	建筑布置与设计特征
平坡地	0% ~ 3%	0° ~ 1°43′	基本为平地，道路及房屋可自由布置，但需注意排水
缓坡地	3% ~ 10%	1°43′ ~ 5°43′	建筑区内可以纵横自由布置，不需要台阶式处理，建筑群布置不受地形约束
中坡地	10% ~ 25%	5°43′ ~ 14°02′	建筑区内须设梯级，车道不宜垂直等高线布置，建筑群布置受到一定限制
陡坡地	25% ~ 50%	14°02′ ~ 26°34′	建筑区内车道需与等高线呈较小锐角布置，建筑群布置与设计受到较大限制
急坡地	50% ~ 100%	26°34′ ~ 45°	车道须曲折盘旋而上，梯道须与等高线呈斜角布置，建筑设计需特殊处理
悬崖地	>100%	>45°	车道及梯道布置极困难，修建房屋工程费用大，一般不适于作建筑用地

资料来源：赵晓光，党春红，秋志远. 民用建筑场地设计［M］. 北京：中国建筑工业出版社（第二版），2012：10。

第二，受工业三废排放污染的城镇密集区域，植被生长及覆盖状况较自然状态会差很多，可以通过研究植被覆盖状况来划分出工业废水排放范围。在分析遥感影像植被覆盖状况时常用NDVI指数表示，它是反映土地植被覆盖状况的指标，定义为近红外通道与可见光通道反射率之差与之和的商[167]。

NDVI值介于－1与1之间，负值表示地面覆盖为云、水、雪等；0表示有岩石或裸土等；正值，表示有植被覆盖，且随覆盖度增大而增大，通过分析NDVI值就可以划分出城镇建设用地以及林、草地等。郭琳等通过分析遥感卫星影像，得出典型地物NDVI值[168]，如图4-23。在遥感影像8个波段中建设用地NDVI值均小于0.4，故将其定为工业建筑用地范围的阈值。

在GIS软件中，分析研究区域DEM数据，选取坡度小于25%的范围；提取遥感影像NDVI值，选取NDVI值小于0.4的范围；采用GIS叠图分析方法，选取二者

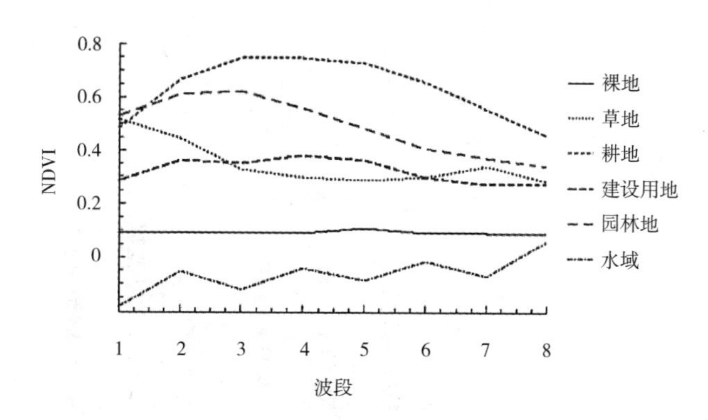

图 4-23 典型地物 NDVI 值
资料来源：郭琳，裴志远，吴全，等. 面向对象的土地利用/覆盖遥感分类方法与流程应用［J］. 农业工程学报，2010,26（7）：194-198。

交集，即可得到工业废水排放范围及排放密度。

（3）评价过程

统计资料只有全市废水排放总量数据，无法细化到各区县。考虑到工业废水产生于工业生产过程中，工业生产规模决定了工业废水排放量的多少。而工业产值是反映工业生产规模最重要的经济指标，工业产值越大工业废水排放量越大，二者存在相关性。因此，假设各区县工业废水排放比重与第二产业生产总值比重相当，只需计算出各区县第二产业生产总值比重，即可推算出各区县工业废水排放量（表4-9、图4-24）。

西安市分区县工业废水排放量统计 **表 4-9**

区、县	2006年			2010年		
	第二产业生产总值（亿元）	第二产业比重（%）	工业废水排放量（10^4吨）	第二产业生产总值（亿元）	第二产业比重（%）	工业废水排放量（10^4吨）
新城区	85	13.4	2201	132	9.4	1301
碑林区	30	4.7	777	85	6.1	838
莲湖区	89	14.1	2304	175	12.5	1725
灞桥区	35	5.5	906	98	7	966
未央区	99	15.6	2563	219	15.6	2159
雁塔区	113	17.9	2926	211	15	2080
阎良区	27	4.3	699	50	3.6	493
临潼区	37	5.8	958	79	5.6	779
长安区	42	6.6	1087	136	9.7	1341
蓝田县	11	1.7	285	26	1.9	256
周至县	8	1.3	207	14	1	138
户县	38	6	984	59	4.2	582
高陵县	19	3	492	120	8.5	1183
合计	633	100	16389	1404	100	13840

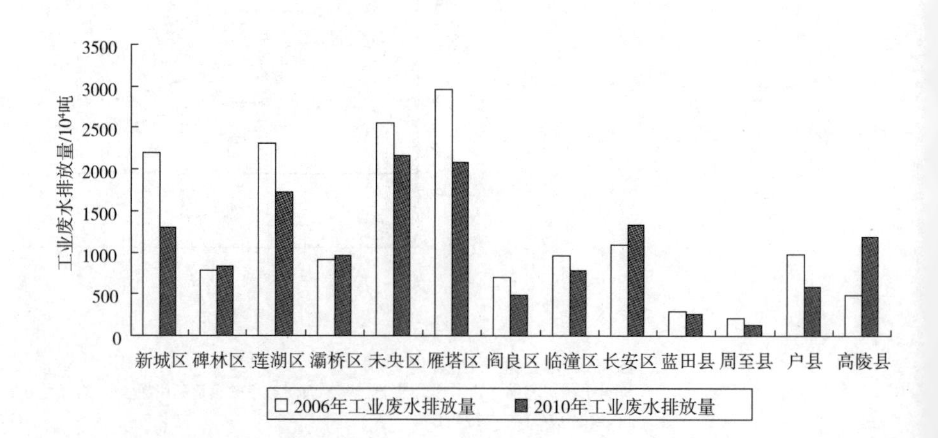

图 4-24 西安市分区县工业废水排放量

通过分析不同时相遥感影像的NDVI值及坡度数据，筛选出NDVI<0.4及坡度<25%的栅格数据进行栅格叠加，得到符合条件的工业废水排放范围，并计算出废水排放面积及排放密度（图4-25、图4-26）。

将分区县的工业废水排放量数据采用添加属性表的方式赋值到对应的工业废水排放区域范围并可视化，即得到工业废水排放密度图（图4-27、图4-28）。西安市工业废水排放范围分布格局的规律如下：西安市中部、北部的区县排放范围几乎覆盖全境且分布较为均衡，如碑林区、新城区、莲湖区、灞桥区、未央区、阎良区、高陵县等；西安市南部各区县废水排放区域则集中在临近城区的关中平原地带，如周至县、户县、长安县、蓝田县、临潼区等。

（4）评价结论

分析上述图表，2006年工业废水排放密度大的区县是莲湖区、新城区、碑林区，均大于30万吨/平方公里；然后是雁塔区、未央区，均大于10万吨/平方公里；

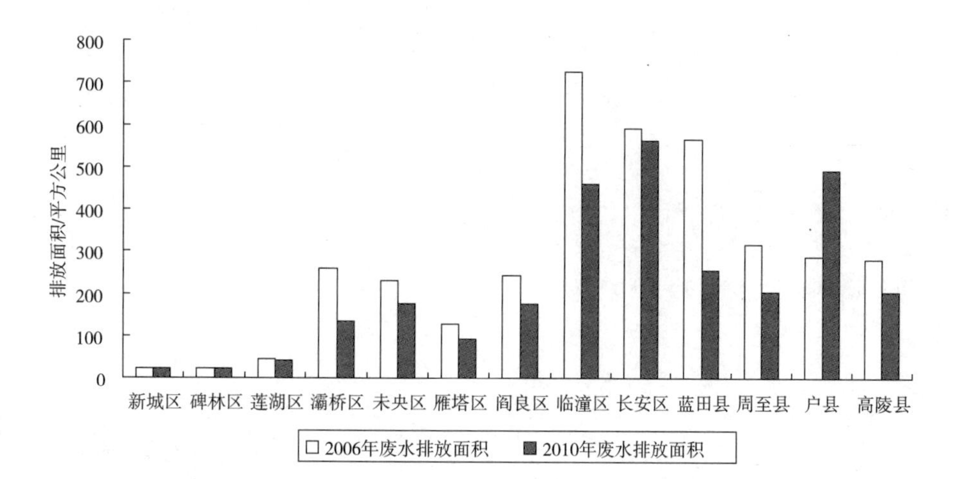

图 4-25 西安市分区县工业废水排放面积

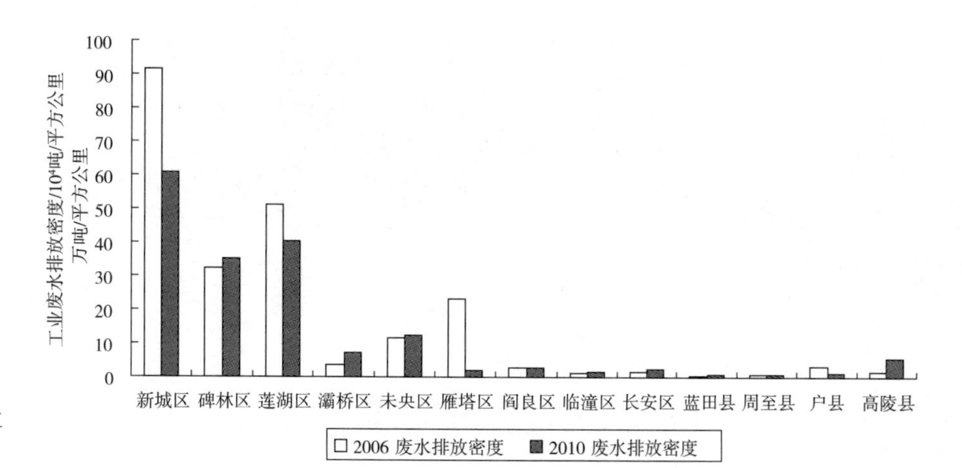

图 4-26 西安市分区县工业废水排放密度

灞桥区、户县、长安县、临潼区、高陵县紧随其后，均大于1万吨/平方公里；周至县和蓝田县最低。2010年，工业废水排放密度的分布格局依然呈现由城区中心向周边区县递减的趋势，而且大部分区县工业废水排放密度较2006年有所增加，如碑林区、灞桥区、未央区、临潼区、长安区、蓝田县、高陵县等，工业废水排放密度减少的区县仅有新城区、莲湖区、雁塔区、户县等。

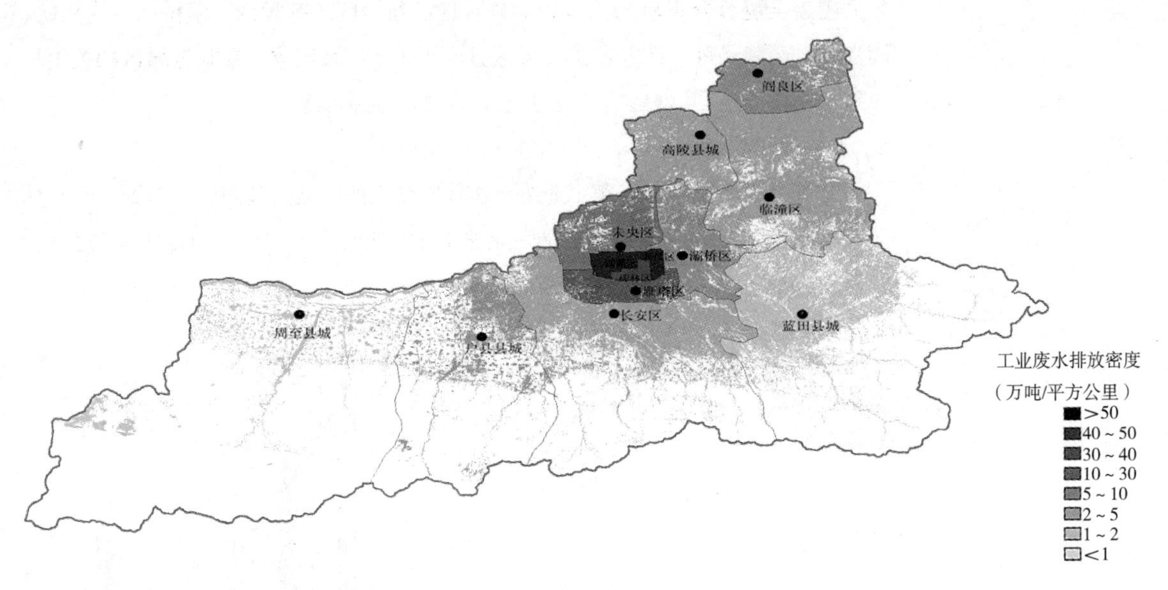

图 4-27　2006 年西安市工业废水排放密度图

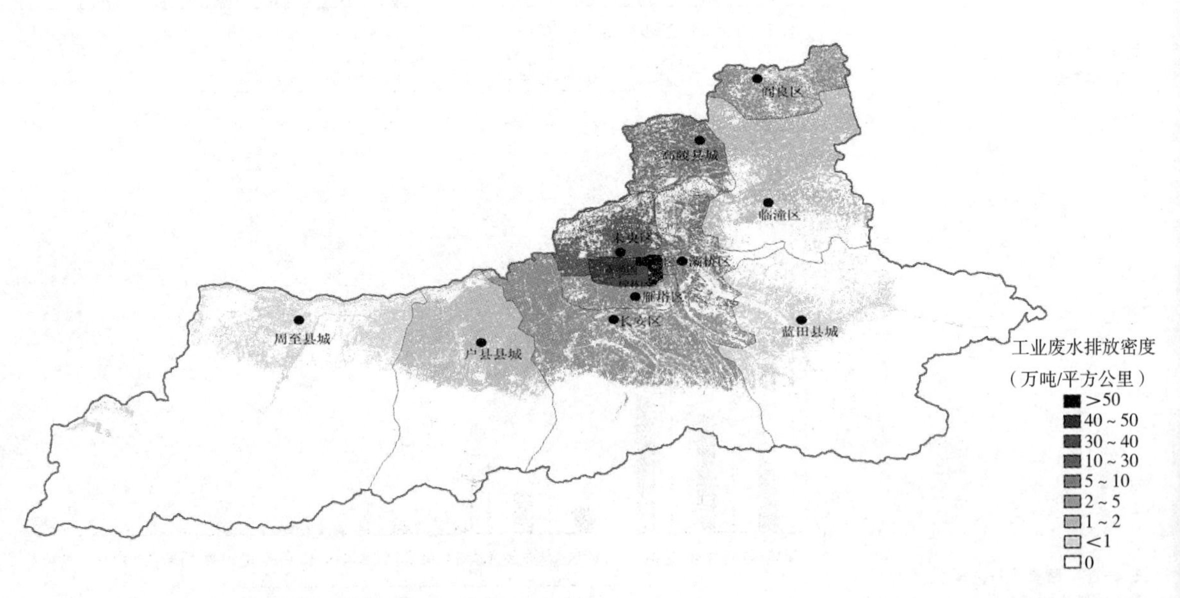

图 4-28　2010 年西安市工业废水排放密度图

2. 工业废气排放密度

（1）概念

工业废气指企业厂区内燃料燃烧和生产工艺过程中产生的各种排入空气的含有污染物气体的总称。工业废气通过呼吸进入人体，有的直接产生危害，有的还有蓄积作用，严重危害人体健康。

（2）数据来源与评价过程

工业废气排放密度的计算方法与工业废水排放密度的计算方法类似，各区县工业废气排放比重与第二产业生产总值比重相当，只需统计出各区县第二产业生产总值比重，再乘以全市工业废气排放总量，即可得到各区县工业废气排放量。分析筛选出符合坡度<25%及NDVI值<0.4的区域作为废气排放范围并分区县统计面积，从而计算出分区县工业废气排放密度（表4-10）。采用追加属性表的方式进行可视化表达，即可得到西安市分区县工业废气排放密度图（图4-29～图4-31）。

西安市分区县工业废气排放量统计表 **表 4-10**

区、县	2006年			2010年		
	第二产业生产总值（亿元）	第二产业比重（%）	废气排放量（万立方米）	第二产业生产总值（亿元）	第二产业比重（%）	废气排放量（万立方米）
新城区	85	13.4	860960	132	9.4	744069
碑林区	30	4.7	301979	85	6.1	482853
莲湖区	89	14.1	905936	175	12.5	989453
灞桥区	35	5.5	353379	98	7	554094
未央区	99	15.6	1002312	219	15.6	1234838
雁塔区	113	17.9	1150088	211	15	1187344
阎良区	27	4.3	276278	50	3.6	284963
临潼区	37	5.8	372654	79	5.6	443275
长安区	42	6.6	424054	136	9.7	767816
蓝田县	11	1.7	109226	26	1.9	150397
周至县	8	1.3	83526	14	1	79156
户县	38	6	385504	59	4.2	332456
高陵县	19	3	192752	120	8.5	672828
合计	633	100	6425076	1404	100	7915628

（3）评价结论

第一，郊区县工业废气排放总量较大，间接证明西安市工业产业向周边未央区、雁塔区、长安区、户县等地扩散、转移。2006年工业废气排放总量大的区

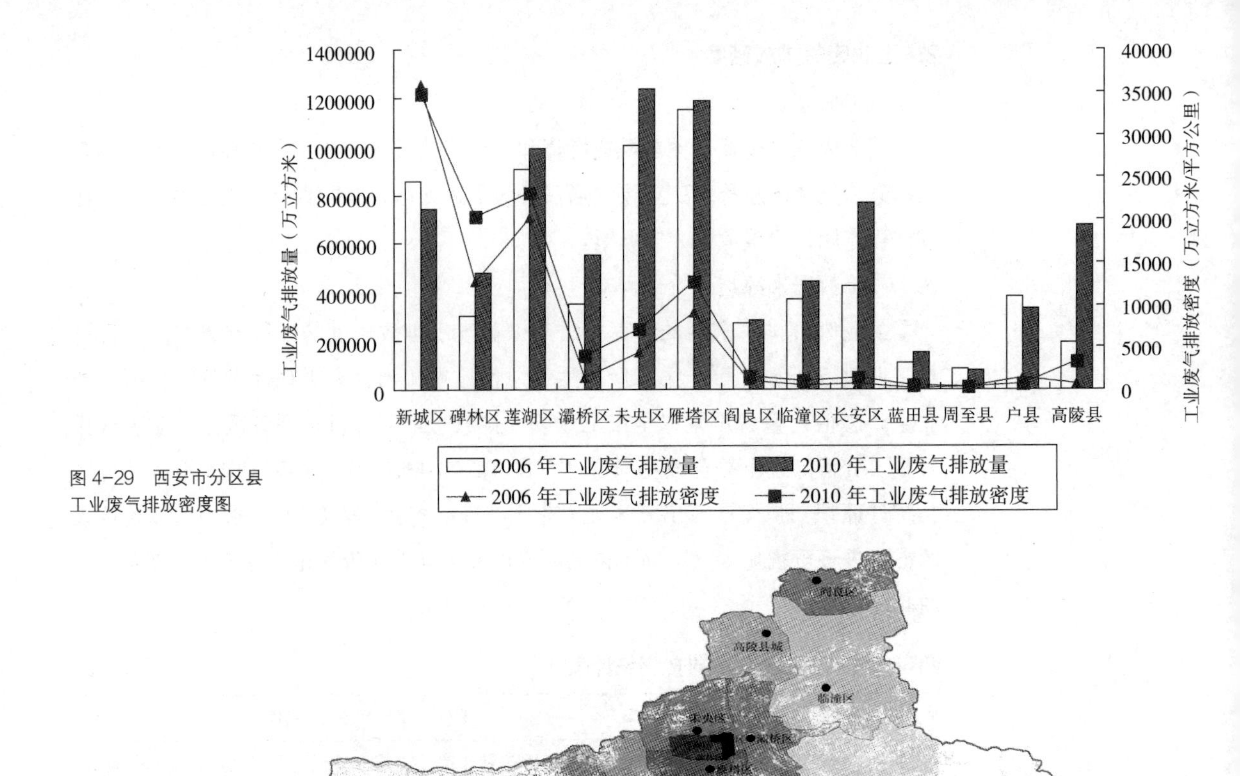

图 4-29　西安市分区县工业废气排放密度图

图 4-30　2006 年西安市工业废气排放密度图

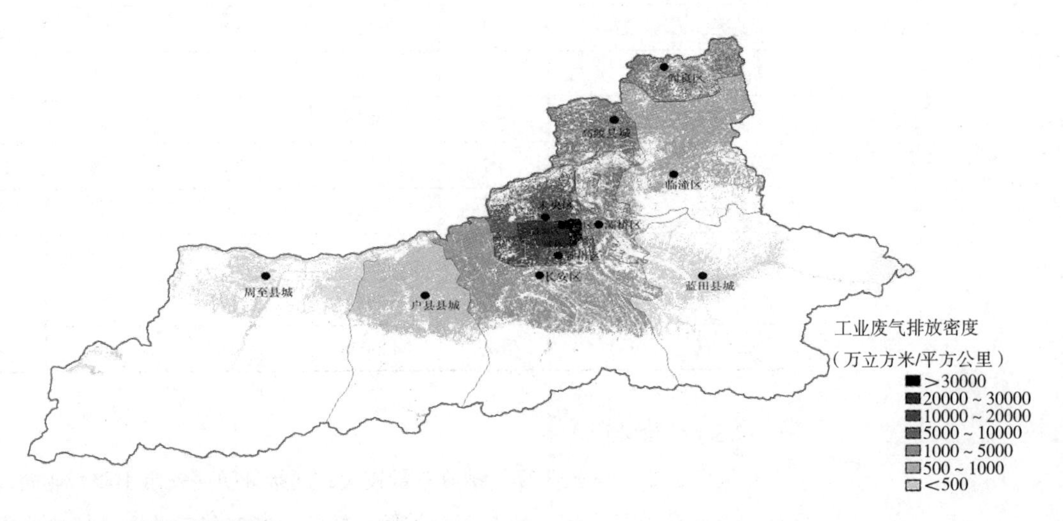

图 4-31　2010 年西安市工业废气排放密度图

县有雁塔区、未央区、莲湖区、新城区，均大于80亿立方米；然后是长安区、户县、临潼区、灞桥区、碑林区，排放量在40～50亿立方米之间；阎良区、高陵县、周至县、蓝田县排放量较少。2010年各区县工业废气排放总量除户县以外均有所增长，排放总量最大的依然是雁塔区、未央区，最小的是蓝田县、周至县，没有发生变化。

第二，多数区县工业废气排放密度在增加，说明区域工业化进程在加快，工业产出迅速增长，对区域生态安全构成重大威胁。

第三，工业废气排放密度与人口密度密切相关，最高的是城三区；周边雁塔区、未央区、灞桥区排放密度也较高；最低的是东西两端的蓝田县、周至县。

3. 工业固体废物排放密度

工业固体废物指企业在生产过程中产生的固体状、半固体状和高浓度液体状废弃物。工业固体废物排放密度的计算与前述一致，沿用分区县统计工业固体废物排放量并分析出排放范围的方法并对指标可视化，得到所需结果（表4-11、图4-32、图4-33、图4-34）。

西安市分区县工业固体废物排放量统计 **表 4-11**

区、县	2006年			2010年		
	第二产业生产总值（亿元）	第二产业比重（%）	工业固体废物排放量（万吨）	第二产业生产总值（亿元）	第二产业比重（%）	工业固体废物排放量（万吨）
新城区	85	13.4	22	132	9.4	25
碑林区	30	4.7	8	85	6.1	16
莲湖区	89	14.1	23	175	12.5	33
灞桥区	35	5.5	9	98	7	19
未央区	99	15.6	25	219	15.6	42
雁塔区	113	17.9	29	211	15	40
阎良区	27	4.3	7	50	3.6	10
临潼区	37	5.8	9	79	5.6	15
长安区	42	6.6	11	136	9.7	26
蓝田县	11	1.7	3	26	1.9	5
周至县	8	1.3	2	14	1	3
户县	38	6	10	59	4.2	11
高陵县	19	3	5	120	8.5	23
合计	633	100	161	1404	100	267

固体废物排放较多的区县有未央区、雁塔区、莲湖区、高陵县，排放少的依然是蓝田县、周至县。排放密度高的区域主要集中在城三区以及雁塔区等，周至与蓝田县则排放密度最低。

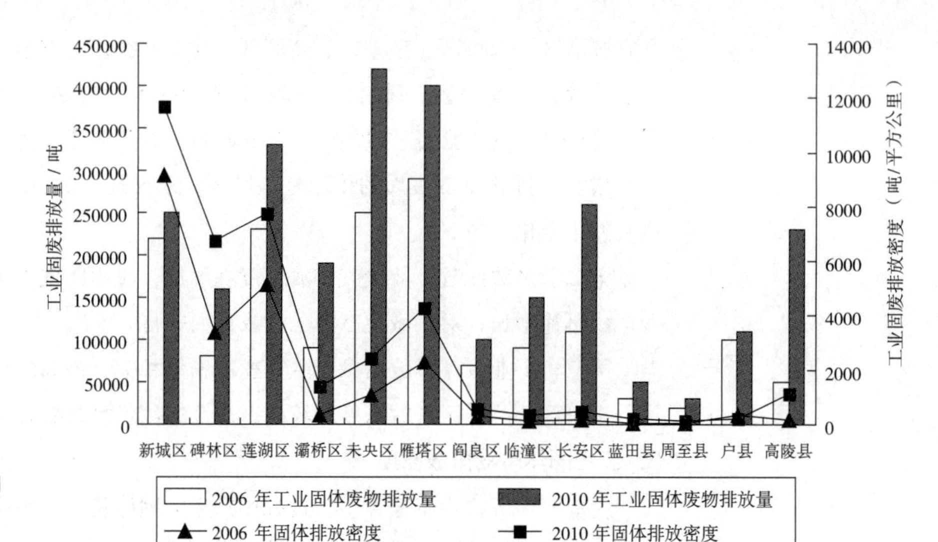

图 4-32　西安市分区县固体废物排放密度图

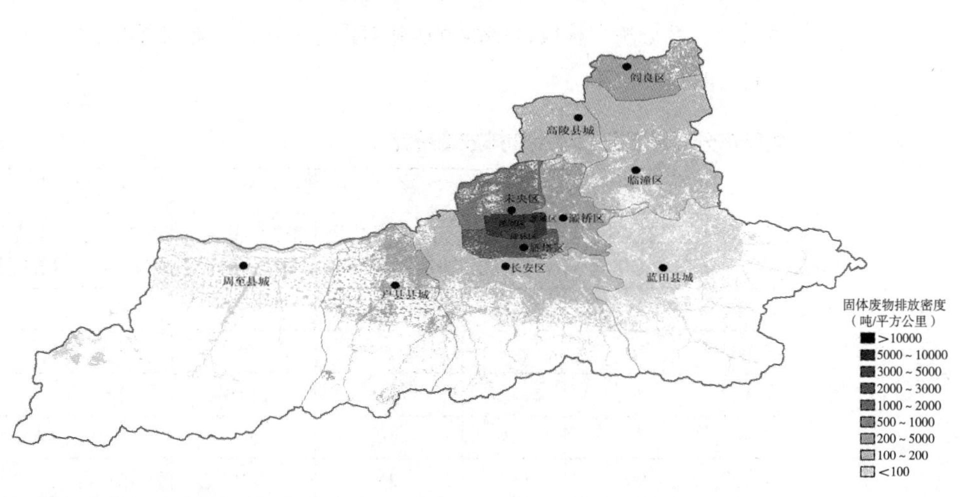

图 4-33　2006 年西安市固体废物排放密度图

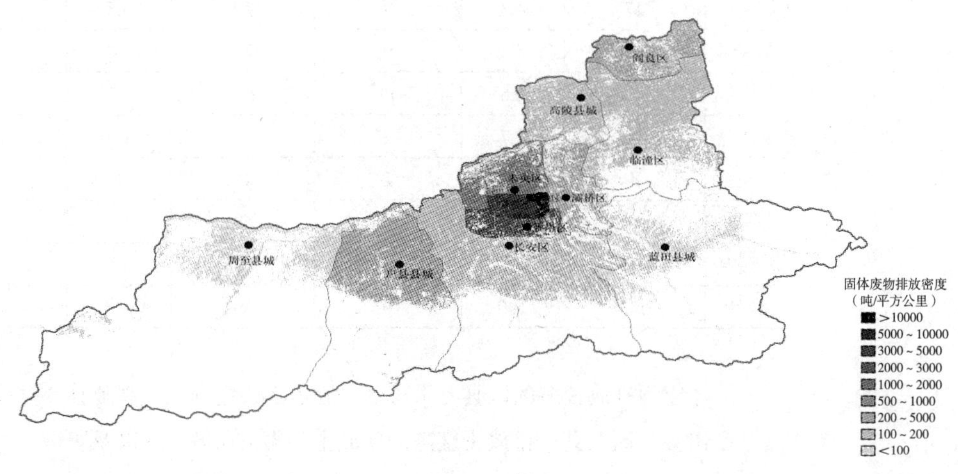

图 4-34　2010 年西安市固体废物排放密度图

4. 农用化肥施用密度

（1）概念

农用化肥施用指实际用于农业生产的化肥数量，包括氮肥、磷肥、钾肥和复合肥等，农用化肥施用密度指单位面积农用地化肥施用量。

（2）数据来源和评价过程

统计分区县农用化肥施用量数据（图4-35），在解译的土地利用图中筛选出包括耕地、草地、水域的农用地范围，按区县农用化肥施用量除以对应区县农用地面积，即可得到农用化肥施用密度（图4-36、图4-37）。

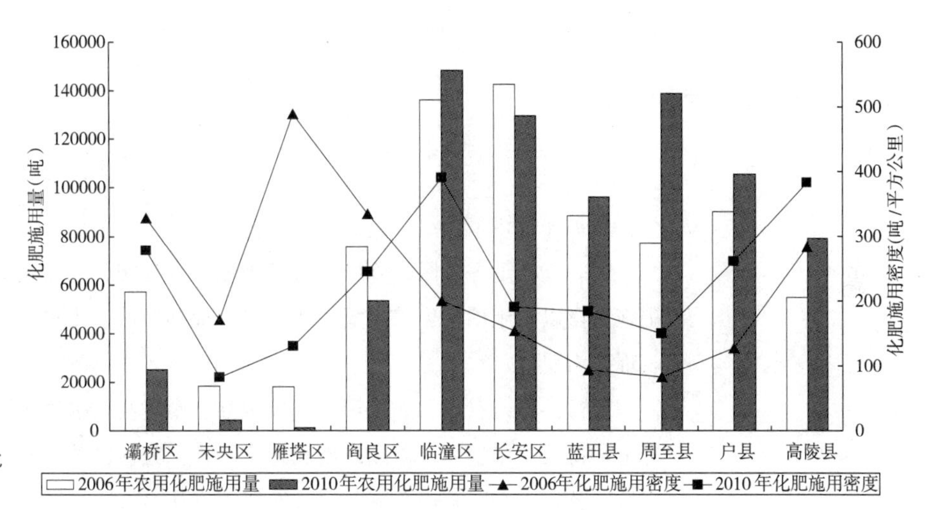

图 4-35　西安市分区县化肥施用密度图

图 4-36　2006 年西安市化肥施用密度图

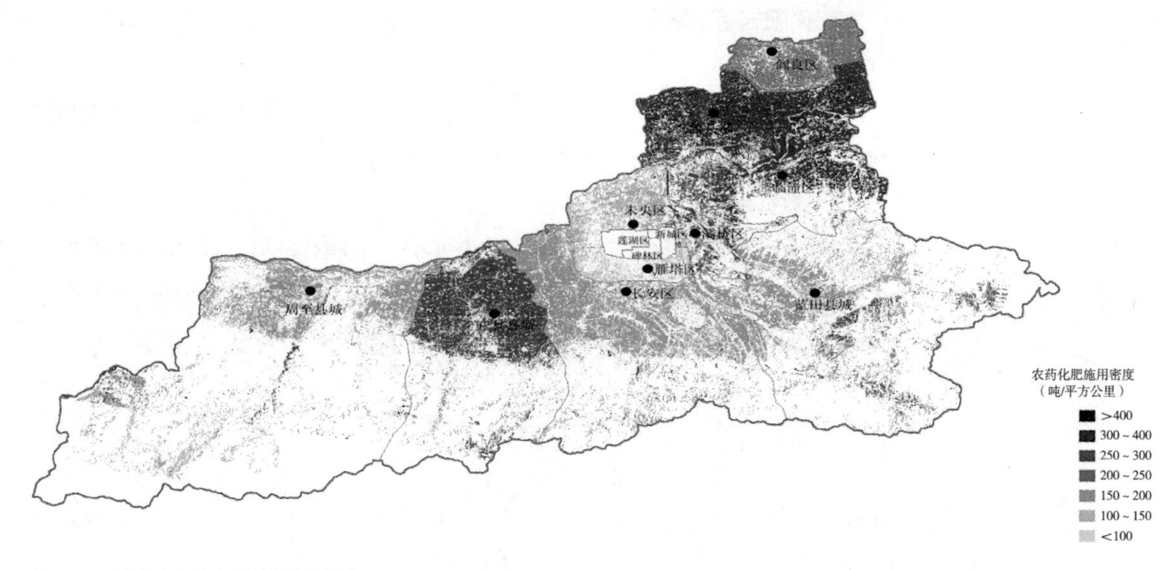

图 4-37　2010 年西安市化肥施用密度图

（3）评价结果

第一，临近主城区的郊区、县城镇化进程加快，农业用地比重下降，导致化肥施用量以及施用密度均出现大幅下降，如灞桥区、未央区、雁塔区、阎良区等表现最为明显。

第二，传统农业县如蓝田县、周至县、高陵县、临潼区等，农用地基本保持稳定，化肥施用量以及施用密度均稳定增长。其他区县则介于二者之间，化肥施用量以及施用密度有增有减，如长安区、户县等。

第三，2006年，化肥施用密度较高的地区集中在主城区周边的灞桥区、未央区、雁塔区、阎良区等，2010年，化肥施用密度空间格局发生明显变化，密度高的区域北移至临潼、高陵、灞桥以及户县北部区域。进一步证明主城区周边区域农业严重萎缩，正在经历快速城镇化、工业化的发展阶段。

4.3.3 气候灾害

1. 气候灾害概念

气候灾害，指气候反常对人类生活和生产所造成的灾害。在全球气候暖化背景下，世界气候异常现象频繁出现，极端气候事件对社会经济和生态环境带来的影响往往超过长期气候变化的影响[169]，越来越受到国内外学者的关注[170-171]。因此，监测区域极端灾害气候，认识其变化趋势并分析成因，对于科学评价气候变化的直接影响，有效应对特别是适应区域气候变化，具有关键作用[172]。

2. 研究概况

美国学者Karl（1996年）定义了气候极端指数（CEI），由月平均最高气温、月平均最低气温、极端日降水量、降水日数和无雨日数等5个单项指标组成，并以年和季节为单位进行计算分析。鲁渊平等（2008年）提出干旱、内涝、高温热浪、大风、冰雪天气、雷电灾害等是城市的主要气象灾害[173]。任国玉（2010年）根据中国气候特点和各类极端灾害气候事件的影响程度，选取7个气候指标用于制定适合我国的综合极端气候指数[172]（表4-12）。

中国主要极端气候类型、指标及其影响程度 **表 4-12**

气候类型	指标	经济损失（万元）	死亡人数	社会关注度	权重系数
高温	平均高温日	—	—	很高	0.07
低温	平均高温日	423.9	61	高	0.08
洪涝	平均强降水日	650.3	966	高	0.30
干旱	干旱面积百分比	472.3	—	低	0.25
台风	登陆热带气旋频数	490.7	487	中	0.20
沙尘暴	平均沙尘日数	—	—	低	0.05
强风	平均大风日数	—	—	中	0.05

资料来源：任国玉，陈峪，邹旭恺，等. 综合极端气候指数的定义和趋势分析［J］. 气候与环境研究，2010,15（4）：354-364。

3. 指标选取

根据西安市气候特征及灾害气候的社会关注程度，选取了高温、洪涝、低温、沙尘、大风、雷电、干旱等7个灾害气候指标作为备选评价指标。采用社会关注度来衡量各种极端灾害气候事件及其衍生灾害的社会影响，利用百度（Baidu）搜索引擎搜索西安市各种极端气候关键词，统计出相关报道条目数及出现频次，用以反映社会关注程度（表4-13）。剔除社会关注度较小，统计频次低于10%的灾害气候指标，并根据专家访谈意见确定权重，最终选取高温、洪涝、低温3个关注度高的指标作为气候灾害评价指标（表4-14）。

西安市灾害气候类型、指标及关注度 **表 4-13**

灾害气候类型	评价指标	百度词条计数	占比（100%）	社会关注度
高温	年高温天数	10610035	37.7	高
低温	年低温天数	3480080	12.4	高
洪涝	年强降雨天数	5491254	19.5	高
沙尘	年沙尘天数	2100798	7.5	中
大风	年大风天数	1700168	6.0	低
雷电	年雷电次数	2480871	8.8	中
干旱	干旱面积占比	2280259	8.1	低

西安市灾害气候评价指标 **表 4-14**

灾害气候类型	评价指标	权重
高温	年高温天数	0.7
洪涝	年强降雨天数	0.2
低温	年低温天数	0.1

4. 评价结果

（1）高温灾害

气象学上，通常把日最高温35摄氏度以上的日数称为高温日数。从1999年起，我国华北地区、长江流域及其以南地区和西北地区东部几乎每年都会出现持续10天以上的强度大、范围广的极端高温天气[174]。在城市区域，极端高温天气和城市热岛效应叠加，使得高温的危害性进一步增强。城市热岛是城市对气温影响最突出的特征，自19世纪起，就有学者对比城市、郊区气温，发现城区气温比周围郊区气温有不同程度的偏高[175]。张旭阳等[176]通过对比1961 ~ 2006年西安市区与蓝田县历年温度资料，证实西安城市热岛效应有逐渐增强的趋势（图4-38）。文中统计了西安市2000 ~ 2010年高温日数，结果显示，西安市区年高温天数达27.7天，较周边区县多5 ~ 6天，城市热岛效应明显（图4-39）。

（2）洪涝灾害

通常以年强降雨天数反映洪涝灾害，一般将日降雨量50毫米以上称之为强降雨，但考虑到西北地区降水量较少，按此规定甚至某些地区可能无强降雨。因此，杨文峰等采用世界气象组织的规定，将气候现象>90%分位点的事件定义为极端事件。杨文峰等[177]（2011年）统计关中地区1961 ~ 2004年气象资料，发现日降水量大于25毫米天数占年均降雨天数4.6%，属于极端事件，故将强降雨定义为25毫米。

文中采用此划分标准，统计西安地区2000年 ~ 2010年均大于25毫米强降雨天数如图4-40所示。强降雨呈南多、北少、城区居中的空间分布格局。这主要由地理因素所决定，南部秦岭山地地势复杂，山脉和沟谷交替出现，给水汽输送提供了便利条件，容易形成强降雨。中北部各区县位于关中平原，地势平坦，南来的

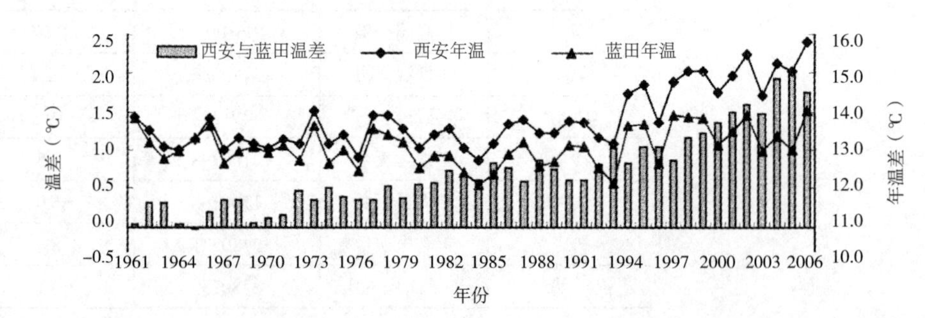

图 4-38 西安市区与蓝田县 1961 ~ 2006 年温度及温差变化
资料来源：张旭阳，宁海文，杜继稳等．西安城市热岛效应对夏季高温的影响［J］．干旱区资源与环境，2010,24（1）：95-101。

暖湿气流被秦岭所阻隔，因此强降雨天气少。

（3）低温灾害

低温灾害通常指强冷空气及寒潮侵入造成的连续多日气温下降，使作物因环境温度过低而受到损伤以致减产的气象灾害。气象学通常把日最低温度低于0℃的日数称为低温天数，并用低温天数来表示低温灾害。刘晓玲等[178]分析

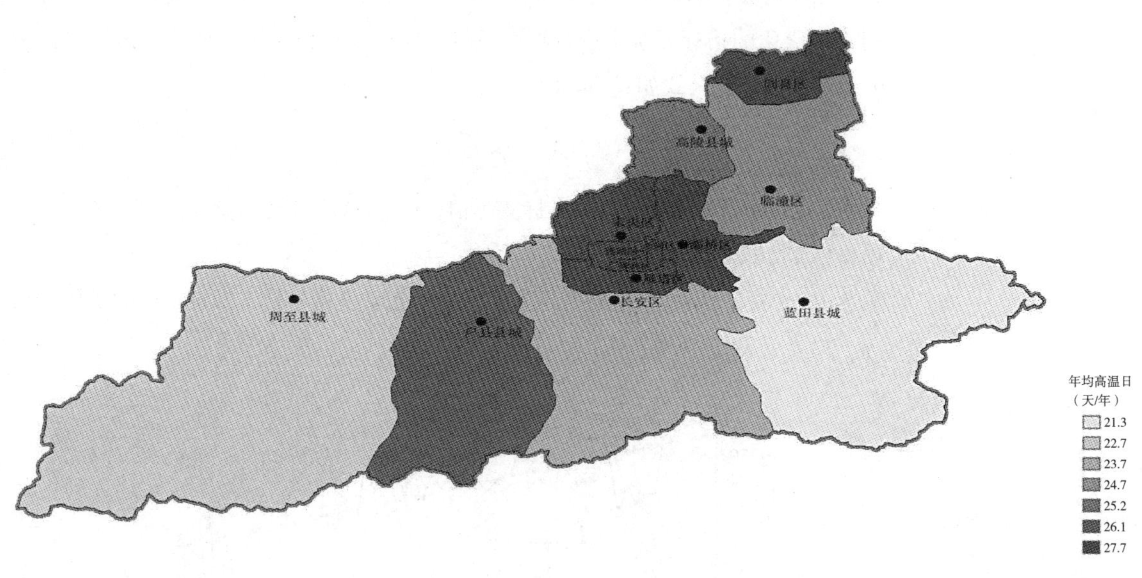

图 4-39　2000 ~ 2010 年西安市分区县年均高温日图

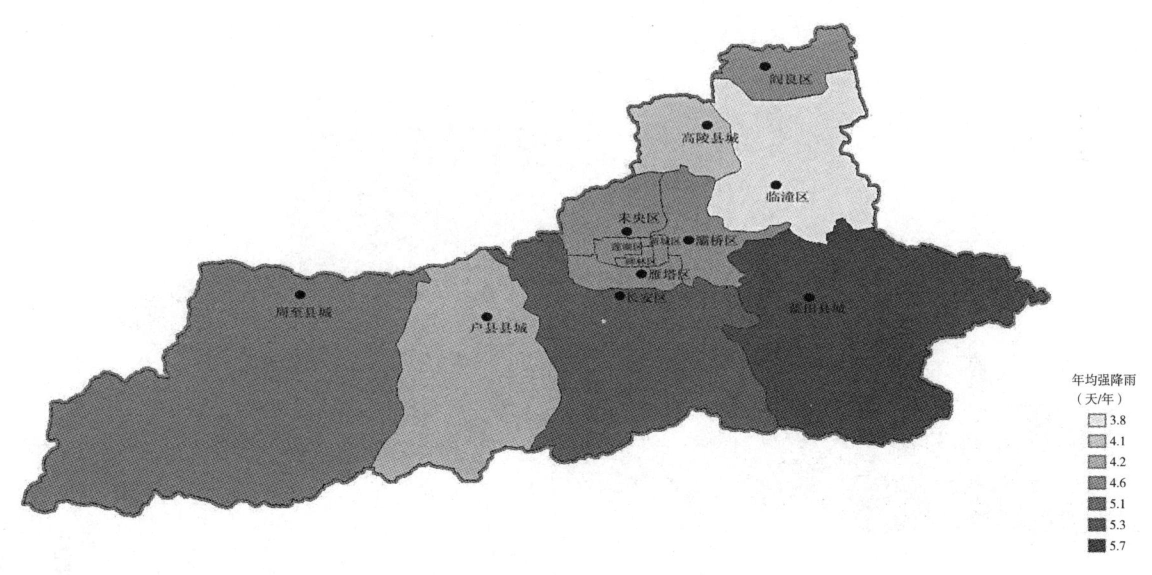

图 4-40　西安市分区县年均强降雨图

1951～2009年气象资料，结果表明西安低温天数总体呈显著下降趋势（图4-41）。

分区县统计出西安市2000年～2010年均低温天数（图4-42），低温天数呈由市区向周边区县逐渐增加的分布格局，市区较周边相差30天左右，说明城市化以及由此产生的城市热岛效应在秋冬季尤为明显。

（4）气候灾害综合评价

在气候灾害单项评价的基础上，对评价结果进行量化处理，将评价指标统一到一个量化的指标系统中进行综合评价。文中采用极差法将评价数据归一化为0～1间，标准化公式如式（4-4）所示：

$$Y = \frac{C_i - C_{\min}}{C_{\max} - C_{\min}} \tag{4-4}$$

式中，Y为标准化赋值，C_i为指标实际值，$C_{\max}$为该项指标实际最大值，$C_{\min}$为该项指标实际最小值。

由于灾害气候数据指标值越大，区域生态安全度越低，即该指标的量化分级

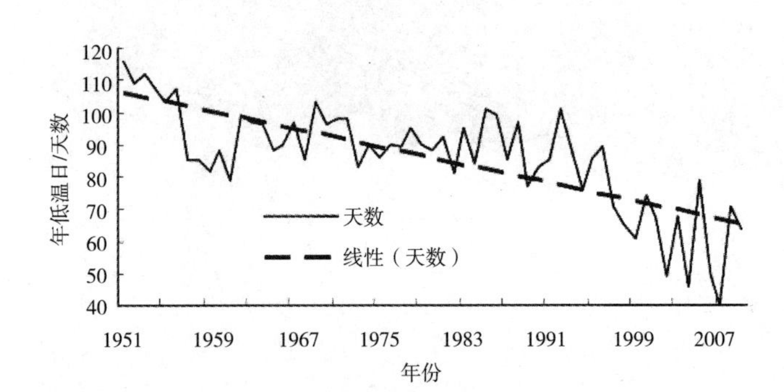

图 4-41　西安最低温度<0°C 日数的逐年变化
资料来源：刘晓玲，殷淑燕，王海燕．1951～2009年西安极端气温事件变化分析［J］．干旱区资源与环境，2011,25（5）：113-116。

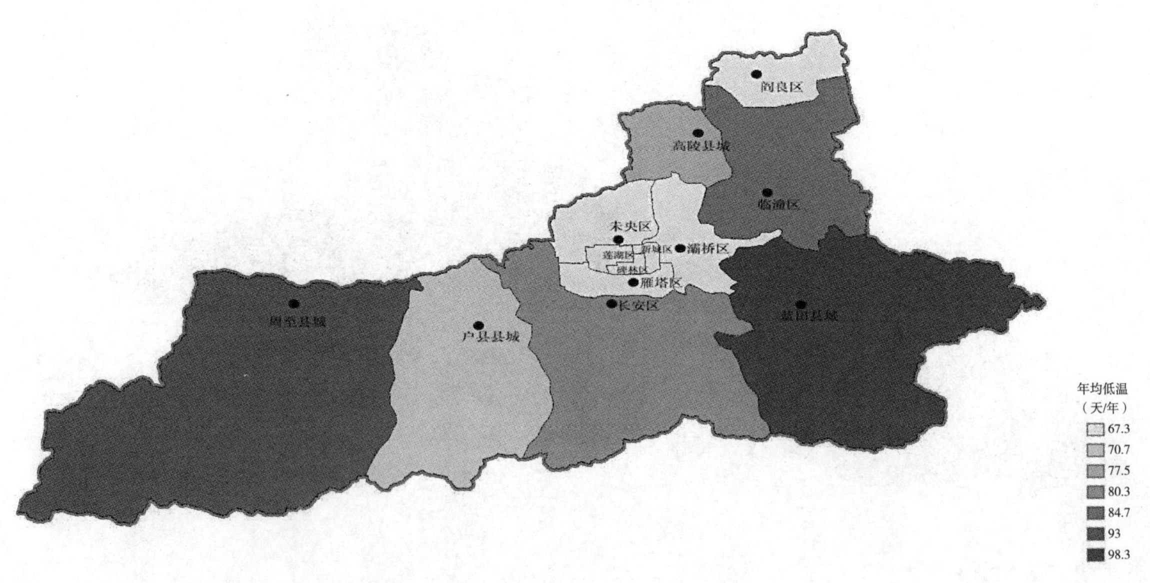

图 4-42　2000 年～ 2010 年西安市分区县年低温图

与以上标准化公式的表征相反，则该指标的标准量化公式转换为：

$$Y = \frac{C_{\max} - C_i}{C_{\max} - C_{\min}} \tag{4-5}$$

公式（4-5）中参数含义同上。将西安市分区县灾害气候统计指标标准化处理后，并赋以相应权重，最终得到气候灾害综合评价值，如表4-15、表4-16所示。

西安市分区县灾害气候统计　　表 4-15

灾害气候类型	评价指标	西安市区	长安区	高陵县	户县	临潼区	蓝田县	周至县
高温	高温天数	27.7	23.7	25.2	26.1	24.7	21.3	22.7
洪涝	强降雨天数	4.6	5.3	4.1	4.2	3.8	5.7	5.1
低温	低温天数	67.3	80.3	77.5	70.7	84.7	98.3	93

西安市分区县灾害气候综合评价（标准化处理值）　　表 4-16

灾害气候类型	西安市区	长安区	高陵县	户县	临潼区	蓝田县	周至县
高温	0	0.625	0.3906	0.25	0.4688	1	0.7813
洪涝	0.5789	0.2105	0.8422	0.7895	1	0	0.3158
低温	1	0.5806	0.671	0.8903	0.4387	0	0.1797

将高温、洪涝、低温灾害气候叠加并标准化处理后的综合评价值可视化（图4-43）。结果表明，城区及周边未央区、灞桥区、雁塔区等出现灾害频率高，周至县、蓝田县最少，主要是城市热岛效应导致以上区域高温概率大且高温灾害权重赋值高的缘故。

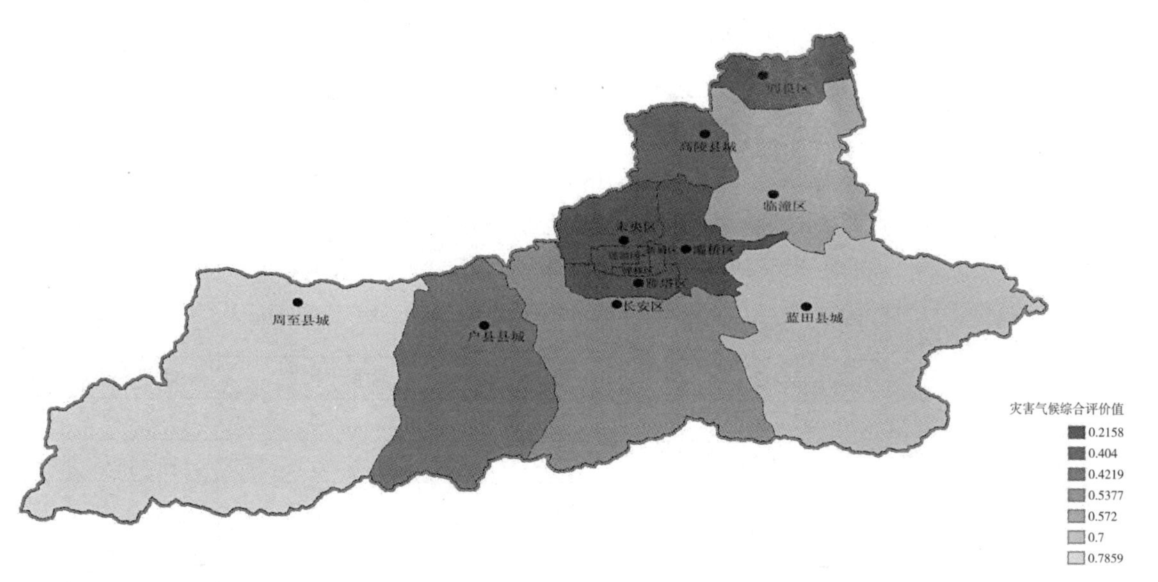

图 4-43　西安市分区县灾害气候评价

4.4 状态评价

4.4.1 自然状态

自然状态评价包括地形起伏度、坡度、土壤侵蚀强度、河网密度、植被覆盖度、风景名胜资源度等评价指标。其中，地形起伏度、坡度、河网密度用于表述区域自然地形及水系分布状况，是区域生态安全的重要影响因素。土壤侵蚀强度、植被覆盖度、风景名胜资源度则反映城镇化进程所导致的区域自然、生态环境系统的变化状态。

1. 地形起伏度

20世纪40年代，苏联科学院地理研究所提出割切深度概念[179]，由此将地形起伏度作为划分地貌类型的一项重要指标。地形起伏度在水土保持研究与生态环境评价方面是不可或缺的评价指标之一，为众多研究者所采纳并应用[180,181]。牛文元等[182]提出了评价中国自然环境的地形起伏度定义，并认为中国拥有着超过世界平均水平的地形起伏度。近年来，随着DEM数据库的建立和地理信息系统的广泛应用，利用数字高程模型（DEM）计算区域地形起伏度的研究逐渐增多。

地形起伏度是指在一个特定的区域内，最高点海拔高度与最低点海拔高度的差值，它是描述一个区域地形特征的一个宏观性的指标[183]。封志明等[182]（2007）认为地形起伏度是人居环境自然评价的重要指标之一，并提出地形起伏度计算公式如式（4-6）所示：

$$RDLS=\{[Max(h)-Min(h)]/[Max(H)-Min(H)\}\times[1-P(A)/A] \qquad (4\text{-}6)$$

式中，$Max(h)$为某一局部范围最高海拔，$Min(h)$为某一局部范围最低海拔；$Max(H)$为研究区域的最高海拔，即3772米；$Min(H)$为研究区域的最低海拔，即227米；$P(A)$为同一区域的平地面积；A为整个区域的面积。

地表起伏对生态安全影响很大，地表起伏越剧烈，则土地表面积与其投影面之比越大，表示地表越不平整，发生山洪、泥石流等自然灾害的可能性越大，不利于生态安全。利用ArcGIS 软件的空间分析功能模块提取了研究区域地形起伏度数据，从整体上把握西安市地形起伏状况变化规律，为分析西安市生态安全格局和社会经济可持续发展提供科学依据（表4-17、图4-44）。

西安市地形起伏度统计表 **表 4-17**

地形起伏度（RDLS）	面积（平方公里）	面积比例（%）	地形特征表述
<0.05	4508	45	地表平坦
0.05–0.1	1291	12.9	地表起伏不大
0.1–0.3	1721	17.2	地表起伏较大
0.3–0.5	1657	16.5	地表起伏很大
>0.5	840	8.4	地表起伏强烈

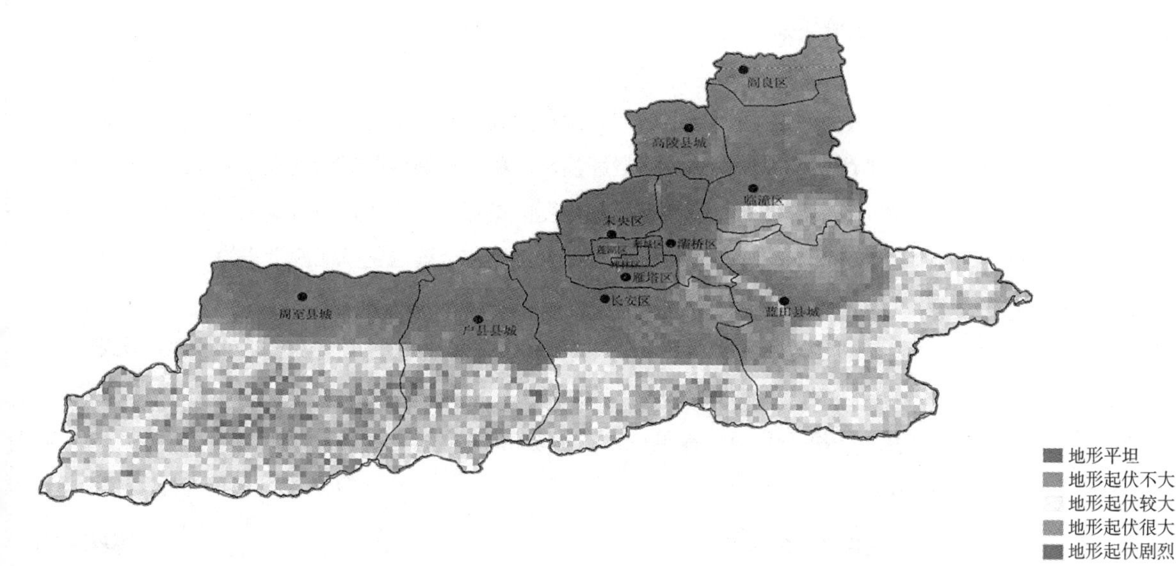

图 4-44　西安市地形起伏度分级图

西安市中、北部地形起伏度很小，十分平坦，而南部秦岭山区地形起伏变化较大。分区县比较，城三区碑林、新城、莲湖区起伏度最小，用地最为平坦；其次，雁塔区、未央区、高陵县、阎良区、灞桥区起伏度也较小，用地较为平坦；而临潼区起伏较大，户县、长安县、蓝田县起伏度很大，周至县起伏度最大。

2. 坡度

坡度是一种重要的地形因子，作为地学分析模型的基础参数，在地貌、土壤、环境、水文等领域有着广泛的应用[184]。参照坡度分类标准（表4-18），西安市地形坡度如图4-45与表4-18所示。

西安市地形平坦地区主要分布在渭河冲积平原及黄土台塬面；较平坦地区主要分布在秦岭山脚下；平缓坡主要分布于骊山及周边黄土丘陵区；缓坡分布于骊山及周边低山丘陵区和靠近秦岭主脊的河源地带；较陡坡与陡坡广泛分布于秦岭山区。

西安市坡度分级及面积比例表　　**表 4-18**

坡度分级	对应坡度（%）	面积（平方公里）	所占比例（%）	地形类别
1级	0 ~ 3	4498	44.5	平坦地
2级	3 ~ 10	384	3.8	较平坦地
3级	10 ~ 25	900	8.9	平缓坡
4级	25 ~ 50	1688	16.7	缓坡
5级	50 ~ 100	1688	19.7	较陡坡
6级	>100	647	6.4	陡坡

3. 土壤侵蚀强度

（1）概念

土壤侵蚀强度指土壤在自然营力和人类活动等作用下，单位面积单位时间内被剥蚀并发生位移的土壤侵蚀量。土壤侵蚀强度是定量的表示和衡量某区域土壤侵蚀数量的多少和侵蚀的强烈程度的指标，是水土保持规划的重要依据，其对区域生态安全的危害主要表现为水土流失、土壤退化、泥沙淤积等方面。

（2）分级标准

通常以土壤侵蚀模数作为衡量土壤侵蚀强度的指标，即单位面积土壤及土壤母质在单位时间内侵蚀量的大小，一般采用每年每平方公里的土壤流失量表示。根据我国各地域的不同自然条件，把土壤侵蚀模数划定为6个级别，见表4-19。

土壤侵蚀强度分级表 **表 4-19**

等级	侵蚀程度	土壤侵蚀模数吨/（平方公里·年）
1级	微度侵蚀	<1000
2级	轻度侵蚀	1000～2500
3级	中度侵蚀	2500～5000
4级	强度侵蚀	5000～8000
5级	极度侵蚀	8000～15000
6级	剧烈侵蚀	>15000

图 4-45 西安市坡度分级图

（3）数据来源及评价

查阅陕西省资源图集相关内容，将其与地图校对、配准并矢量化后，通过追加属性表的方式可视化，如表4-20、图4-46所示。西安市土壤侵蚀程度相对较轻，只有骊山低山坡脚区域土壤侵蚀较为明显，呈中度侵蚀强度。

西安市土壤侵蚀强度分级及面积比例表 **表 4-20**

分级	侵蚀程度	土壤侵蚀模数	面积（平方公里）	所占比例（%）
1级	微度侵蚀	<1000	9734	96.3
2级	轻度侵蚀	1000 ~ 2500	111	1.1
3级	中度侵蚀	2500 ~ 5000	263	2.6

4. 河网密度

（1）概念与测度方法

单位流域面积上的河流总长度称为河网密度，是研究区域生态、地貌、水文状况的重要指标，用来表示区域水系河网分布丰缺程度。目前，DEM 数据的获取变得比较方便，利用DEM 数据提取河网成为获取河网密度的一种重要方法[185]。

（2）评价过程

在GIS平台水文模块支持下依次进行“填洼—流向计算—汇流计算—生成河网—河网密度”等步骤，即可提取研究区域河网。由于所用的数字高程模型数据分辨率有限（30米），将生成河网的汇流面积阈值设定较小数值（10平方公里），

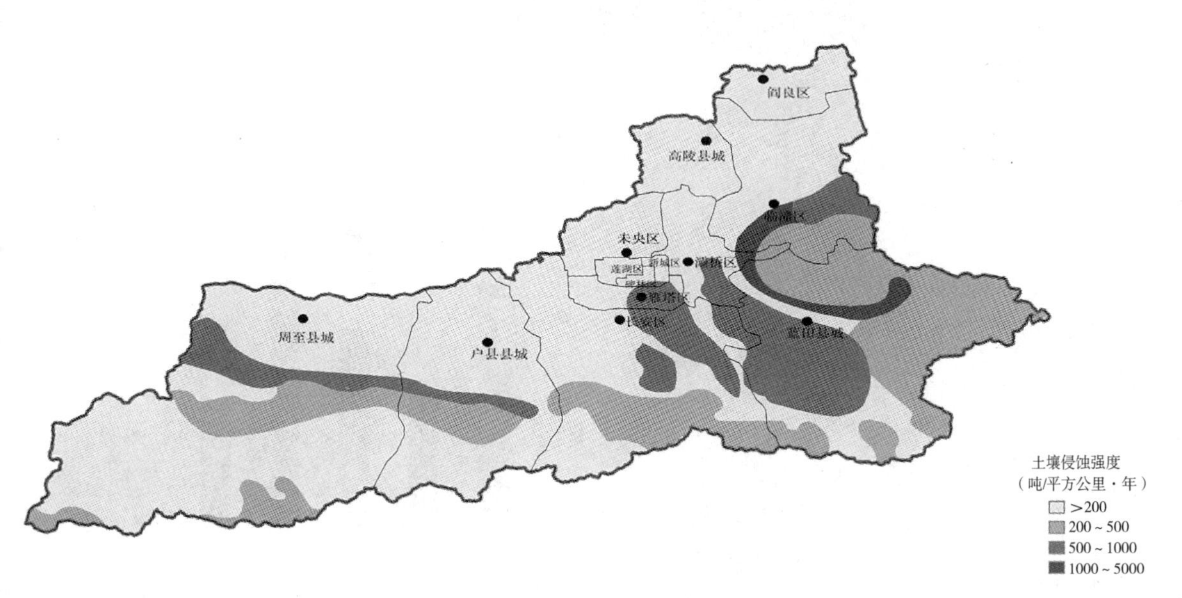

图 4-46　西安市土壤侵蚀强度图

以便保证研究精度。将生成的河网与高程图叠加生成河网分布图4-47，并在此基础上计算各区县河网密度（图4-48）。

（3）评价结果

结果表明，蓝田县、周至县、户县、长安区等南部区县河流长度均较长、河网密度较大；北部各区县除临潼区以外河流分布较少，长度较短、河网密度较低。

5. 植被覆盖指数

（1）概念及测度方法

植被覆盖指数是指植被（包括叶、茎、枝）在单位面积内植被的垂直投影面积所占百分比，常用于衡量地表植被状况，同时，它又是影响土壤侵蚀与水土流失的主要因子。因此，研究区域植被覆盖指数的变化对于了解该区域的生态环境

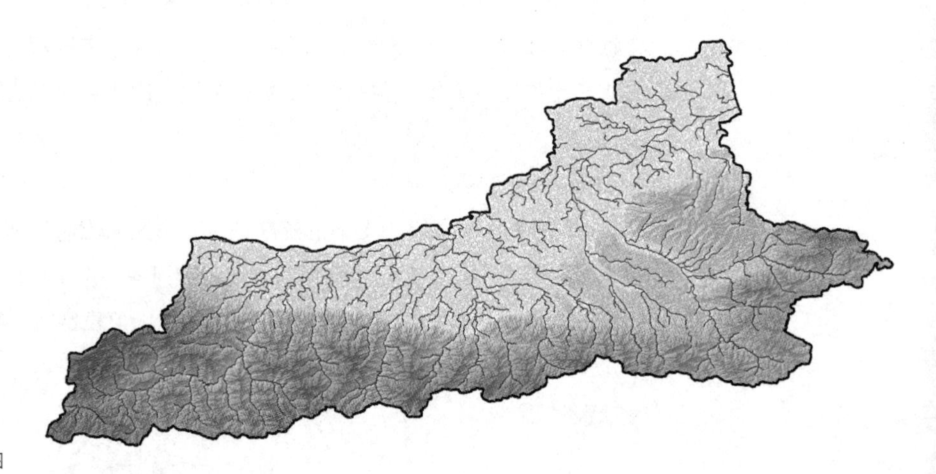

图 4-47　西安市河网分布图

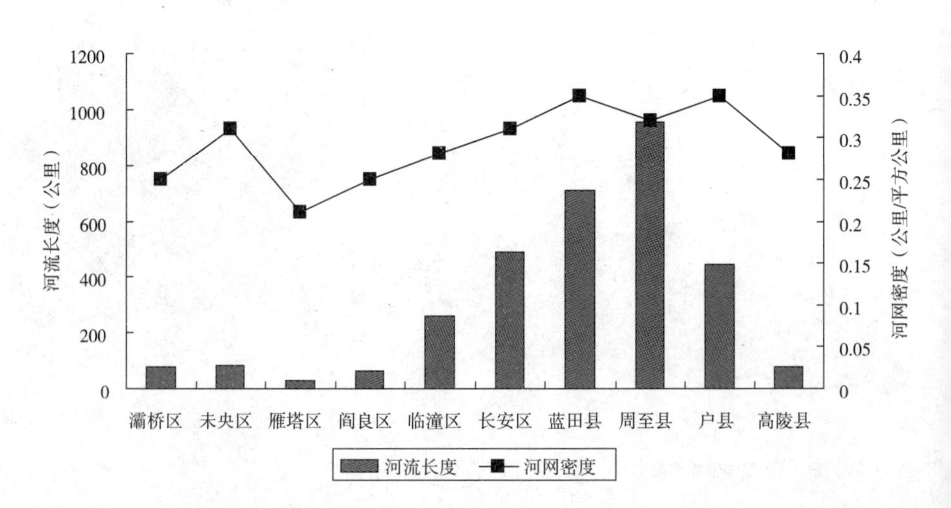

图 4-48　西安市分区县河网密度统计

变化具有重要意义。植被覆盖指数测度方法由目测估算、仪器测量发展到遥感测量[186]，遥感测量能够快速、大范围提取植被信息，是测算植被覆盖最为有效的方法。遥感量测法即利用遥感技术提取研究区的植被光谱信息，再将其与植被覆盖建立相关关系，进而获得植被覆盖状况[186]。

NDVI植被指数是测度植被生长状况及植被空间分布密度的最佳指示因子，与植被覆盖分布呈线性相关[187]。植物生长状况越好，红光反射值越小，红外反射值越大，NDVI值越大。反之，则越小。计算公式如式（4-7）所示：

$$\mathrm{NDVI}=\frac{\mathrm{NIR}-\mathrm{VIS}}{\mathrm{NIS}+\mathrm{VIS}} \tag{4-7}$$

式中，NIR表示近红外波段的反射率，VIS表示可见光波段的反射率。

（2）评价过程与结果

根据夏照华等[188]的研究，NDVI值在-1 ~ 1间变动，无植被的裸土地区，NDVI值接近于0；植被密度较高的区域，NDVI的值较高，大于0.7；水域为负值。将NDVI值分为5级，如图4-49、图4-50及表4-21所示。

西安地区植被 NDVI 分级表 **表 4-21**

NDVI值	面积（平方公里）		比例（%）		植被等级	分布区域
	2006年	2010年	2006年	2010年		
<0.2	1066	1712	10.5	16.9	劣	水域、建设用地、裸露地等
0.2–0.4	2669	2256	26.4	22.3	差	荒草地、稀林地、零星植被等
0.4–0.6	1524	1507	15.1	14.9	中	稀疏草地、中低产耕地等
0.6–0.75	1702	1390	16.8	13.8	良	优良耕地、草地、林地等
>0.75	3147	3243	31.1	32.1	优	密灌木地、密林地等

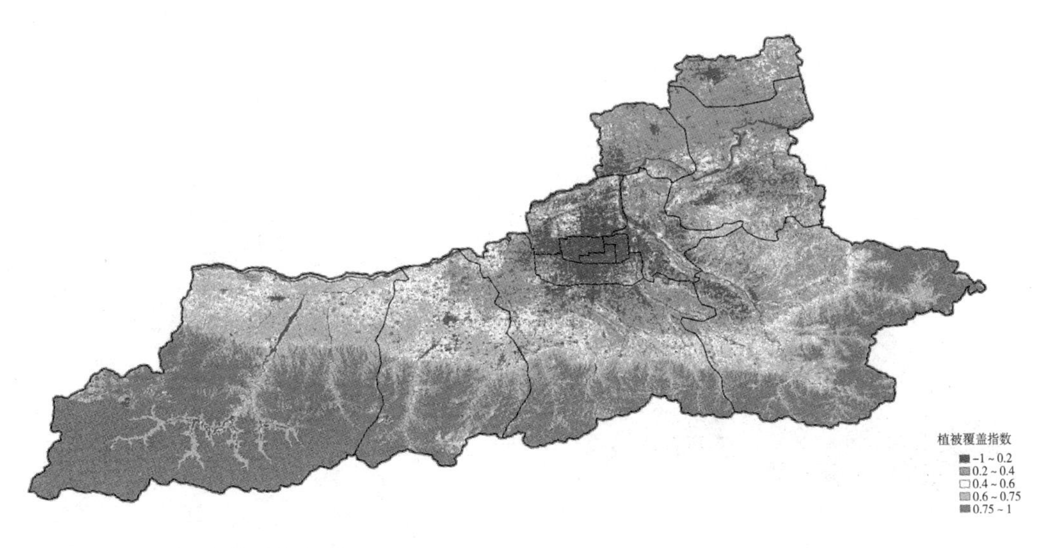

图 4-49　2006 年西安市植被覆盖指数（NDVI）分级图

分析观察上述图、表，按NDVI值划分的5类用地面积此消彼长，互有增减。植被等级为劣的用地面积明显增长，比例提高了6.1个百分点，提示建设用地在迅速扩张；植被等级为差的用地面积减少，比例下降了4.1个百分点，说明部分荒地转化为其他用地；植被等级为中的用地面积基本保持稳定；植被等级为良的用地面积减少明显，比例下降了3个百分点，提示部分农用地转化为其他用地；植被等级为优的用地面积略有增长，比例上升了1个百分点。

另外，对比植被NDVI分级图与数字高程图（图4-51），发现NDVI值随着

图 4-50　2010 年西安市植被覆盖指数（NDVI）分级图

图 4-51　西安市数字高程图（DEM）

海拔高程的增加而增加，垂直变化特征明显，二者存在一定相关性。将研究区域按高程划分为以下6组：<400米，400-500米，500～1000米，1000～1500米，1500～2000米，>2000米，按照高程分类提取NDVI值（图4-52）。观察、分析图4-52，得出以下结论：

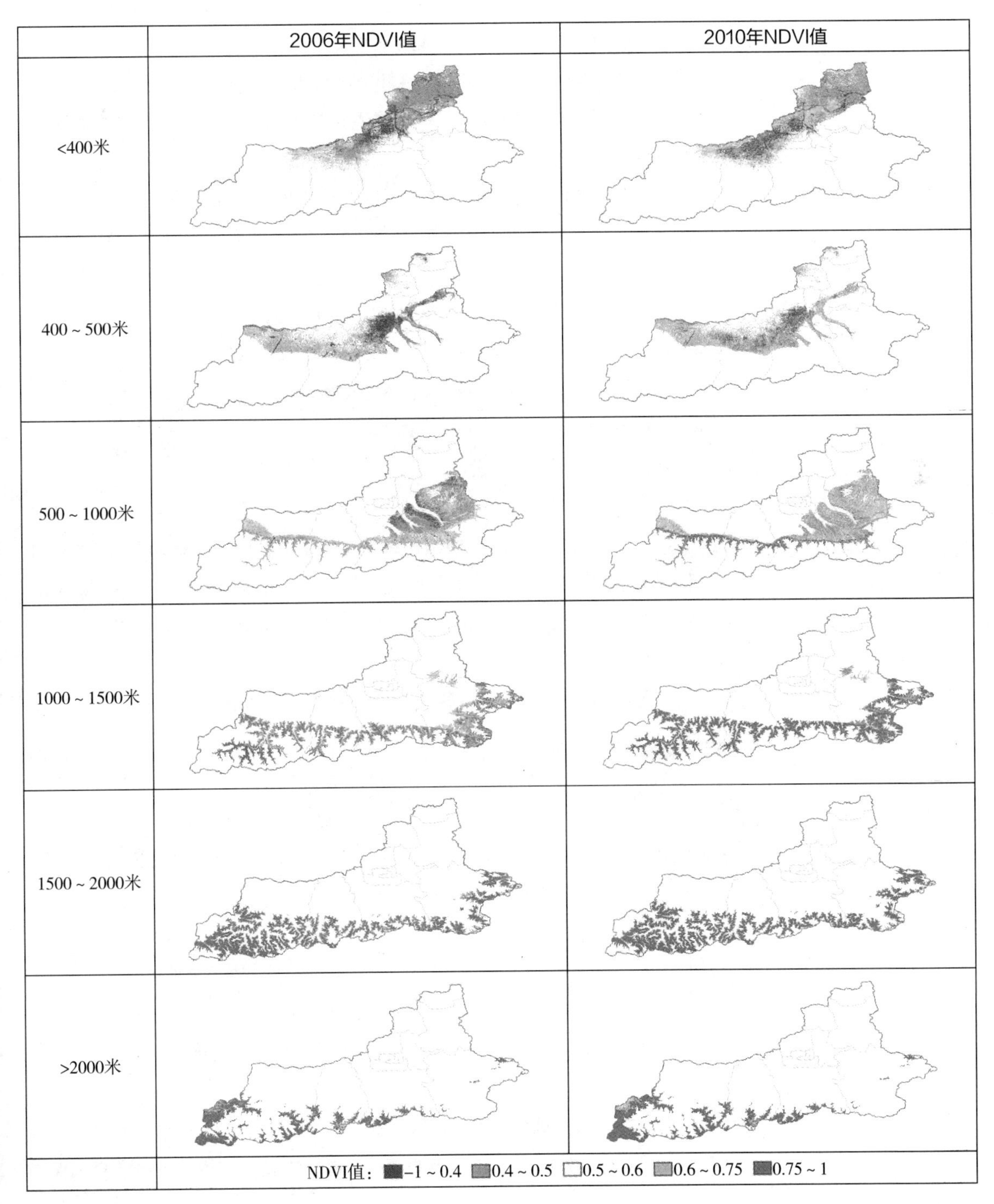

图 4-52　西安市不同高程 NDVI 值空间分布图

第一，高程小于400米的区域植被状况较差，NDVI值基本小于0.4，高程400～500米范围除西部周至、户县部分地区植被状况较好外，大部分也比较差。对照土地利用图，高程<500米范围恰恰是城市建设用地主要分布范围，说明植被生长状况受人类建设活动影响与干扰，所以NDVI值比较低。

第二，500～1000米植被生长状况差异较大，此范围内的秦岭山区、骊山部分NDVI值较高，而骊山周边黄土丘陵区NDVI值较小。

第三，高程1000～2000米之间为秦岭山区及骊山主峰，地形起伏加大，人类活动强度受地形条件限制而减弱，对植物生长的干预程度减小，植被覆盖度高，生长状况良好，NDVI值高。

第四，高程>2000米为秦岭北麓高山区，植被生长状况依然良好，只是部分地区海拔高而终年积雪（太白山）或者是河源，因此出现部分地区NDVI值减小甚至为负的现象。

总之，西安地区植被覆盖度随高程的增加而提高，然后又出现下降，相应的NDVI值也呈现先增加然后减小的趋势。受人类建设活动的影响与干扰，西安地区植被较差的区域主要分布在高程<500米的范围内。

6. 风景名胜资源度

（1）风景名胜资源等级划分

我国的风景名胜区按其景物的观赏、文化、科学价值和环境质量、规模大小、游览条件等，划分为三级，即国家级重点风景名胜区、省级风景名胜区、市（县）级风景名胜区[189]。在城镇化快速发展的今天，风景名胜资源更显珍贵，在满足人们审美与游憩需求的同时，还对维护区域生态安全起到积极作用。

（2）西安市风景名胜概况

西安市现有1个国家级风景名胜区，3个省级风景名胜区，统计如表4-22所示。

西安市风景名胜区统计表 **表4-22**

级别	名称	面积（平方公里）	批准时间	地理位置	风景名胜资源
国家级	骊山风景名胜区	316	1982年	临潼区	骊山、华清池、秦始皇陵、秦兵马俑博物馆
省级	楼观台风景区	524	1993年	周至县	楼观台国家森林公园，秦岭生态植物园，老子讲经台
	玉山风景名胜区	154	1993年	蓝田县	蓝田猿人遗址、悟真寺、水陆庵、辋川溶洞
	翠华山—南五台风景名胜区	32	1993年	长安区	翠华山、南五台

（3）西安市森林公园及自然保护区概况

西安市境内有多处国家级、省级的森林公园，以及国家级、省级的自然保护区，统计如表4-23、表4-24所示。

西安市森林公园统计表 **表 4-23**

级别	名称	面积（公顷）	地理位置
国家级	骊山森林公园	2359	临潼区骊山山地
	楼观台森林公园	27487	周至县楼观台山地
	朱雀森林公园	2621	户县涝峪
	王顺山森林公园	3633	蓝田县蓝桥河
	终南山森林公园	4799	长安区石砭峪、南五台、翠华山
	太平森林公园	6085	户县太平峪
省级	黑河森林公园	4941	周至县沙梁子乡
	太兴山森林公园	6016	长安区大峪
	沣峪森林公园	6273	长安区沣峪
	黄巢堡森林公园	678	西安市灞桥区
	石鼓山森林公园	1420	临潼区花园乡
	翠峰山森林公园	3918	周至县永红林场
	玉山森林公园	1393	蓝田县普化镇

西安市自然保护区统计表 **表 4-24**

级别	名称	面积（公顷）	类型	保护对象	行政辖区
国家级	太白山自然保护区	56325	暖温带山地森林生态系统	森林生态	太白县、眉县、周至县
	周至自然保护区	56393	金丝猴等野生动物及生境	野生动物	周至县
	牛背梁自然保护区	6031	羚牛等珍稀动物	野生动物	柞水县、长安区、宁陕县
	公王岭保护区	3	蓝田猿人活动遗迹保护点	古人类遗迹	蓝田县
省级	泾渭湿地自然保护区	9852	湿地生态系统及水禽	内陆湿地	西安市
	周至老县城自然保护区	12000	大熊猫及其生境	野生动物	周至县
	黄龙—石门地质剖面保护点自然保护区	100	远古界岩相地质剖面	地质遗迹	洛南县、蓝田县

（4）评价结果

西安市境内的各级风景名胜区、森林公园和自然保护区主要分布于秦岭北麓，是景观资源集中分布区。在评价中将国家级风景名胜区列为1级景观资源，赋值5分；将省级风景名胜区、国家级森林公园及国家级自然保护区列为2级景观资源，赋值3分；将省级森林公园、省级自然保护区列为3级景观资源，赋值2分；

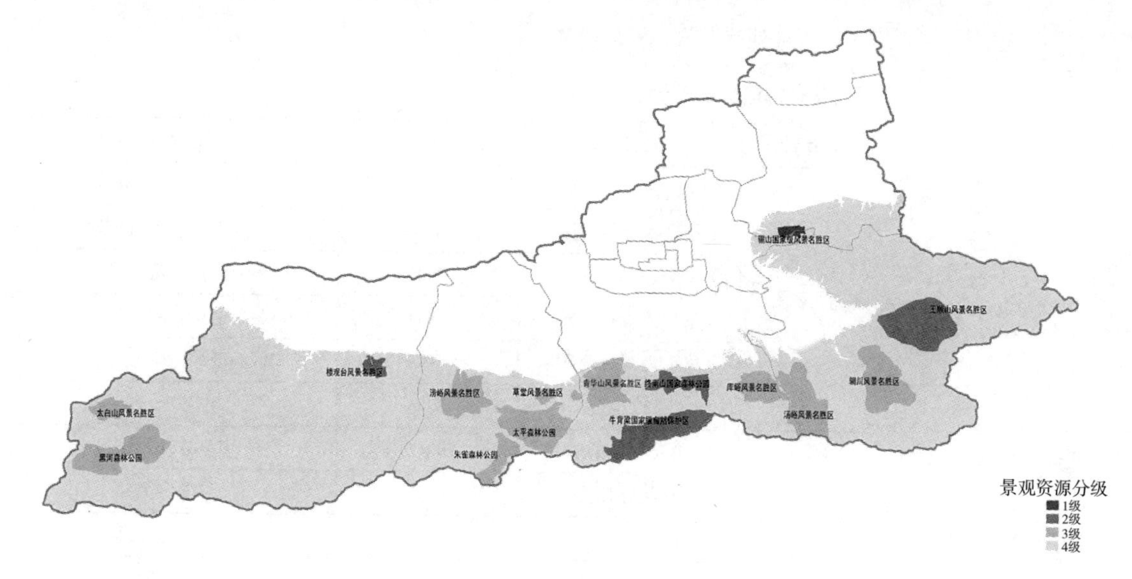

图 4-53 西安市风景资源分布图

将秦岭北麓山区列为4级景观资源，赋值1分。加强秦岭北麓景观资源的保护，将有利于提高区域生态安全保障能力，形成“山”、“ 水”、“城” 共生的景观格局，促进旅游产业的发展，意义重大。

根据统计资料及解译、分析卫星影像将西安市景观资源区域范围勾选出来，并通过追加属性表的方式将其可视化如图4-53所示。

4.4.2 社会状态

1. 城镇集聚—碎化指数

20世纪70年代，伴随私人汽车普及与高速交通网络发展，美国大都市人口开始沿高速公路向附近中小城市和乡村地区扩散，带动周边区域的产业发展及经济增长，从而使整个区域发展更趋均衡，城市由单核走向多核，出现明显的分散、碎化趋势。为了定量分析大都市区出现的逆城市化趋势，美国学者Clyde[190]提出都市碎化指数（Metropolitan Fragmentation Index），用以定量测度都市城镇集聚—碎化程度。在此基础上，罗震东等[191]（2002）提出了大都市碎化指数及均匀度指数，定量测度了我国江苏沿江地区“宁镇扬”、“苏锡常”、“通泰”等都市带城镇集聚—碎化程度。

碎化指数是衡量区域分散程度的一个指标，主要体现区域单元中政府单元个数的变化和不同单元在区域中比重的变化程度，通过对不同政府单元某一或多个指标在区域中所占份额（百分比）的平方根加和得到碎化程度指标。公式见式（4-8）、式（4-9）：

$$y_i = x_i / \sum_{i=1}^{n} x_i \tag{4-8}$$

$$I = \sum_{i=1}^{n} \sqrt{y_i} \tag{4-9}$$

式中，x_i为区域中每一个政府单元的某一指标；y_i为每一政府单元指标占区域总指标的比重；I碎化指数，其范围从$1-\sqrt{n}$。当$I=1$时，区域高度集中，当所有y_i都相等时值最大，区域绝对均匀[192]。

均匀度指数是衡量区域城镇单元分布均衡性的指标，公式见式（4-10）：

$$I^* = \sum_{i=1}^{n} \sqrt{y_i} / \sqrt{n} \tag{4-10}$$

式中，I^*指均匀度指数；y_i为每一政府单元指标占区域总指标的比重；I^*的值从$\sqrt{n}-1$，I^*值越接近1越均匀，值越小越集聚。

收集西安市城镇经济发展统计数据，计算西安市碎化指数及均匀度指数（表4-25、图4-54、图4-55）。

西安市集聚—碎化指数 **表 4-25**

年份	评价指标	国内生产总值	全社会固定资产投资	社会消费品零售总额	财政收入	第二产业总产值	第三产业总产值	平均值
2006	碎化指数	3.4593	3.3685	3.1751	3.3104	3.4696	3.2171	3.3332
	均匀度指数	0.9596	0.9343	0.8807	0.9583	0.9624	0.8924	0.9313
2010	碎化指数	3.3521	3.3768	3.1519	3.3896	3.3737	2.9784	3.2704
	均匀度指数	0.9296	0.9364	0.8741	0.9399	0.9356	0.826	0.9069

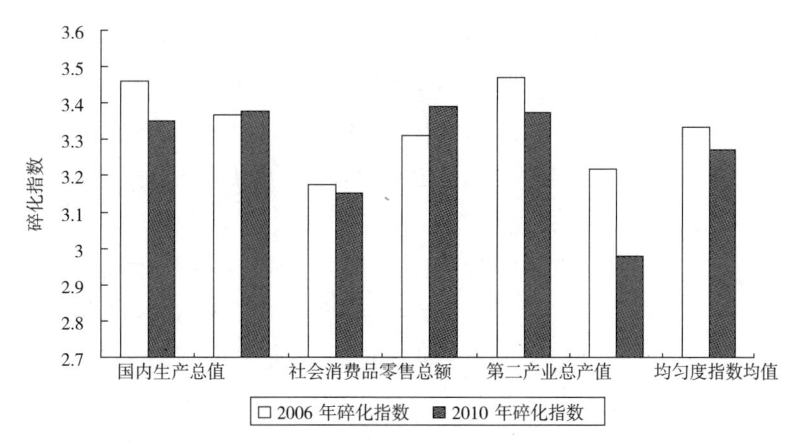

图 4-54 西安市碎化指数图

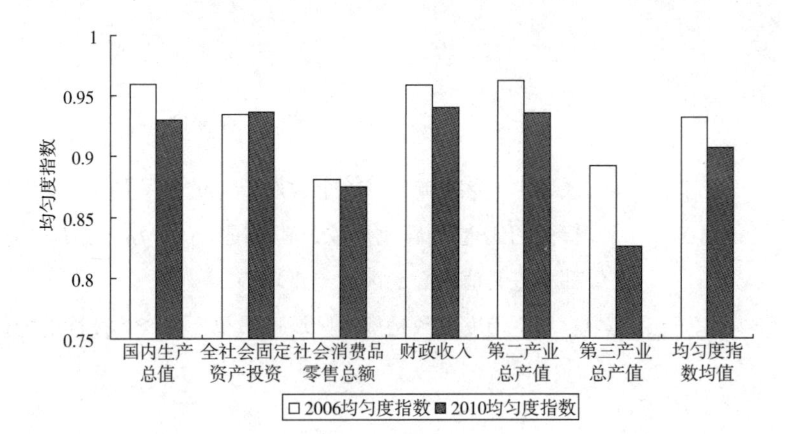

图 4-55 西安市均匀度指数图

分析上述图表，西安市碎化指数与均匀度指数均有减小的趋势，说明西安市经济与社会发展仍处于相对集聚的状态，内部发展不均衡程度高，中心城市集聚作用强大，分散趋势不明显。这与国内外发达城镇密集区先集聚后碎化的发展趋势相一致。造成这种集聚趋势的主要原因如下：

（1）由于周边区县中小城镇规模小、发展程度低，在资本、技术、人才、产业转移过程中处于劣势，呈现向核心城市单向集聚倾向。

（2）西安正处于工业化、城镇化加速发展阶段，经济和人口向中心城市集聚是这个阶段最显著的特征，核心城市对周围区域产生的集聚效应强于扩散效应。据陕西省第六次人口普查公报显示，2000～2010年间，西安市人口占全省比重由20.56%提高到22.69%，人口集聚趋势更为明显。2010年，西安市国民生产总值占陕西省32.1%，经济地位在陕西乃至西北地区都举足轻重。

（3）西安城镇空间结构单核心问题突出，基本上由老城区向外围发展类似“摊大饼”式的圈层结构。造成中心城市集聚度过高，环境污染严重，各种城市问题与矛盾凸现，严重阻碍西安市城镇空间体系均衡、协调发展。

西安市城镇发展总体仍处于空间聚集阶段，但区域内部各区县城镇空间发展的差异性无法从该指数中反映出来。为进一步了解各区县城镇空间发展状态，定量测度各区县城镇聚集—碎化程度以及分布状况就需要其它评价方法及评价指标。

尝试以行政区划范围人口变动率来反映城镇“集聚—碎化”趋势，因为城镇是人口、经济和社会等要素在空间聚集的产物，而且人口集聚是城镇发展的第一要素，所以对城镇聚集—碎化的测度很大程度上可以通过区域人口变动情况来反映，人口迁入区域城镇空间呈聚集状态，人口迁出区域城镇空间呈分散状态。根据人口与城镇空间变化正相关的规律，发展出基于人口变动的城镇空间聚集—碎化指数公式，见式（4-11）：

$$I=\pm\sqrt{|Y_i|/P_i} \tag{4-11}$$

式中，I代表集聚碎化指数，Y_i为每一政府单元当年人口变动数，P_i指每一政府单元当年常住人口数。其中人口迁入取正值，数值愈高愈集聚；人口迁出取负值，数值愈小愈分散。统计2000～2010年西安市分区县人口变动数、常住人口数，计算得到分区县城镇空间聚集—碎化指数（表4-26）。

在GIS软件中采用属性表追加的方法来实现该指标的空间可视化，得出以下视图（图4-56，图4-57）。

2000年～2005年，城镇空间集聚最明显的区域是雁塔区、未央区，其次是碑林区、莲湖区、新城区等老城区，然后是长安区、灞桥区、临潼区、阎良区等。这是由于城三区人口密度高、城市建成区比率大，几乎达到增长的极限，所以人口集聚及城市扩展主要出现在城三区周边区，城市空间向南北向发展的趋势明显。而人口迁出，城镇空间趋于碎化的全部集中在传统农业县，如高陵县、周至县、蓝田县、户县。这恰好说明西安城市经济与社会发展仍处于相对集聚的状

西安市分区县城镇空间集聚－碎化指数统计 **表 4-26**

年份	新城区	碑林区	莲湖区	灞桥区	未央区	雁塔区	阎良区	临潼区	长安区	蓝田县	周至县	户县	高陵县
2000～2005	0.0268	0.027	0.0217	0.0118	0.0278	0.0443	0.006	0.0037	0.0211	−0.0184	−0.0213	−0.0033	−0.0240
2006～2010	−0.0208	−0.0944	−0.0147	0.0223	0.0757	0.0162	0.0266	−0.0038	0.0179	0.001	0.01	0.003	0.0525

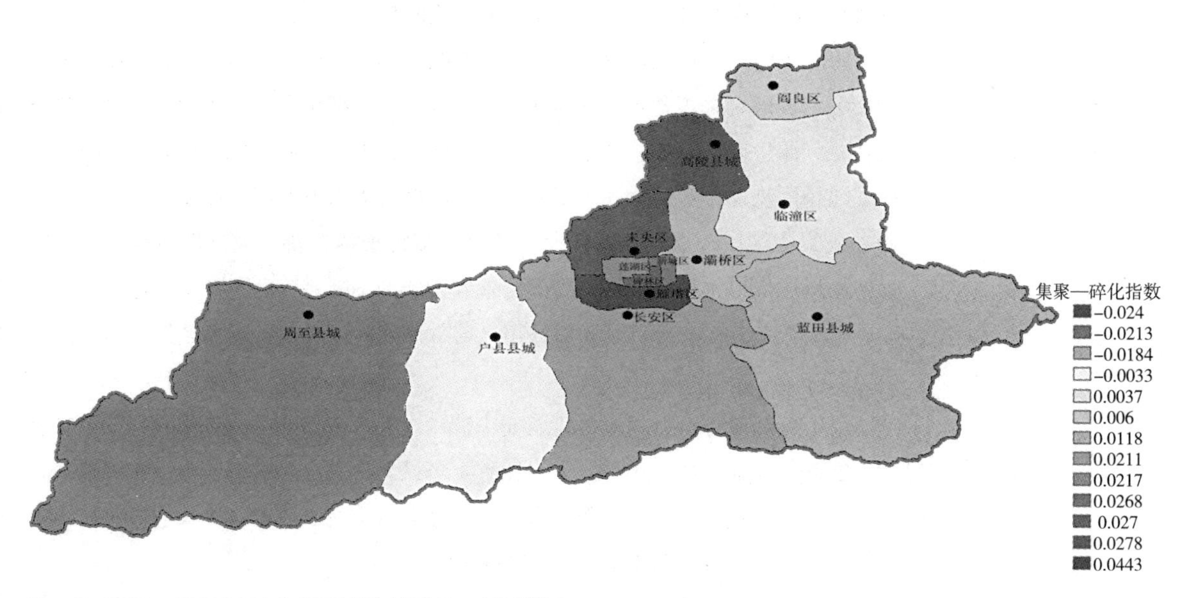

图 4-56　2000 ～ 2005 年西安市分区县城镇空间集聚—碎化指数图

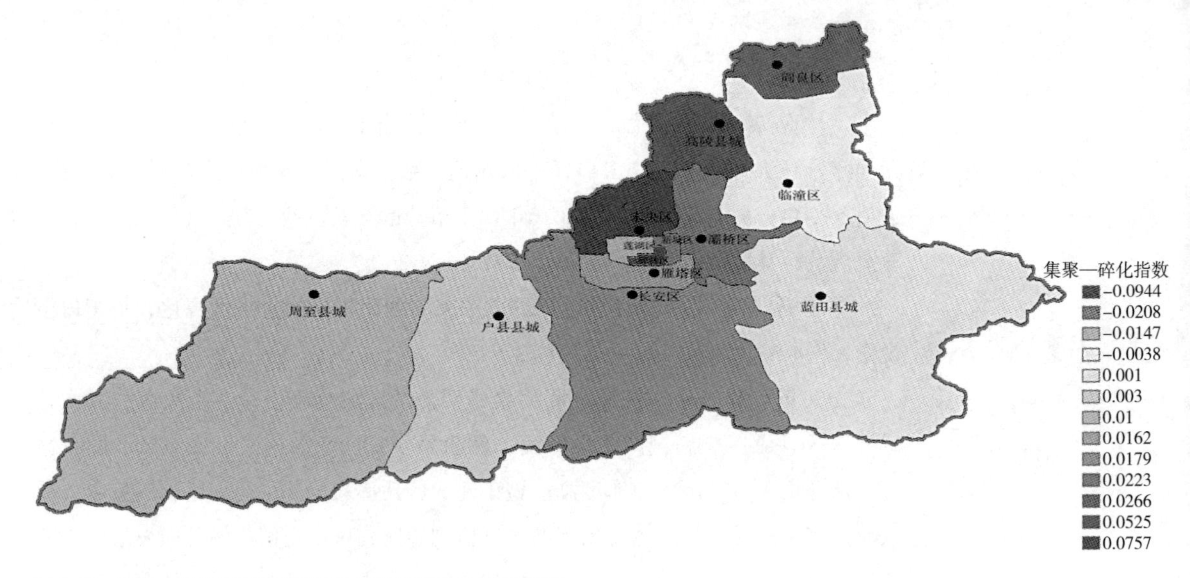

图 4-57　2006 ~ 2010 年西安市分区县城镇空间集聚—碎化指数图

态，中心城市集聚作用极为明显，城乡差别巨大，中心城市对周边区县吸引力大，出现人口迁出并向城市集聚的现象。

2006年～2010年，城三区南北两侧地区人口迁入，城镇空间集聚趋势依旧，而东西两侧农业县基本稳定或略有增长。而最为明显的变化出现在城三区，均出现人口迁出，尤其是碑林区最为明显，这与高校建设新校区，大量人口分散到周边郊区县有很大关系。说明近年来，随着老城区周边区县的发展及高速交通网络的成型，西安中心城区也开始出现扩散碎化的趋势。

综合来看，全市人口分布与西安产业结构调整、城市骨架拉大和高校扩招有密切关系。随着生产型企业逐步向工业园区、高新技术产业区集中、市委市政府北迁，浐灞生态区宜居社区和沣渭新区的建立，大量就业人口向市郊北部的未央区、灞桥区流动，带动上述区域发展；中心城区大力发展第三产业，形成了商业和办公集中区域，居住人口则向外转移；高校扩招，新校区建设使得南郊长安区、雁塔区人口集聚明显；城市道路基础设施的不断完善，尤其是轨道交通的建设，扩展城市骨架，降低了人口在市区与郊区之间流动的时间及经济成本，促进人口转移。

以上变动趋势也可通过分析西安市第六次人口普查数据得到印证。图4-58显示，2000年～2010年，碑林区人口比重下降最大，其次是蓝田、户县、周至，临潼，新城区、莲湖区略有下降。未央区、雁塔区、长安区人口比重上升明显，与西安市分区县城镇空间集聚-碎化指数相吻合。

总之，城镇是人口、经济和社会等要素在空间聚集的产物，它的存在与发

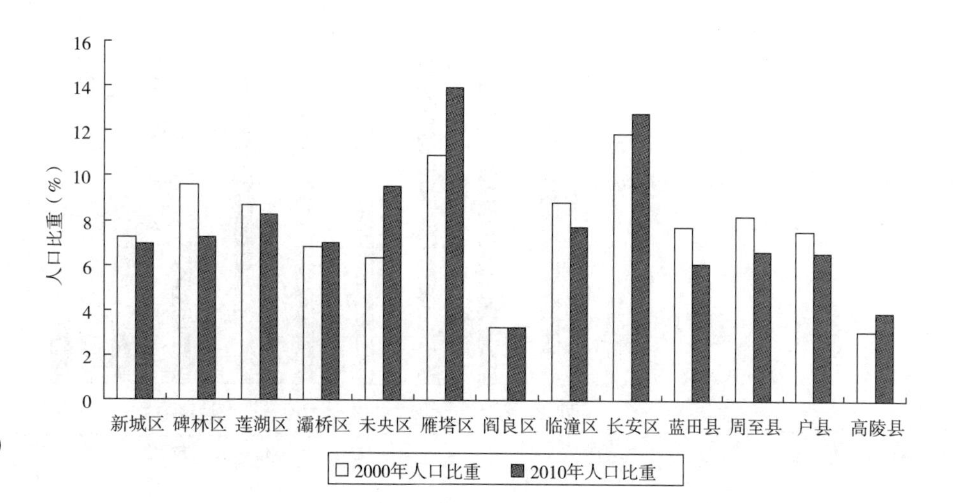

图 4-58　2000 ~ 2010 年西安市各区县人口比重

展始终离不开城镇与区域、城镇与城镇之间的相互作用。规模不一，职能各异的城镇通过各种经济、社会联系所构成的城镇网络，是区域社会经济发展的骨架。伴随西安经济社会的不断发展，城镇体系也逐步由低水平发展阶段向高水平发展阶段演化。通过对西安市集聚-碎化指数的分析，总体上西安城镇体系仍处于极核发展阶段，但是各区县情况不一，临近主城区的各区出现明显的集聚现象，远离主城区的区县仍以分散、碎化为主，而主城区也开始出现分散碎化的趋势。

2. 城镇化率

城镇化率是一个国家或地区经济发展的重要标志，也是衡量一个国家或地区社会组织程度和管理水平的重要标志。城镇化率作为定量研究城镇化发展水平的有效途径之一，通常用城镇人口占常住人口的百分比来表示，反映人口向城市聚集的过程和聚集程度。

根据城镇化率的概念，计算分区县的城镇人口占常住人口的百分比即可。但是统计年鉴中并不能直接查到城镇人口数据，故通过统计非农业人口及流动人口数来计算出相应区县的城镇人口，得到分区县人口城镇化率数据（图4-59）。计算出人口城镇化增长率以反映各区县城镇化速度，将结果在GIS中可视化如图4-60所示。

评价结果表明，2005年～2010年西安市各区县人口城镇化率均有所提高，但增长速度差异明显，城北的高陵县、未央区、阎良区增速最快，然后是莲湖区、城东的灞桥区、城南的长安区，而远郊区县增速依然缓慢。说明西安城镇化发展依然围绕主城区展开，快速城镇化区域集中在主城区南北两侧尤其是北部的未央、灞桥、高陵等区县，而东西两侧的区县城镇化步伐依然缓慢，差距明显。

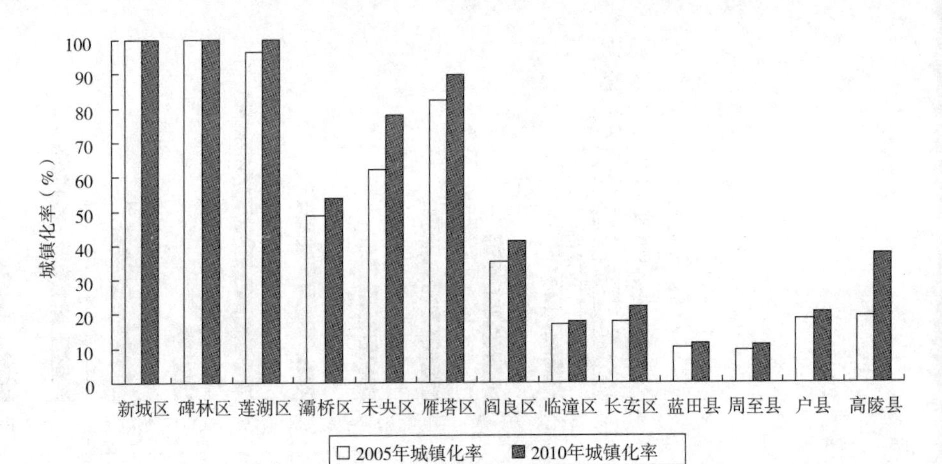

图 4-59 西安市分区县人口城镇化率图

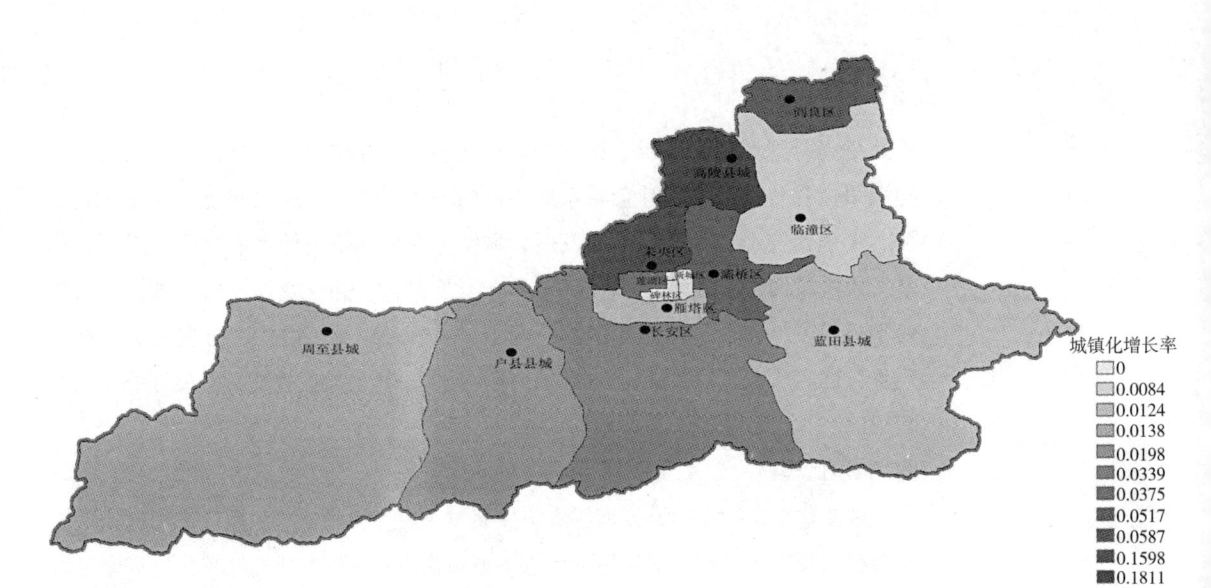

图 4-60 2005 年～2010 年西安市分区县城镇化增长率图

3. 城镇人口增长率

城镇人口增长率指在一定时期内（通常为一年）城镇人口自然增加数（出生人数减死亡人数）与该时期内平均人数（或期中人数）之比，一般用千分率表示，它是反映城镇人口再生产活动的综合性指标。人口增长与生态环境问题是当今社会发展面临的突出问题，城镇过高的人口增长会对水资源、土地资源、能源、生态环境均构成极大压力，已成为制约城镇经济发展不可忽视的重要因素。

从统计年鉴中获得西安市分区县城镇人口增长数据，如图4-61所示。2006年西安市新城区、碑林区、莲湖区等老城区人口增长率最低，均低于4‰；其

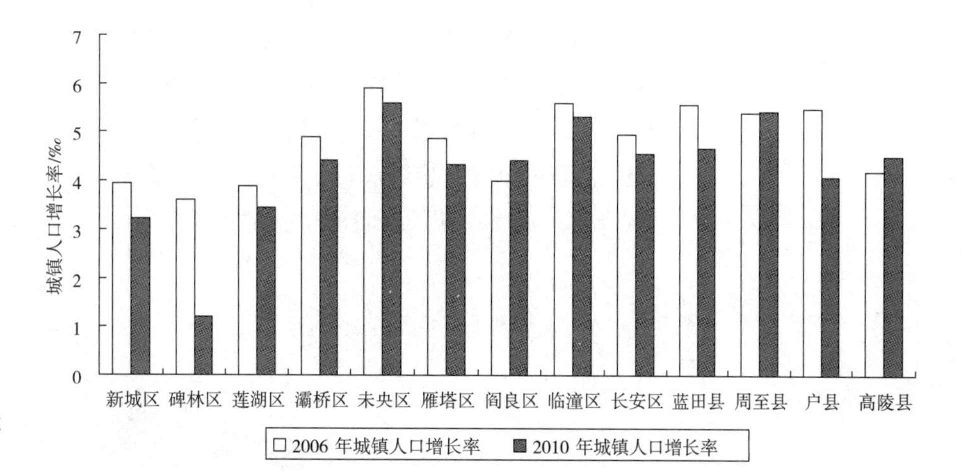

图 4-61 西安市分区县城镇人口增长率统计

次是阎良区、高陵县，在4‰～4.5‰间；然后是雁塔区、灞桥区、长安区，在4.5‰～5‰间；高于5‰的区县有周至县、户县、蓝田县、临潼区、未央区。2010年，城镇人口增长率最低的依然为新城区、碑林区、莲湖区等老城区，均低于3.5‰；其次是户县、雁塔区、阎良区、灞桥区，在4‰～4.5‰间；然后是高陵县、长安区、蓝田县，在4.5‰～5‰间；高于5‰的区县有临潼区、周至县、未央区。2010年与2006年相比，西安市城镇人口增长率略有下降，只有高陵县、阎良区、周至县略微增长，而且城镇人口增长率呈现自城市中心向北部未央区、南部雁塔区、长安区增长趋势。

4. 人均财政收入

人均财政收入指某一地区（国家、省、市、县）财政收入与当年常住人口数的比值。生态环境治理等民生保障公益性事业往往由政府财政承担，因此人均财政收入高低很大程度上反映了一个地区改善生态、提高环境质量的经济实力。

我国人均财政收入水平并不高，据人民日报报道[193]，我国人均财政收入水平位列世界百位之后，按照国际货币基金组织（IMF）统计口径计算，2010年美国、日本、德国、法国、意大利和英国等发达国家人均财政收入约为14000美元，而我国仅相当于上述国家8%左右，约为1166美元。

统计西安市分区县人均财政收入数据，如图4-62、图4-63所示。2005年城三区最高，人均财政收入2000元左右；未央区、阎良区、雁塔区、高陵县在1000～2000元之间，灞桥区、长安区、临潼区在500～1000元间，其余区县均少于500元，尤其是蓝田县、周至县均不到200元。各区县平均人均财政收入为1018元，最低的蓝田县与最高的莲湖区相差达到11倍。2010年能够达到我国人均财政收入的只有城三区；未央区、雁塔区、灞桥区、阎良区、高陵县在2000～ 6000元间，临潼区、户县在1000～2000元间；蓝田县、周至县在1000元以下。各区县平均人均财政收入为4352元，最低的周至县与最高的碑林区相差达到22.8倍，较2005年差距更为悬殊。比较2005年与2010年的人均财政收入统计数据，虽然西安市经济实力在逐年增强，人均财政收入实现快速增长，但是除城三区以外整体上依然落后于全国平均发展水平。说明经济发展在西安区域内部不均衡，过度依赖中心城区，城乡差距明显而且有扩大的趋势。

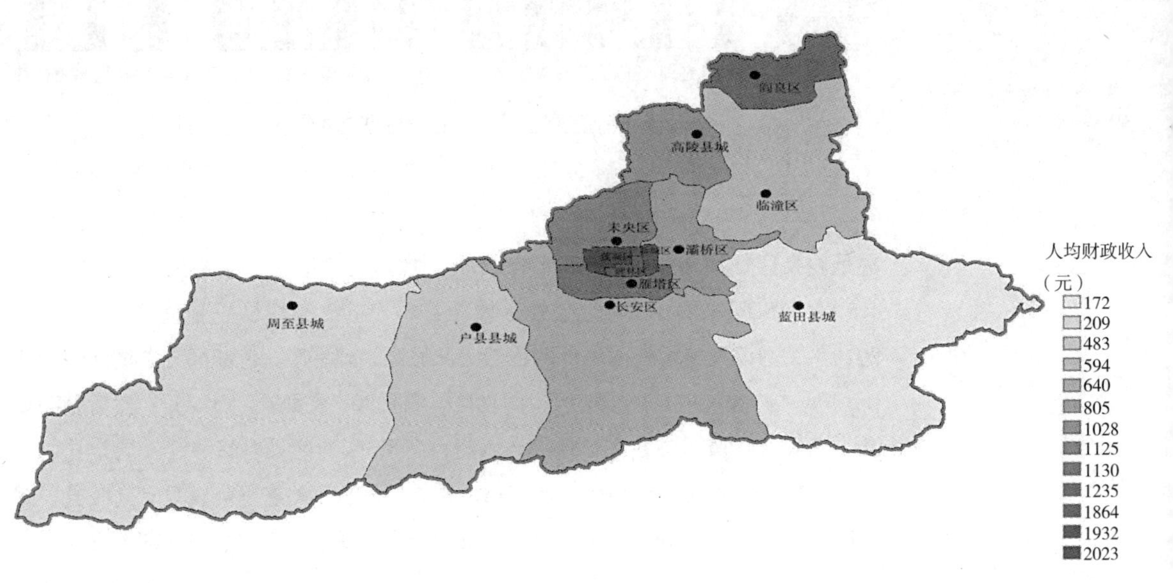

图 4-62　2006 年西安市分区县人均财政收入图

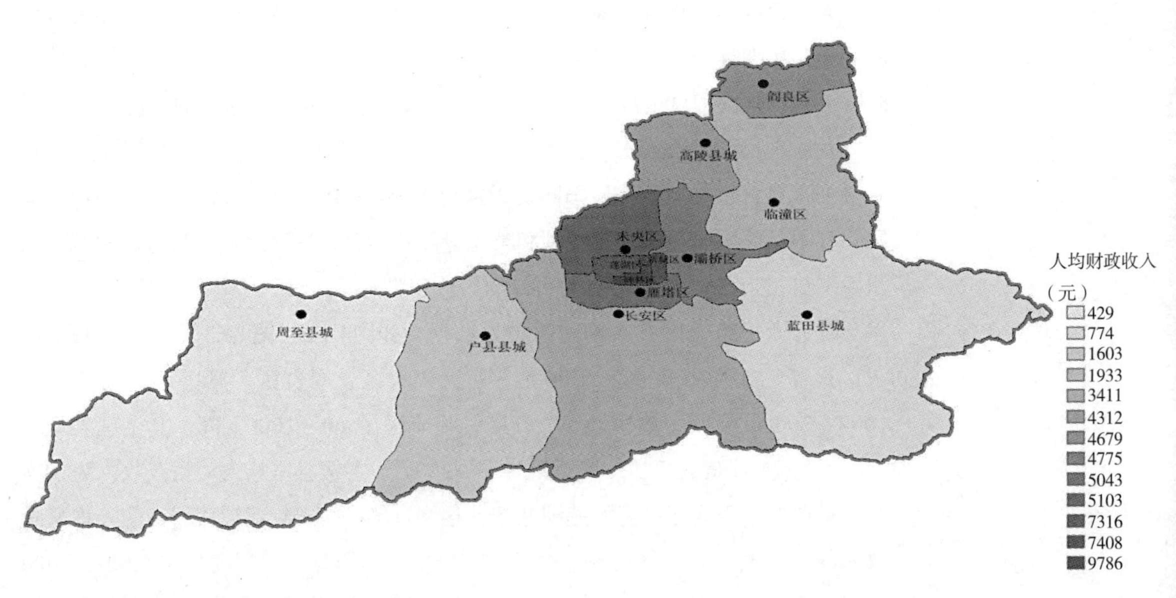

图 4-63　2010 年西安市分区县人均财政收入图

5. 土地产出率

（1）概念

土地产出率通常用生产周期内（一年或多年）单位面积土地上的产品数量或产值（包括产值、净产值）指标来表示，反映单位面积的产出情况，是一个国家或地区土地生产力水平的综合经济指标[194]。

（2）研究思路

可以根据土地产出的产业类型不同，将土地产出率分为农业用地与建设用地的土地产出率。农业用地产出率指各类型农产品数量或产值与农业用地面积之比，建设用地的土地产出率通常以单位面积的经济效益来综合体现[194]。按照土地产出率类型及其产业划分，分为农用地土地产出率及其城市建设用地土地产出率进行计算，进而较为精确地反映研究区域土地产出率的空间分布差异及其变动状况，为区域城市土地利用规划及其经济资源配置提供参考。

（3）数据来源与评价过程

第一产、第二产、第三产业产值数据来源于统计资料，农业用地及城市建设用地的面积与分布范围数据来源于解译遥感影像所得的土地利用数据。计算得到西安市农用地土地产出率及其城市建设用地土地产出率（表4-27、表4-28、图4-64、图4-65），叠加求和得到市域范围土地产出率（图4-66、图4-67）。

西安市分区县农用地产出率统计表 **表 4-27**

	2006年			2010年			
	第一产业产值（万元）	农用地面积（公顷）	土地产出率（万元/公顷）	第一产业产值（万元）	农用地面积（公顷）	土地产出率（万元/公顷）	农用地面积变动率
灞桥区	53200	12950	4.11	115000	11370	10.11	–12.2%
未央区	16900	5090	3.32	24800	3470	7.15	–31.83%
雁塔区	16800	2670	6.29	21300	1350	15.78	–49.44%
阎良区	70800	16350	4.33	142600	15843	9.00	–3.10%
临潼区	126600	50140	2.52	255800	49330	5.19	–1.62%
长安区	132800	46870	2.83	245000	46260	5.30	–1.30%
蓝田县	82300	41060	2.00	166400	40670	4.09	–0.95%
周至县	71700	33580	2.14	152700	33530	4.55	–0.15%
户县	84000	38650	2.17	155900	38310	4.07	–0.88%
高陵县	51100	15210	3.36	121200	15410	7.87	1.31%
合计	706200	262570	2.69	1400700	255543	5.48	–2.68%

2006年，农用地产出率高的有雁塔区、阎良区、灞桥区，均在4万元以上；其次是高陵县、未央区，土地产出率在3万～4万元间；较低的有长安区、临潼区、户县、周至县、蓝田县，产出率在2万～3万元间。2010年，产出率有大幅度增长，从2.69万增加到5.48万元。其中，产出率高的区县是雁塔区、灞桥区，均在10万元以上；然后是阎良区、高陵县、未央区、长安区、临潼区，在5～10万元间；较低的是周至县、蓝田县、户县，在4～5万元间。分析以上统计数据，农用地产

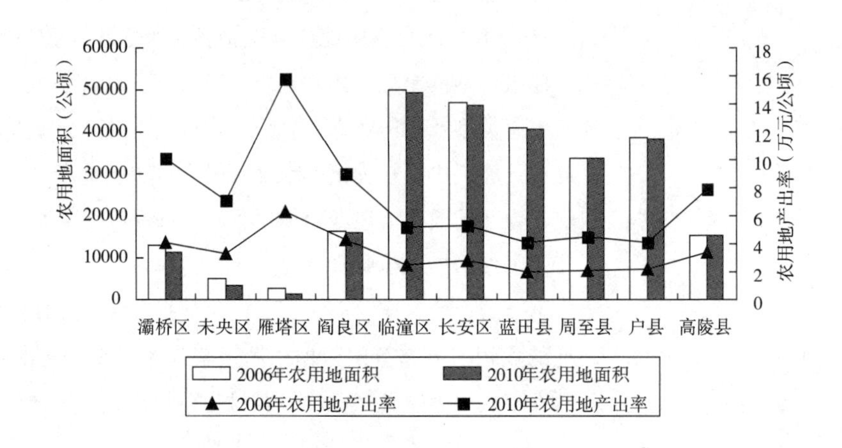

图 4-64 西安市分区县农用地产出率

西安市分区县城市建设用地产出率统计表 **表 4-28**

区、县	2006年			2010年		
	第二产业、第三产业产值（亿元）	建设用地面积（平方公里）	土地产出率（亿元/平方公里）	第二产业、第三产业产值（万元）	建设用地面积（公顷）	土地产出率（亿元/平方公里）
新城区	155.88	22.3	6.99	326.02	23	14.2
碑林区	144.88	20.9	6.93	358.90	21.6	17.3
莲湖区	162.64	41.1	3.96	376.99	42	9
灞桥区	51.05	122.9	0.42	159.44	174	0.9
未央区	146.24	173.36	0.82	401.41	160	2.5
雁塔区	254.46	98.57	2.58	598.25	91.3	6.6
阎良区	47.19	54.3	0.87	85.89	59.8	1.4
临潼区	55.72	145.9	0.39	125.03	177.7	0.7
长安区	73.79	177.9	0.41	248.74	178.2	1.4
蓝田县	23.74	61.6	0.39	54.54	77.1	0.7
周至县	19	81.2	0.23	37.89	108.8	0.4
户县	50.78	144.3	0.35	90.19	178.3	0.5
高陵县	23.91	104.5	0.23	136.98	94.3	1.5
合计	1209.28	1254.83	0.96	3000.27	1386.1	2.2

出率高的区县分布在主城区周边，如雁塔区、阎良区、灞桥区等；产出率低的则是周至县、蓝田县等远郊县。

值得关注的是农用地面积减少趋势明显，5年时间农用地减少2.68%，只有高陵县增长1.31%。其中，减幅大的区县有雁塔区、未央区，均在30%以上；随后是灞桥区，阎良区、临潼区、长安区；减少幅度较小的区县有蓝田、户县、周至县，均在1%以下。

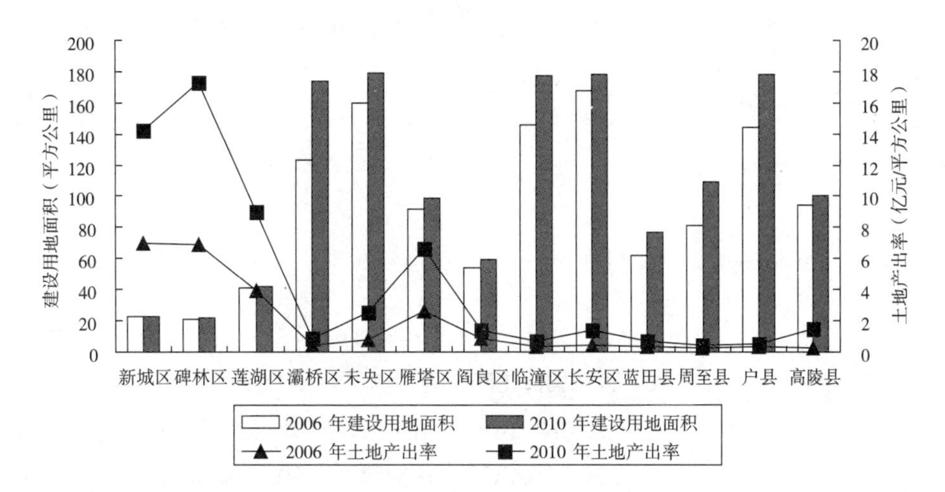

图 4-65　西安市分区县建设用地产出率

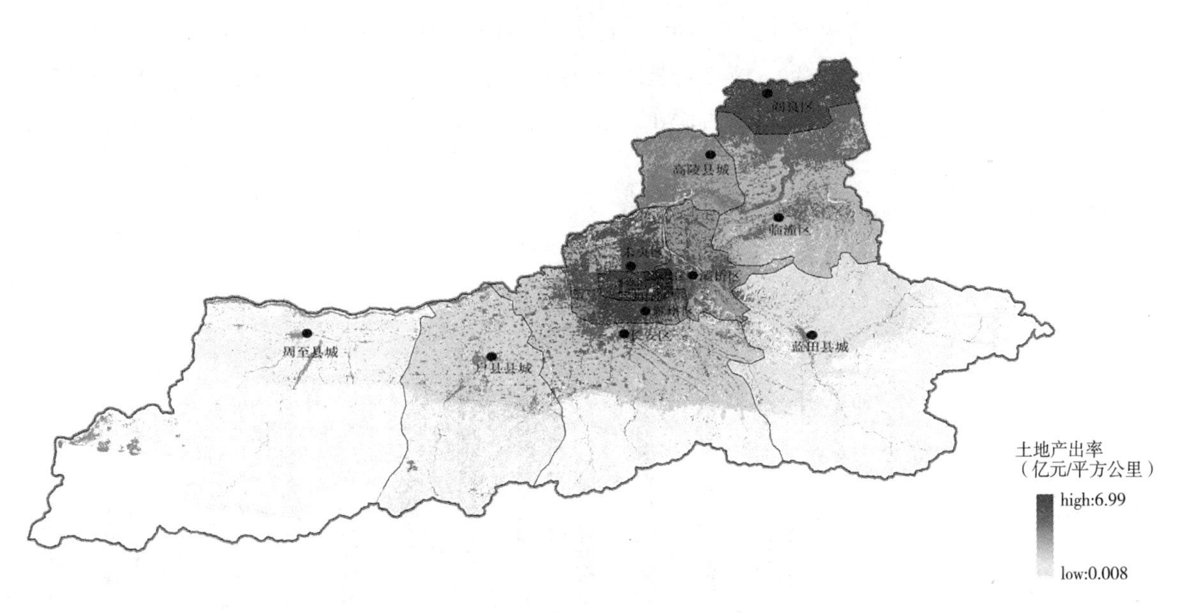

图 4-66　2006 年西安市土地产出率图

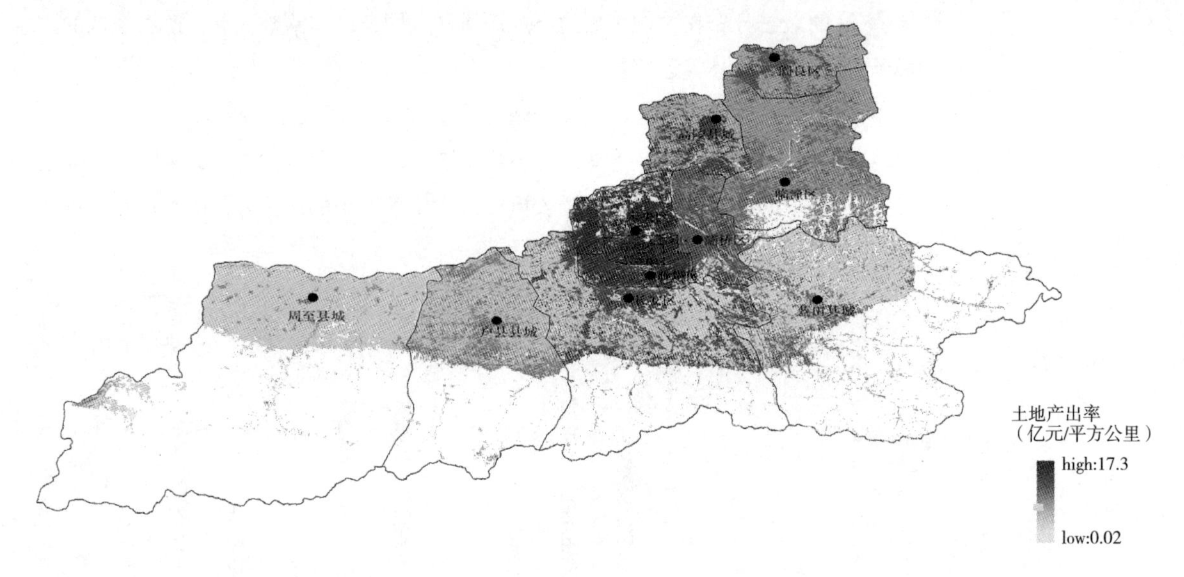

图 4-67　2010 年西安市土地产出率图

6. 人均国民生产总值

人均国民生产总值（人均GDP）是重要的宏观经济指标之一，它是人们了解和把握一个国家或地区的宏观经济运行状况的有效工具与衡量人民生活水平的标准。人均国民生产总值越高，经济越繁荣，人们对生态环境质量的要求就越高。

2005年～2010年，西安经济发展取得了巨大成就，2010年全市生产总值达到3241.49亿元，年均增长14.5%，是2005年的2.47倍，人均GDP达到38214元，是2005 年的2.67倍。但是区域内部经济发展依然不平衡，分区县人均GDP数据差异巨大（图4-68～图4-70）。2006年，人均GDP2万元以上的有未央区、雁塔区、新

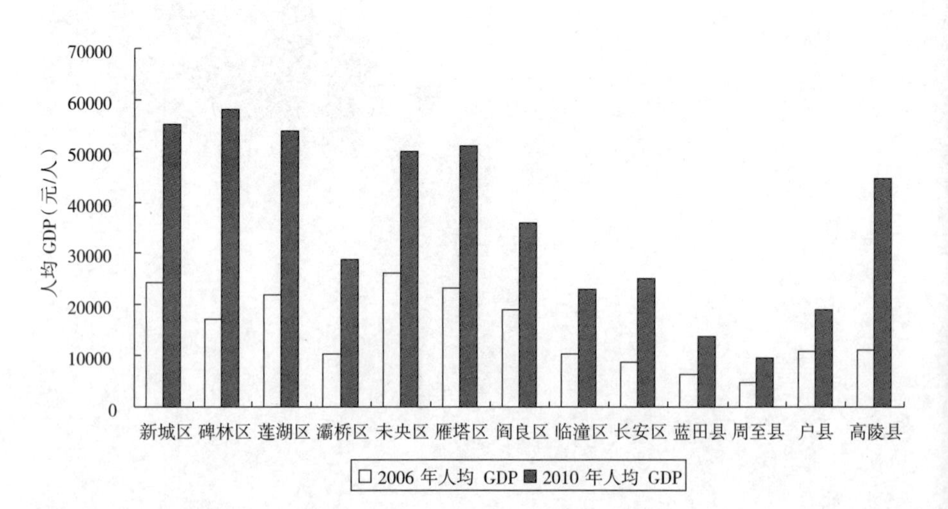

图 4-68　西安市分区县人均 GDP 统计

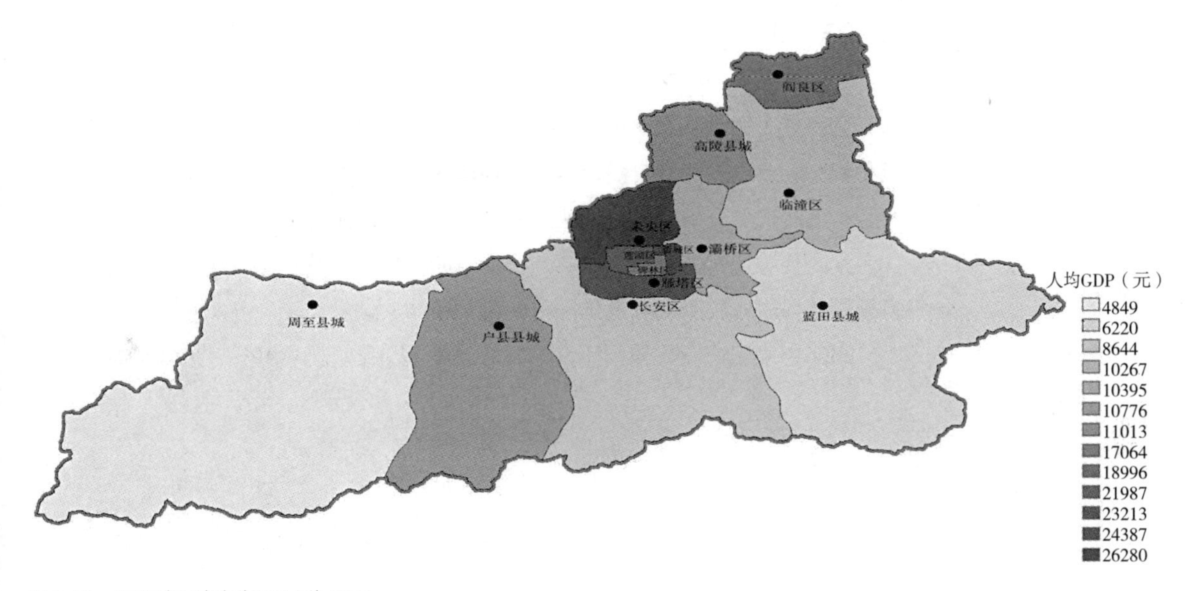

图 4-69　2006 年西安市分区县人均 GDP

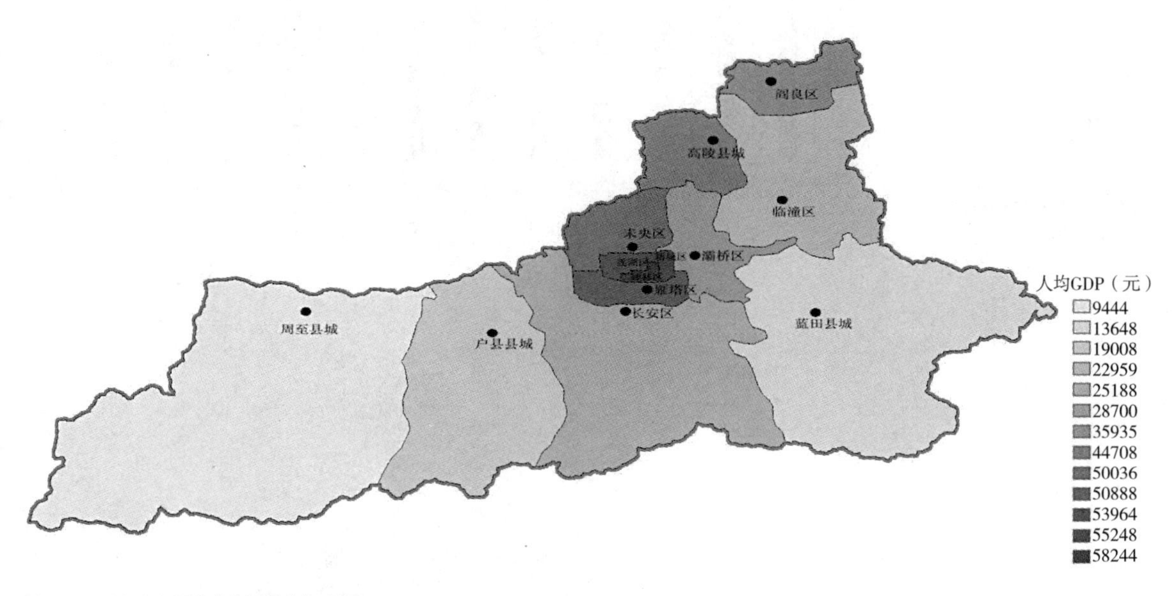

图 4-70　2010 年西安市分区县人均 GDP

城区、莲湖区；1万～2万元的有碑林区、阎良区、灞桥区、临潼区、户县、高陵县；1万元以下的有长安区、蓝田县、周至县。2010年，5万元以上的有新城区、碑林区、莲湖区未央区、雁塔区；3万～5万元有高陵县、阎良区；2万～3万元有临潼区、长安区；2万元以下的有户县、蓝田县、周至县。

7. 第三产业占GDP比重

第三产业作为科技进步、生产力发展和人类物质文化生活水平提高的必然产物，已经成为衡量一个国家或地区经济发展和社会进步的重要标志[195]。第三产业相较一、二产业耗费自然资源少、环境污染小，有利于区域生态环境的恢复与改善，因此选取该指标作为反映区域生态安全的指标之一。

分区县统计2005、2010年第三产业占GDP比重，并采用属性表追加后矢量转换栅格数据的方法实现可视化（图4-71～图4-73）。

2006年第三产业比重高于50%的为碑林区、雁塔区，40%～50%间的有新城

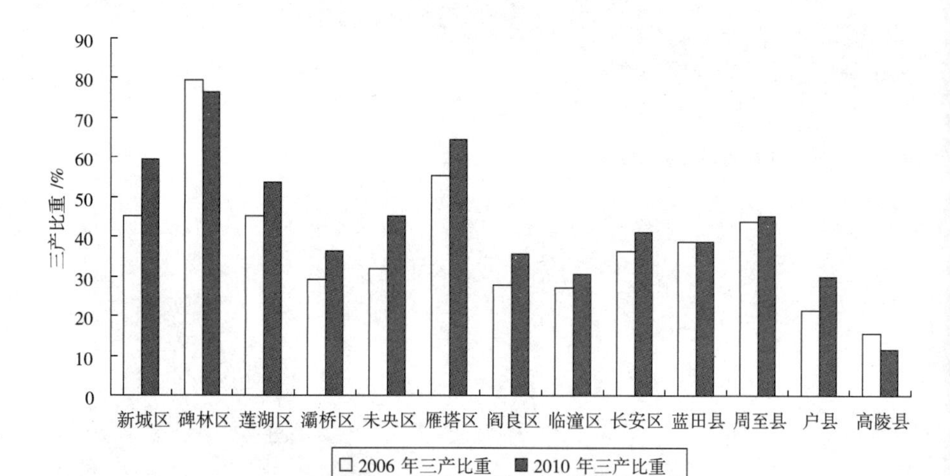

图 4-71 西安市分区县第三产业比重

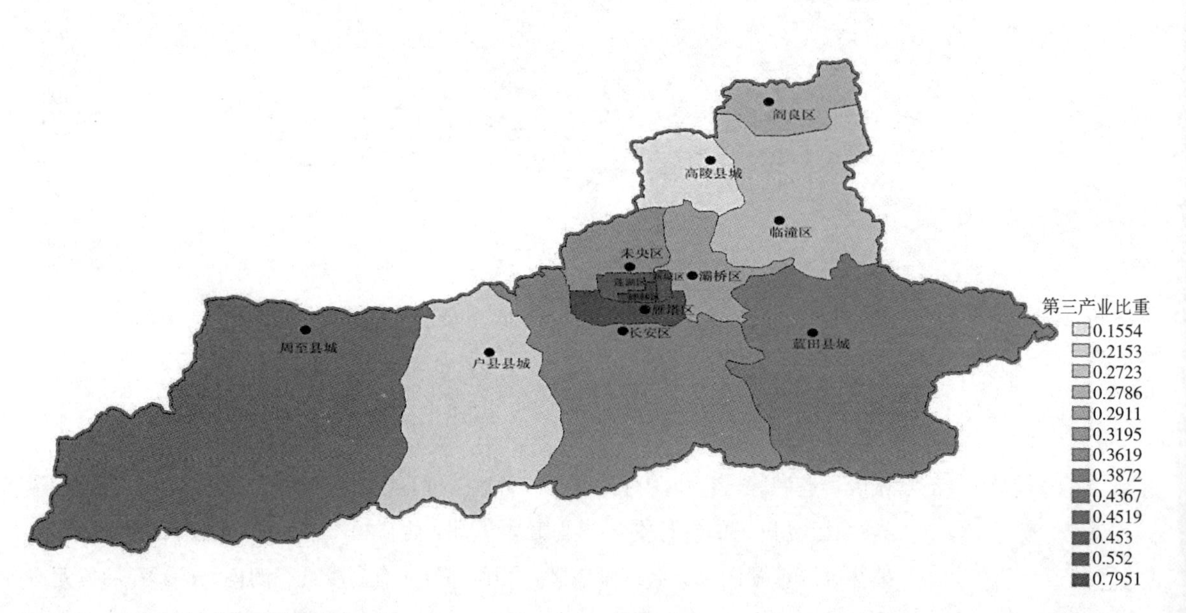

图 4-72 2006 年西安市分区县第三产业比重

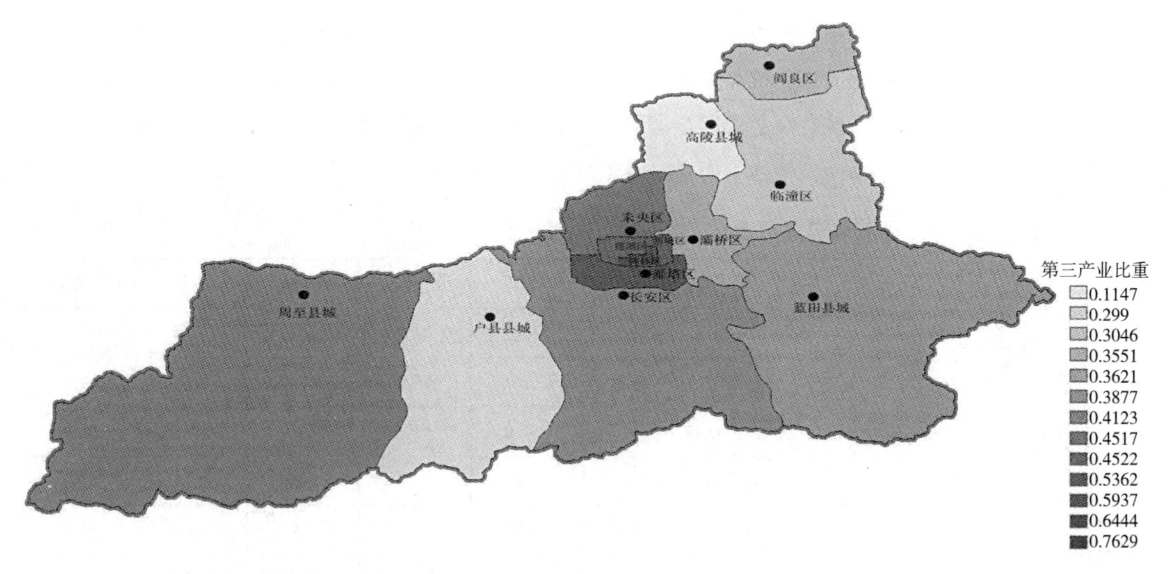

图 4-73　2010 年西安市分区县第三产业比重

区、莲湖区、周至县；30%～40%的有未央区、长安区、蓝田县；低于30%的有灞桥区、阎良区、户县、临潼区、高陵县。2010年第三产业比重高于50%的为碑林区、雁塔区、新城区、莲湖区；40%～50%间的有周至县、未央区、长安区；30%～40%的有灞桥区、临潼区、阎良区；低于30%的有户县、高陵县。比较来看，西安市第三产业比重高于50%的区域在扩大，由城市中心向周边郊区推进。第三产业比重低的区域由3区2县减少为2县，这也与西安市第三产业比重逐年提高相吻合。

8. 道路交通指数

交通运输是社会生产、分配、交换和消费等各个环节的联系纽带，将区域各个城镇连接成网络，既是重要的基础产业，又为物流和人流在空间上提供集聚和扩散的载体。一个区域城镇化综合水平与等级公路里程比重、公路密度显著相关，与公路交通运力显著负相关[196]。区域道路交通越发达，城镇化水平越高，生态安全越有保障。参考前人研究成果，从道路密度及人均道路面积两方面分析道路交通状况，二者与道路交通呈正相关，以公式（4-12）量化表达。

$$I_i = \sqrt{\frac{X_i Y_i}{S_i P_i}} \tag{4-12}$$

式中，I_i表示道路交通指数，X_i指每一政府单元当年城镇道路长度（包括道路长度和道路相通的桥梁、隧道的长度，按车行道中心线计算），Y_i指每一政府单元当年城镇道路面积（包括道路面积和与道路相通的广场、桥梁、隧道的面积），S_i指每一政府单元行政区划面积，P_i指每一政府单元当年常住人口数。X_i与S_i之比即道路密度，Y_i与P_i之比即人均道路面积。

根据西安市城乡建设委员会提供资料及统计年鉴数据，统计2006年及2010年西安市分区县城镇道路长度、城镇道路面积、常住人口数及行政区划面积，计算得到分区县道路交通指数（表4-29）。市区交通最为发达，其次是周边郊区县，东西两侧较远的周至、蓝田县交通最不便利。

西安市分区县道路交通指数统计表 **表 4-29**

年份	指标	市区	蓝田县	周至县	户县	高陵县
2006年	道路长度（公里）	1480	41.8	24.6	34.4	61
	道路面积（万平方米）	3219	55.6	41.4	89.8	107.2
	常住人口数（万人）	635.9	51.4	53.97	54.91	26.35
	道路交通指数	1.56	0.15	0.08	0.21	0.93
2010年	道路长度（公里）	2428	64.6	33	56.3	80.5
	道路面积（万平方米）	5342	106.5	70.8	186.7	259.2
	常住人口数（万人）	650.7	51.42	56.29	55.65	33.35
	道路交通指数	2.36	0.26	0.11	0.39	1.48

4.5 响应评价

“响应”表征人类社会对生态环境状态的对策响应，响应评价指对环境政策措施中的可量化部分进行评价，一般包括污染治理和环境保护等方面[124]。

根据响应评价定义及研究区域生态安全特征，结合数据可获取性等实际情况，将污染治理和环境保护方面指标细化为工业废水排放达标率、烟尘排气达标率、固废利用率、单位GDP能耗、环保投资指数、教育投入比重等可量化指标。

1. 工业废水排放达标率

（1）概念

工业废水排放量指经过企业厂区所有排放口排到企业外部的工业废水量，工业废水排放达标率是指城市（地区）工业废水排放达标量占其工业废水排放总量的百分比。

（2）工业企业用水与排放情况

据《西安市“十二五”环境保护规划》，2006～2010年，西安市加大水污染治理力度，关闭淘汰造纸企业41家，改造、完善 211家工业企业污水处理工程，工业企业废水排放达标率稳定在93%以上。工业用水重复利用率从67%增加至80%，增幅达13%，工业废水排放量逐年下降，西安市工业用水和废水排放情况见表4-30。

2006 年～2010 年西安市工业用水和废水排放情况统计表　　表 4-30

	2006年	2007年	2008年	2009年	2010年
用水总量（万吨）	64203	103374	86082	117651	93680
重复用水量（万吨）	43172	78155	61066	92349	74478
重复用水率（%）	67	76	71	78	80
工业废水排放总量（万吨）	14812	18090	16529	12442	13850
工业废水排放达标量（万吨）	13825	17446	16136	10655	13279
工业废水排放达标率（%）	93.33	96.44	97.62	93.67	95.58

（3）数据来源与评价过程

查阅统计年鉴以及西安市“十二五”环境保护规划，可以得到分区县工业废水排放达标率数据，评价方法与前述计算废水排放密度的方法一样，通过地形坡度与植被生长状况来筛选工业废水排放范围，在此范围内将各区县的工业废水达标率追加属性表后实现可视化（图4-74、图4-75）。

2. 烟尘排放达标率

（1）概念

烟尘排放量指企业厂区内燃料燃烧产生的烟气中夹带的颗粒物数量，是影响空气质量的主要污染物。烟尘排放达标率指城市（地区）工业烟尘排放达标量占其工业废水排放总量的百分比。

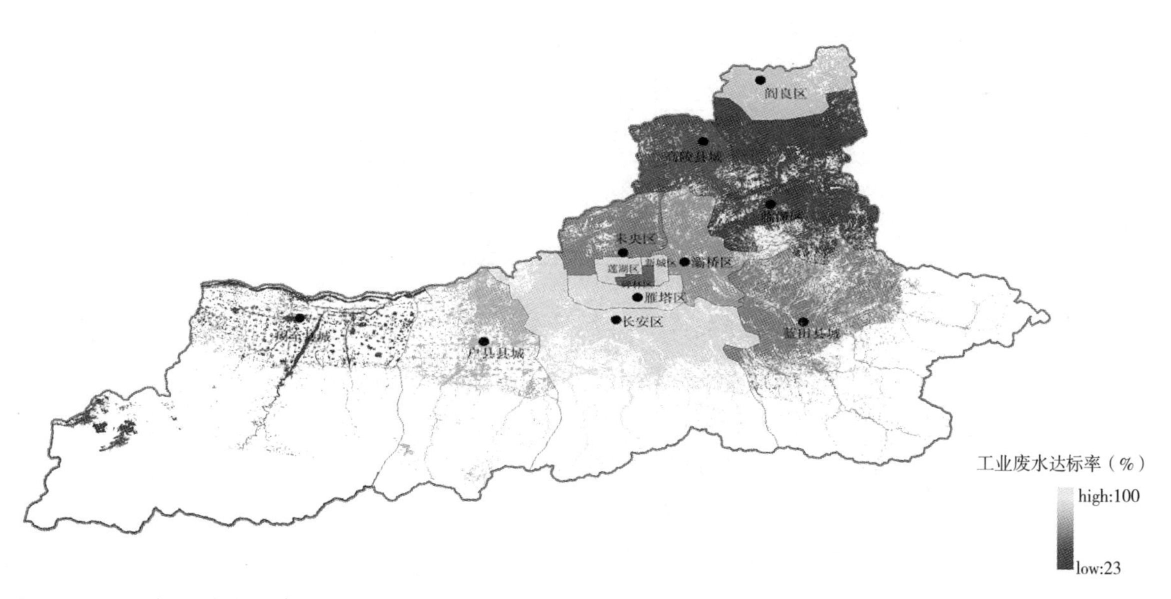

图 4-74　2006 年工业废水达标率

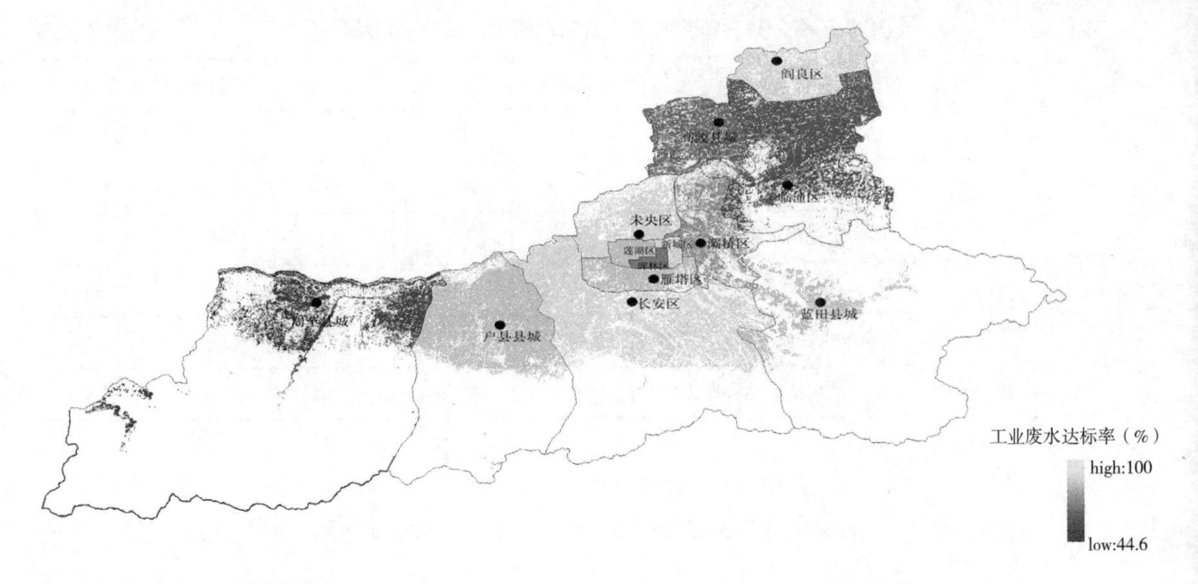

图 4-75　2010 年工业废水达标率

（2）工业企业污染物排放情况

2006年～2010年，工业污染和产业结构调整取得进展，工业粉尘、烟尘排放量逐年下降，全市环境空气中的PM_{10}和SO_2浓度呈下降趋势，西安市工业企业废气中主要污染物排放量见表4-31。

2006～2010 年西安市工业企业废气中主要污染物排放量　　表 4-31

年份	工业燃煤消耗量（万吨）	SO_2（万吨）	烟尘	粉尘	工业总产值（亿元）
2006年	574	9.2	3.8	2.0	727
2007年	714	9.8	2.4	1.0	999
2008年	683	9.66	2.0	0.9	1299
2009年	698	8.29	2.0	0.4	1639
2010年	789	8.15	1.7	0.3	1836

（3）数据来源与评价过程

查阅统计年鉴以及西安市“十二五”环境保护规划，得到分区县烟尘排放达标率数据，与前述工业废水达标率计算方法相同，通过地形坡度与植被生长状况来筛选烟尘排放范围，可视化如图4-76、图4-77。

3. 工业固体废物利用率

（1）概念

工业固体废物是工业生产过程中排入环境的各种废渣、粉尘及其他废物，可

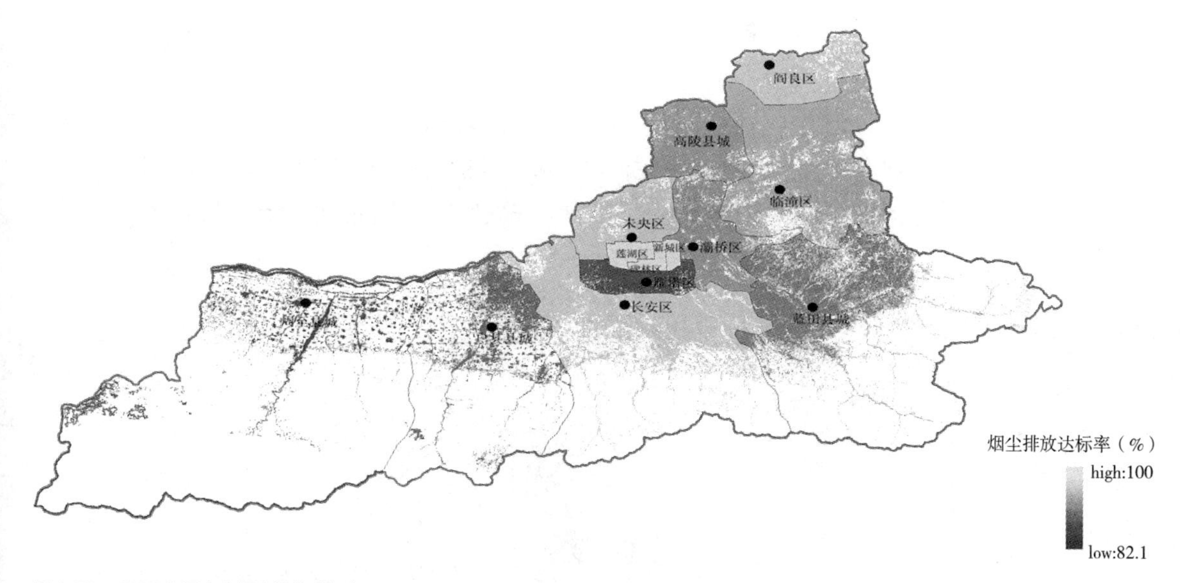

图 4-76　2006 年西安市烟尘排放达标率图

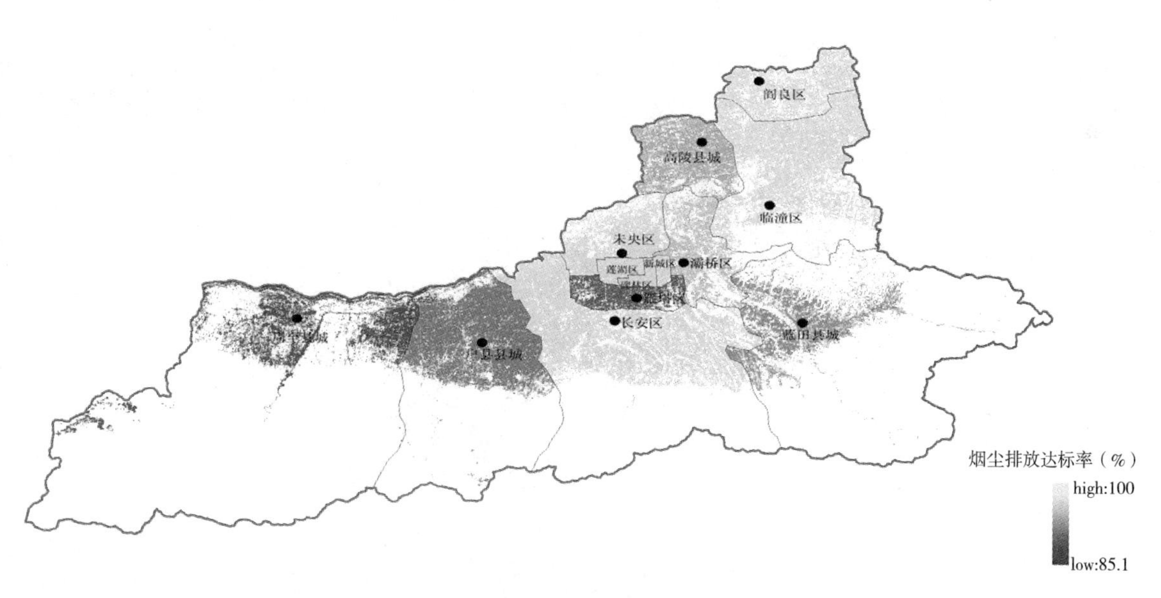

图 4-77　2010 年西安市烟尘排放达标率图

分为一般工业废物和工业有害固体废物等[197]。

（2）数据来源与评价过程

查阅统计年鉴以及西安市“十二五”环境保护规划，可以得到分区县烟尘排放达标率数据，整理汇总并可视化表达如图4-78、图4-79。

4. 单位GDP能耗

（1）概念

单位GDP能耗指一次能源供应总量与国内生产总值（GDP）的比率，是能源利用效率指标，反映了能源消费水平和节能降耗状况。该指标说明一个国家或地区经济活动中对能源的利用程度，反映经济结构和能源利用效率的变化。

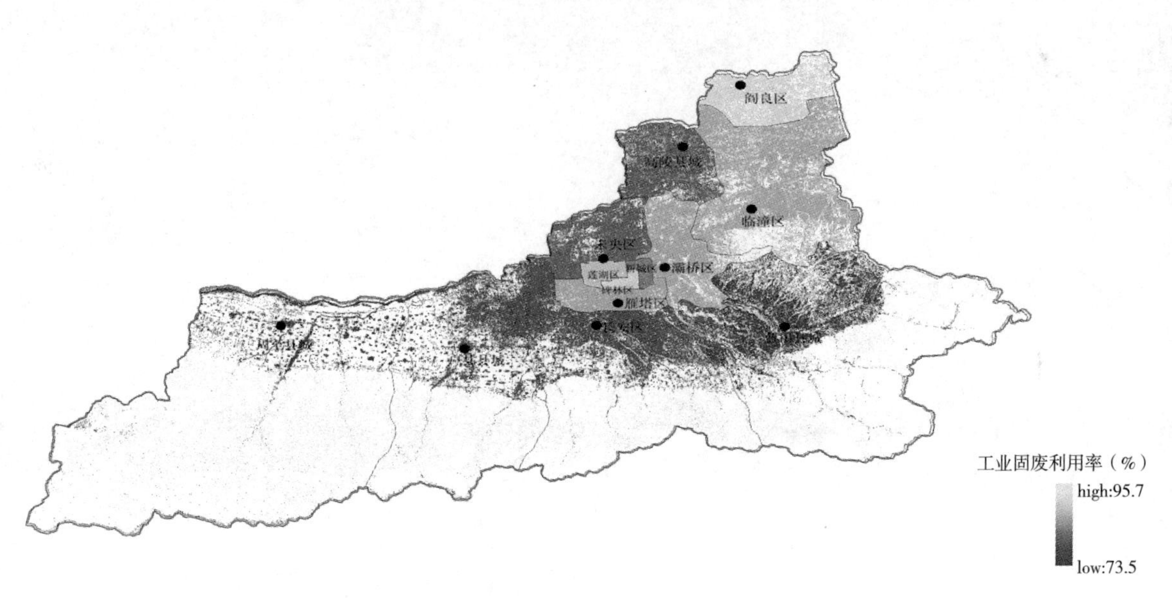

图 4-78　2006 年西安市固体废物利用率图

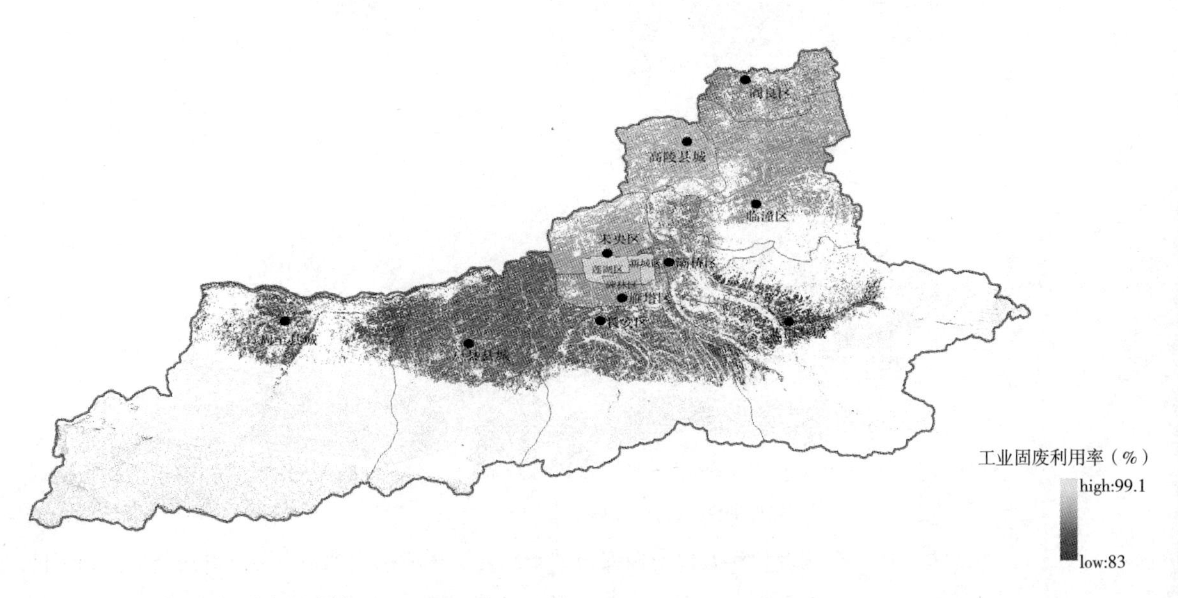

图 4-79　2010 年西安市固体废物利用率图

（2）评价过程

统计西安市分区县单位GDP能耗数据（表4-32），可视化表达如图4-80、图4-81。结果显示，西安市各区县单位GDP能耗均呈下降趋势，说明近年来各项节能降耗措施取得成效，能源利用效率有所提高。

西安市分区县单位 GDP 能耗统计 **表 4-32**

	单位GDP能耗（吨煤/万元）				
	2006年	2007年	2008年	2009年	2010年
新城区	0.794	0.749	0.705	0.664	0.656
碑林区	0.768	0.726	0.685	0.644	0.639
莲湖区	0.904	0.862	0.794	0.749	0.722
灞桥区	1.757	1.648	1.545	1.456	1.394
未央区	0.985	0.932	0.870	0.817	0.806
雁塔区	0.885	0.835	0.787	0.739	0.708
阎良区	0.783	0.745	0.700	0.661	0.644
临潼区	1.004	0.946	0.869	0.829	0.789
长安区	1.257	1.187	1.125	1.063	1.041
蓝田县	1.645	1.579	1.492	1.420	1.446
周至县	1.786	1.689	1.596	1.508	1.464
户县	2.454	2.311	2.133	2.015	1.978
高陵县	0.907	0.845	0.798	0.753	0.725

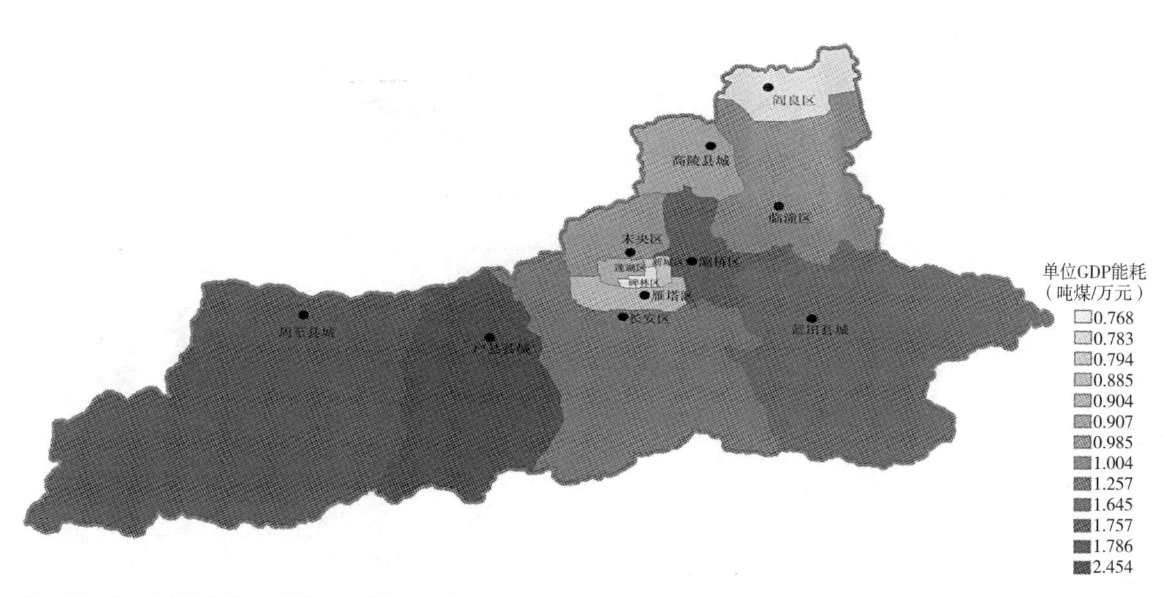

图 4-80　2006 年西安市分区县单位 GDP 能耗图

5. 环保投资指数

（1）概念

环保投资指进行防治环境污染，改善环境质量及有利于自然生态环境的恢复和建设的投资。环保投资是国民经济和社会发展的重要保障，是表征一个国家（地区）环境保护力度的重要指标。环保投资指数是指当年环境保护投资占当地国内生产总值的百分比。为改善环境污染，发达国家的环保投资指数一般都等于或大于国民生产总值的1%～2%，发展中国家约在0.5%～1%之间。如美国2000年环保投资指数达到了2.6%，德国甚至达到3%以上[198]。我国环保投资比例从1981年0.5%上升到2007年的1.36%（图4-82），尽管增长速度较快，但与发达国家相比仍存在较大差距。

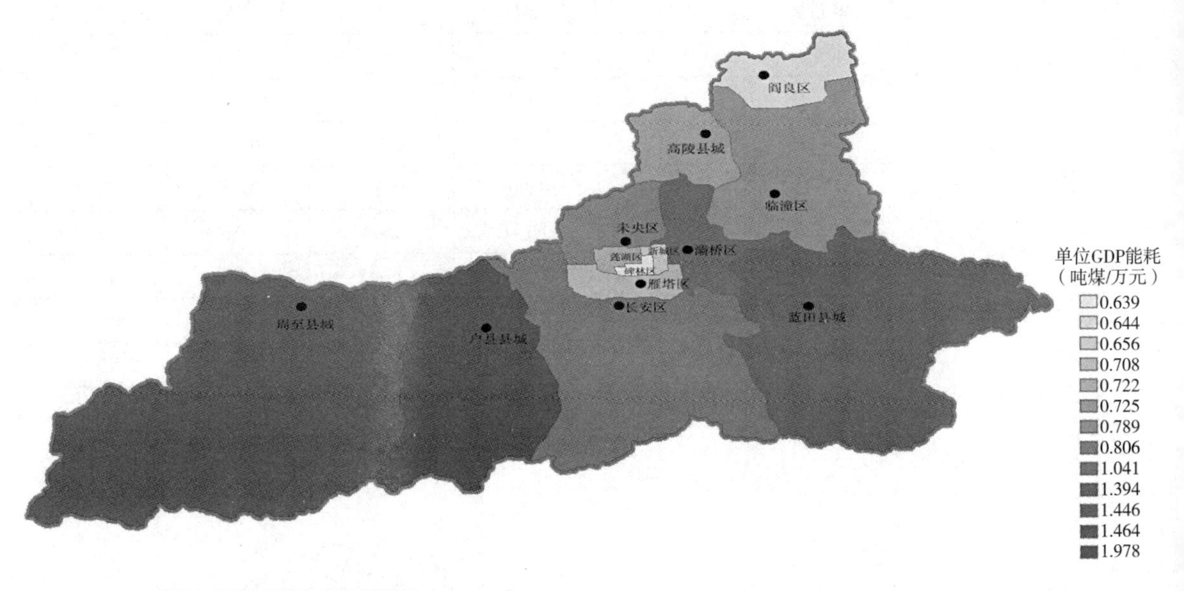

图 4-81　2010 年西安市分区县单位 GDP 能耗图

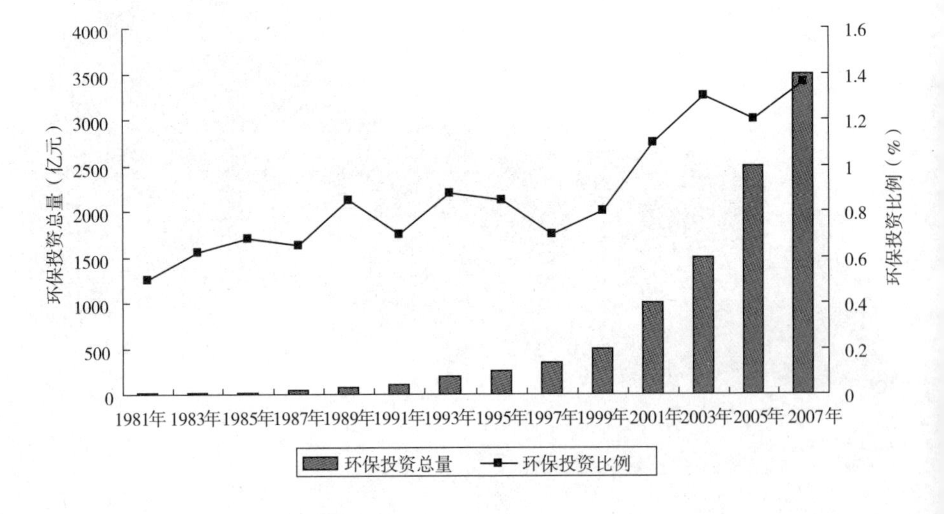

图 4-82　我国历年环保投资总量及环保投资比例

资料来源：张小永．环境投资与效益的国际比较研究——兼论完善中国环保投融资机制［D］．西安：陕西师范大学，2009.

（2）数据来源与评价过程

查阅统计年鉴及西安市环保局相关资料，得到西安市环保投资指数（表4-33、表4-34），可视化如图4-83、图4-84。

2006年～2010年西安市环保投资指数统计 **表4-33**

	2006年	2007年	2008年	2009年	2010年
环保投资额（万元）	294596.40	398050.33	650173.36	531899.18	693928.80
GDP（亿元）	1538.94	1856.63	2318.14	2724.08	3241.49
环保投资指数（%）	2.03	2.26	2.97	1.96	2.14

2006～2010年西安市分区县环保投资指数统计 **表4-34**

区、县	2006年环保投资指数（%）	2010年环保投资指数（%）
新城区	2.28	2.18
碑林区	1.8	2.02
莲湖区	2.6	2.24
灞桥区	1.58	3.35
未央区	1.4	1.26
雁塔区	1.17	1.24
阎良区	2.6	2.36
临潼区	2.09	2.32
长安区	1.73	2.04
蓝田县	1.52	2.16
周至县	1.79	1.94
户县	1.63	1.61
高陵县	2.01	1.89

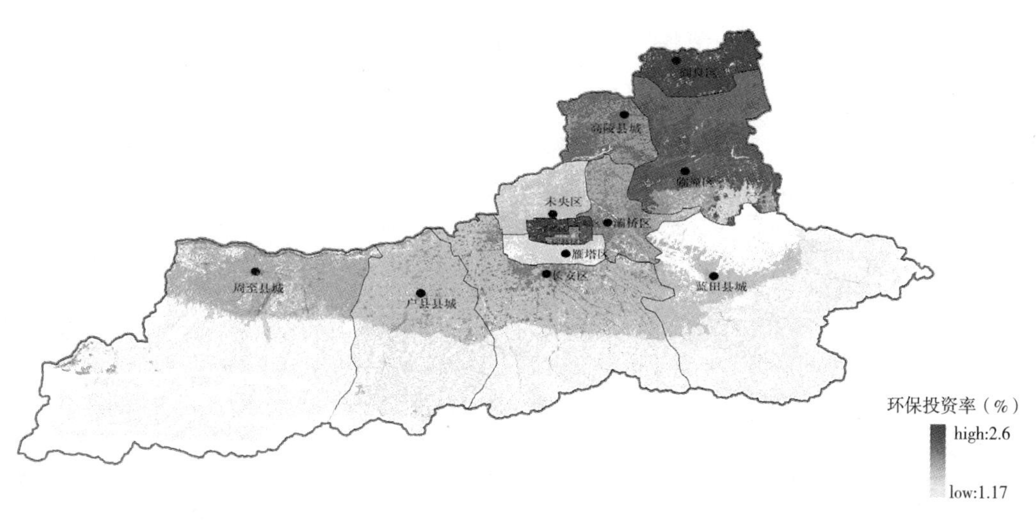

图4-83 2006年西安市环保投资指数图

（3）评价结果

2006年环保投资指数高于2%的有新城区、莲湖区、阎良区、临潼区、高陵县，2010年，灞桥区最高，达3.35%，高于2%的有新城区、碑林区、莲湖区、阎良区、临潼区、长安区、蓝田县，低于2%的有未央区、雁塔区、周至县、户县、高陵县。

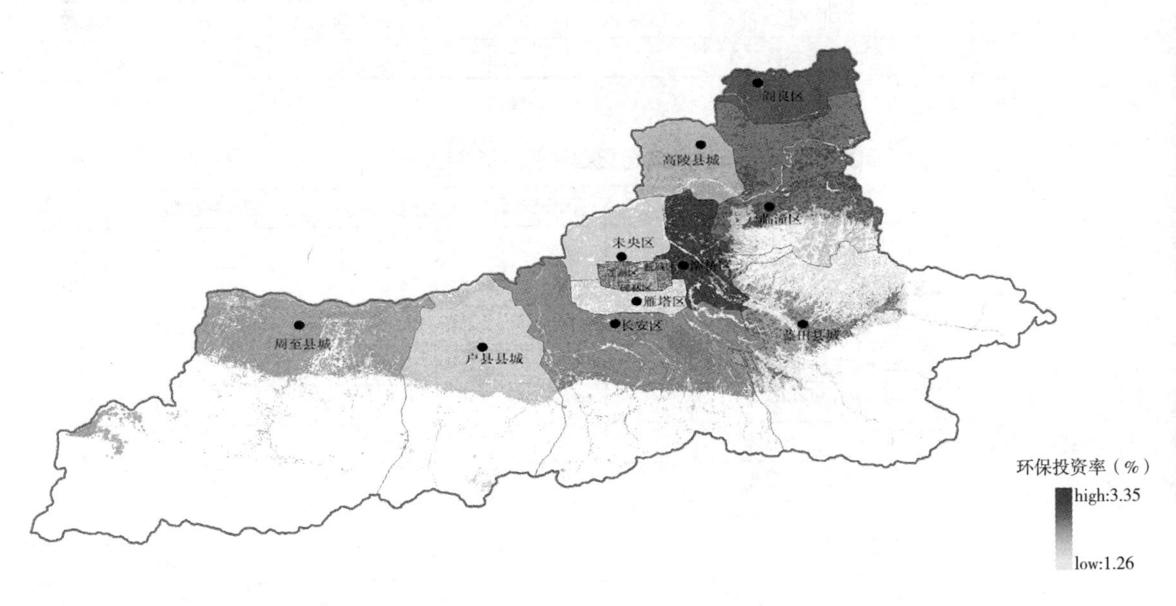

图 4-84　2010 年西安市环保投资指数图

第5章 西安市生态安全综合评价与分析

5.1 生态安全综合评价指数

依据城市生态安全评价指标体系及指标权重（表5-1），采用极差变化法将32项单项评价指标值进行归一化处理并赋予相应权重，逐一生成栅格数据，利用GIS软件空间分析模块叠加分析中的Weighted Sum函数进行求和叠加运算，得到研究区域生态安全综合评价指数（图5-1）。

生态安全单项指标权重统计表 **表5-1**

目标层	准则层	指标层	指标权重
驱动力（A_1）	社会经济驱动力（B_1）	GDP增长率（C_1）	0.028
		城镇建设用地比率（C_2）	0.124
		人口密度（C_3）	0.037
压力（A_2）	自然资源压力（B_2）	水资源消耗密度（C_4）	0.179
		土地资源承载力指数（C_5）	0.034
		人均能耗（C_6）	0.015
	生态环境压力（B_3）	工业废水排放指数（C_7）	0.028
		工业废气排放指数（C_8）	0.015
		工业固废排放指数（C_9）	0.009
		农药化肥施用指数（C_{10}）	0.028
	气象灾害压力（B_4）	高温天数（C_{11}）	0.025
		强降雨天数（C_{12}）	0.014
		低温天数（C_{13}）	0.003

续表

目标层	准则层	指标层	指标权重
状态（A_3）	自然状态（B_5）	地形起伏度（C_{14}）	0.032
		坡度（C_{15}）	0.015
		土壤侵蚀强度（C_{16}）	0.004
		河网密度（C_{17}）	0.015
		植被覆盖指数（C_{18}）	0.044
		风景名胜资源度（C_{19}）	0.008
	社会状态（B_6）	城镇集聚—碎化指数（C_{20}）	0.055
		城镇化率（C_{21}）	0.037
		人口增长率（C_{22}）	0.011
		人均财政收入（C_{23}）	0.016
		土地产出率（C_{24}）	0.079
		人均GDP（C_{25}）	0.007
		第三产业占GDP比重（C_{26}）	0.024
		道路交通指数（C_{27}）	0.005
响应（A_4）	污染治理（B_7）	工业废水达标率（C_{28}）	0.008
		工业烟尘排放达标率（C_{29}）	0.046
		工业固废利用率（C_{30}）	0.008
		单位GDP能耗（C_{31}）	0.020
	环保意识（B_8）	环保投资指数（C_{32}）	0.027

5.2 生态安全等级划分

生态安全等级的划分是综合评价的基础，它反映了区域生态安全程度。目前，生态安全等级的划分并没有统一规定与标准，一般按照生态环境优劣程度分为五级。考虑到研究区域范围内秦岭北麓生态环境最优而主城区生态环境最差的现实情况，选择秦岭北麓及主城区作为生态很不安全、生态很安全的分界值，然后将二者之间生态安全等级值进行均分，划分为：很不安全、不安全、临界安全、较安全、安全5个生态安全等级。

从前文风景名胜资源评价可知，秦岭北麓分布有国家级风景名胜区1处，省

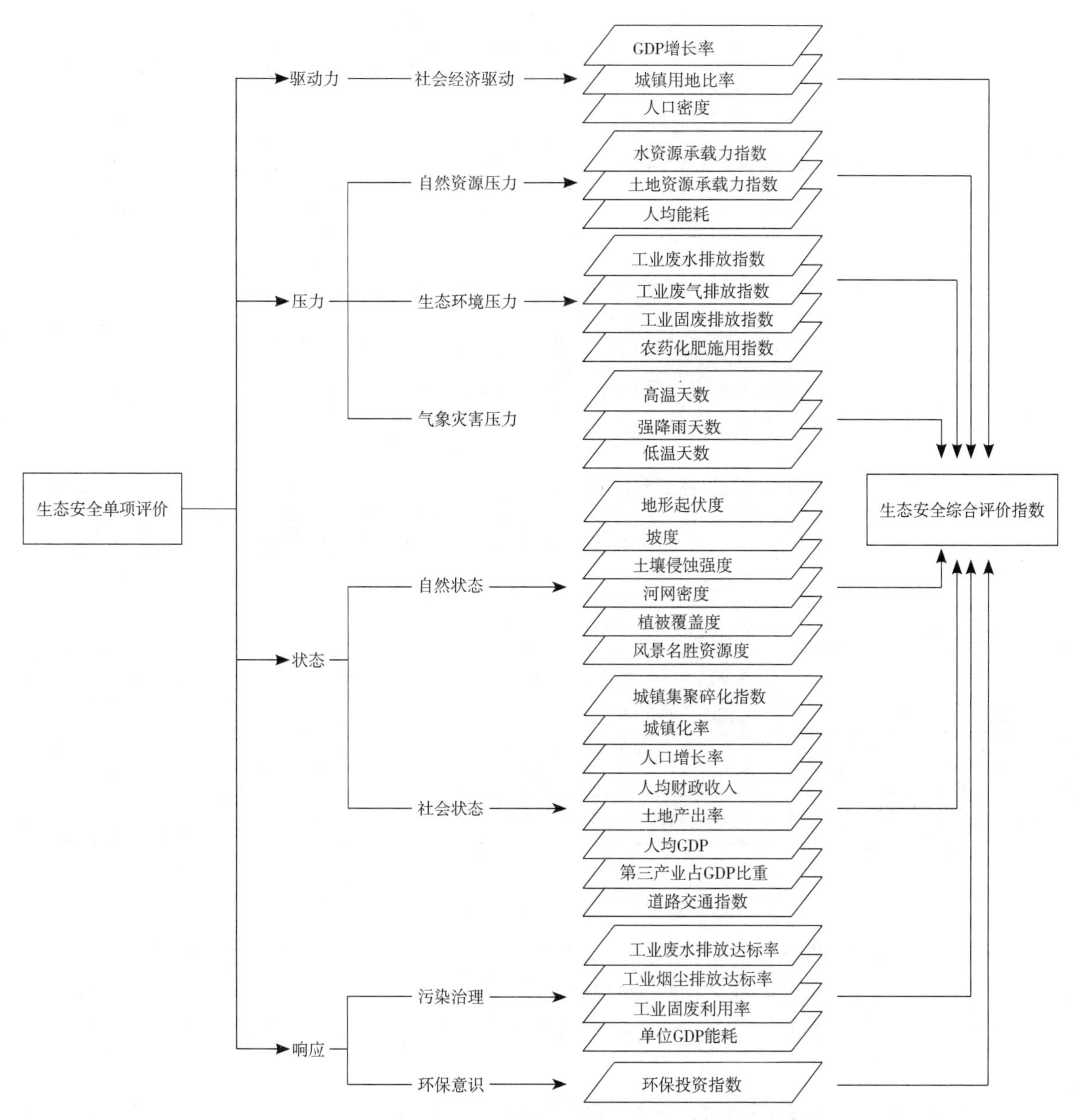

图 5-1　西安市生态安全综合评价指数

级风景名胜区3处，国家级森林公园6处，省级森林公园7处，国家自然保护区4处，省级自然保护区3处，共计24处。风景名胜资源环境优美，生态系统健康，受人为干扰少，集中反映了秦岭北麓生态安全状况，从中随机抽样选取3处样本用以反映秦岭北麓生态安全平均指数。在GIS软件中分别统计了3处样本的生态安全指数极小值、极大值及均值，并以三者生态安全指数均值0.570作为生态很安全等级的阈值，如表5-2。

西安市域范围国家级自然保护区生态安全指数统计 表 5-2

	生态安全指数极小值	生态安全指数极大值	生态安全指数均值
骊山国家级风景名胜区	0.510	0.596	0.553
牛背梁国家级自然保护区	0.539	0.598	0.570
太白山森林公园	0.512	0.623	0.587
生态很安全阈值	0.520	0.606	0.570

西安市主城区包括新城区、碑林区、莲湖区、雁塔区、未央区，利用GIS软件统计生态安全指数并分别计算均值，并以上述5区生态安全指数均值0.450作为生态很不安全等级的阈值，如表5-3。

西安市主城区生态安全指数统计 表 5-3

	生态安全指数极小值	生态安全指数极大值	生态安全指数均值
新城区	0.320	0.458	0.373
碑林区	0.322	0.431	0.361
莲湖区	0.368	0.468	0.375
雁塔区	0.414	0.545	0.510
未央区	0.415	0.593	0..531
生态很不安全阈值	0.368	0.499	0.450

在得到生态很不安全、生态很安全的分界阈值后，将二者之间生态安全数值进行均分，以（0.450，0.485，0.530，0.570）作为分界点划分为：很不安全、不安全、临界安全、较安全、安全五个生态安全等级，并在ARCGIS软件中统计出2006年、2010年各生态安全等级面积及比例，如表5-4所示。

西安市各类生态安全等级面积统计 表 5-4

生态安全等级	指数区间	2006年		2010年	
		面积（平方公里）	百分比（%）	面积（平方公里）	百分比（%）
很不安全	<0.450	576	5.7	708	7.0
不安全	0.451 ~ 0.485	849	8.4	890	8.8
临界安全	0.486 ~ 0.530	879	8.7	2133	21.1
较安全	0.531 ~ 0.570	3881	38.4	2295	22.7
安全	>0.571	3922	38.8	4084	40.4

5.3 西安市生态安全综合评价结果

根据确定的生态安全综合评价等级，利用GIS软件分别将2006年、2010年西安市生态安全综合评价指数按生态安全评价等级分类并进行可视化表达（图5-2、图5-3）。

西安市中心区域生态安全等级多为很不安全和不安全，中心区域周边以及东北部属于临界安全的区域较多，西北和东北部以较安全区域为主，南部秦岭山地多属于很安全区域。2006年，西安市生态安全指数在0.3～0.648之间，平均值为0.529；2010年，西安市生态安全指数在0.302～0.655之间，平均值为0.521。综合来看，西安市生态安全总体属于临界安全范围。

2006年西安市碑林区、新城区、莲湖区以及雁塔区大部、未央区大部、灞桥区及长安区临近主城区部分、高陵县西南部生态安全等级最低，处于很不安全等级；生态安全等级处于不安全的区域主要集中在市域东北部地区，包括阎良区、高陵县北部、临潼区中北部、未央区北部、灞桥区中部等；临界安全区域主要分布于长安区中部及蓝田县西北部且与主城区相邻的区域以及临潼区北部；较安全区域包括户县中北部、长安县中北部、蓝田县大部、临潼区大部以及周至县西北部；生态安全的区域包括周至县大部、户县及长安区南部、蓝田县东南部、临潼区中部。

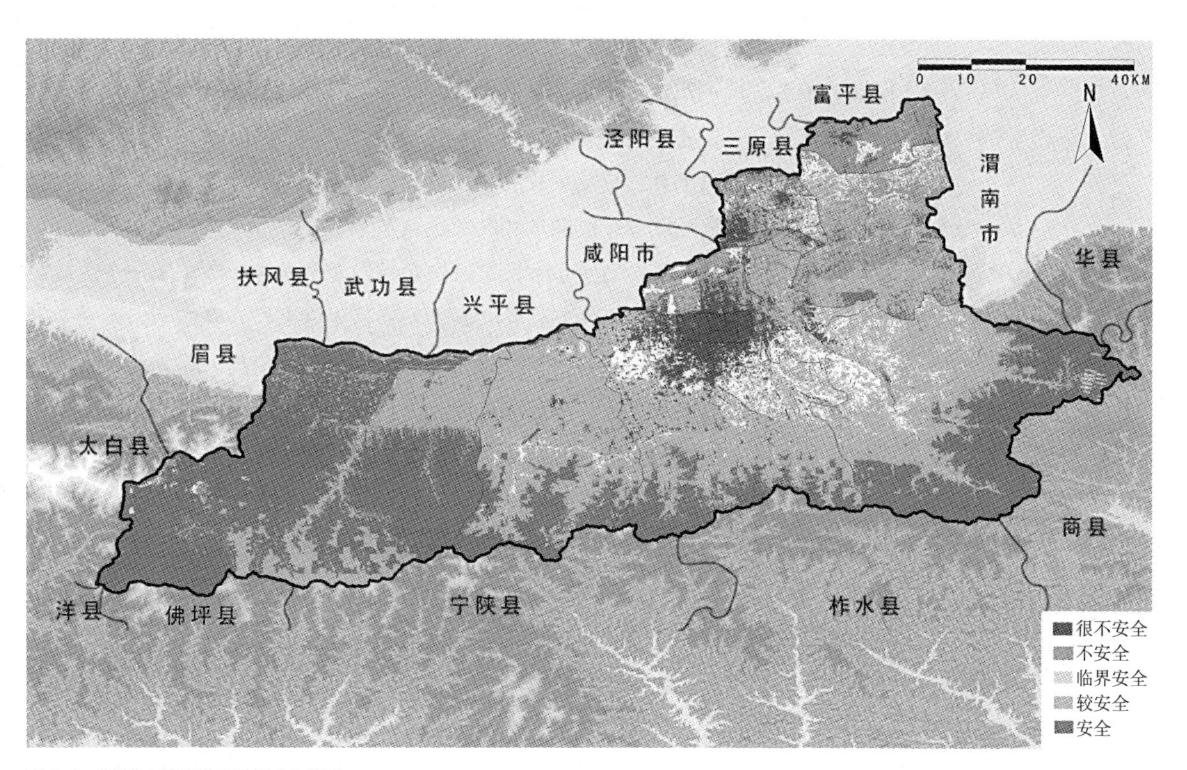

图 5-2　2006 年西安市生态安全分级图

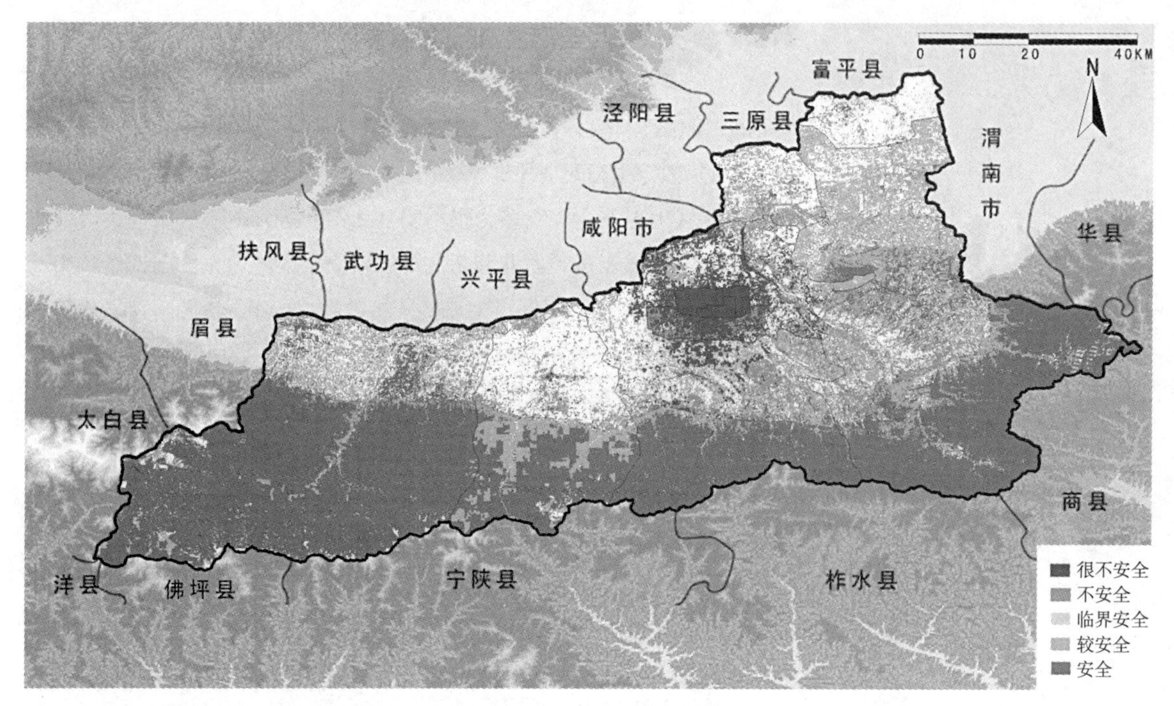

图 5-3 2010 年西安市生态安全分级图

2010年，西安市生态安全状况最差，处于很不安全的区域有所扩大，包括碑林区、新城区、莲湖区、雁塔区大部、未央区大部、灞桥区及长安区部分地区，相较2006年，很不安全区域向北、向南扩展趋势明显；生态安全等级处于不安全的区域较为分散，主要分布于主城区周边邻近区域（雁塔区、灞桥区、未央区）以及南部区县（周至县、户县、长安区、蓝田县）位于秦岭北麓二级阶地上的部分地区；临界安全区域分布范围较2006年迅速扩大，主要分布于户县中北部、主城区周边、阎良区大部、高陵县大部以及周至县中北部地区；生态较安全区域有所缩小，主要分布于临潼区、蓝田县北部、长安区中南部、户县南部以及周至县北部；生态安全的区域主要分布于秦岭北麓，包括周至县南部、户县及长安区南部、蓝田县东南部以及临潼区中部部分地区。

综合分析、比较2006年、2010年西安市生态安全综合评价结果，得出以下结论：生态很不安全的区域主要分布于主城区而且有向周边扩散的趋势；生态不安全的区域总面积变化不大，但分布更加分散；生态临界安全的区域迅速扩大，以主城区为中心向东西两端扩张明显；生态较安全的区域呈现减少趋势，尤其户县、蓝田两县北部地区尤为明显；生态安全区域比较稳定，户县、长安区、蓝田县略有增长，周至县北部有所减少。

利用GIS软件，对2006年、2010年生态安全综合评价栅格数据进行叠加计算，分析研究区域生态安全变动趋势。两期生态安全综合评价栅格数据相减，值>0说

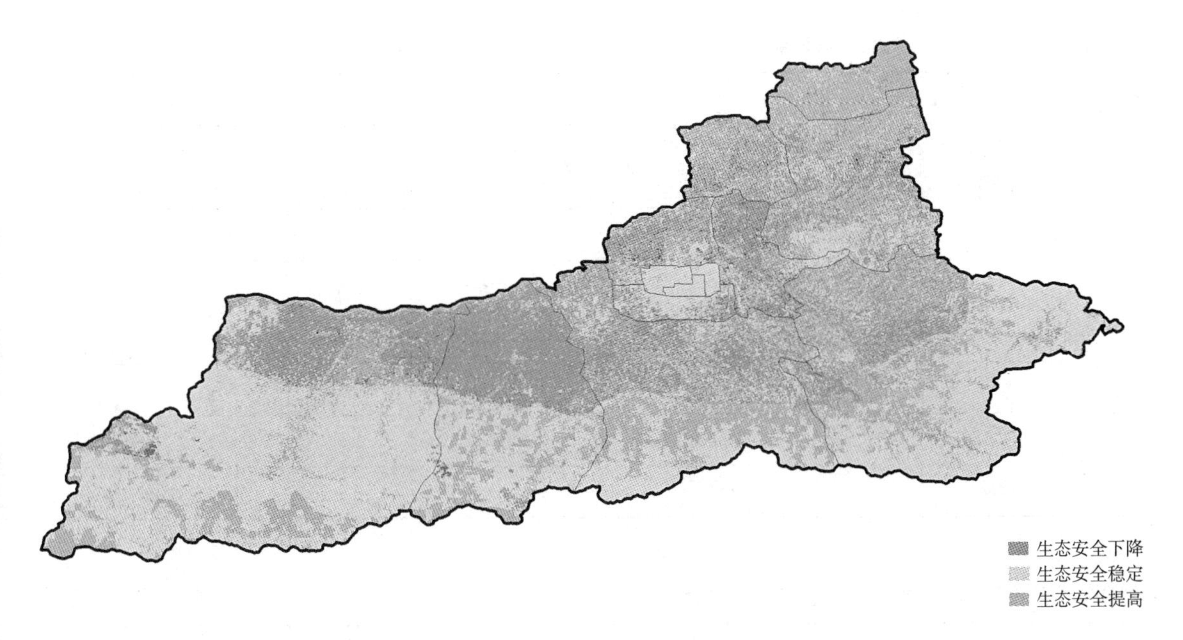

图 5-4 西安市生态安全变动趋势图

明生态安全状况有所提高；等于0则说明生态安全状况保持稳定，无变化；值<0说明生态安全状况下降，如表5-5、图5-4所示。研究结果表明，西安市北部的阎良区、高陵县生态安全改善，主城区及南部山区大部生态安全稳定，周至县、户县、长安区北部生态安全下降。

2006 ~ 2010 年西安市生态安全变动面积统计 表 5-5

生态安全下降区域面积（平方公里）	生态安全稳定区域面积（平方公里）	生态安全提高区域面积（平方公里）	合计（平方公里）
2490	4837	2781	10108

5.4 西安市生态安全分析

5.4.1 生态安全与地形地貌

西安市地貌类型复杂多样，依据地形地势大致可划分为山地、台塬、丘陵、平原四种类型。西安市生态安全指数整体上呈现由南向北，自秦岭山地、黄土台塬向丘陵、平原渐次递减的趋势。西安市不同地貌类型生态安全分布格局如表5-6、表5-7、图5-5所示。

1. 山地

西安市山地包括秦岭山地及骊山低山，生态安全指数在0.437 ~ 0.655之间，

2006年西安市各类地形地貌生态安全等级统计 **表5-6**

地形地貌	山地		台塬		丘陵		平原	
生态安全等级	面积（平方公里）	比例（%）	面积（平方公里）	比例（%）	面积（平方公里）	比例（%）	面积（平方公里）	比例（%）
安全	3051	30.3	189	1.9	115	1.1	567	5.6
较安全	1403	14.0	172	1.7	388	3.8	1918	19.0
临界安全	250	2.5	181	1.8	64	0.6	384	3.8
不安全	99	1.0	125	1.2	36	0.4	509	5.0
很不安全	44	0.5	88	0.9	37	0.4	457	4.5
合计	4847	48.3	755	7.5	640	6.3	3835	37.9

2010年西安市不同地貌类型生态安全等级统计 **表5-7**

地形地貌	山地		台塬		丘陵		平原	
生态安全等级	面积（平方公里）	比例（%）	面积（平方公里）	比例（%）	面积（平方公里）	比例（%）	面积（平方公里）	比例（%）
安全	3578	35.6	76	0.8	147	1.4	284	2.8
较安全	927	9.2	372	3.7	256	2.5	740	7.3
临界安全	107	1.1	213	2.1	109	1.1	1704	16.8
不安全	143	1.4	66	0.7	96	1.0	559	5.5
很不安全	92	1.0	28	0.3	32	0.3	549	5.4
合计	4847	48.3	755	7.5	640	6.3	3835	37.9

平均值为0.572，总体属于生态安全区域。

其中，秦岭山地分布在南部，属褶皱断块石质山地，海拔1500米以上，山高坡陡，人迹罕至，植被茂密，生态安全指数在0.442～655之间，平均指数为0.587，总体属于生态安全。秦岭山地因长期受河流切割，形成许多自秦岭主脊向北延伸的深切河谷（俗称峪道），成为通往秦岭山区及其以南的重要通道。在岩性较软或构造断裂地段，或河源地区，常有一些宽谷，是秦岭山区重要的农耕区。这部分地区植被由农作物所替代，旅游开发程度也较高，一定程度上受人为活动干扰，因此秦岭山区峪口部分生态安全等级较山区略低，属于生态较安全区域。

骊山低山属于秦岭余脉，海拔1000～1300米间，山地大部基岩裸露或被薄层风化残坡积碎屑覆盖，在中下部缓坡段有黄土堆积层。生态安全指数在0.437～0.573之间，平均值为0.539，属于生态较安全区域。

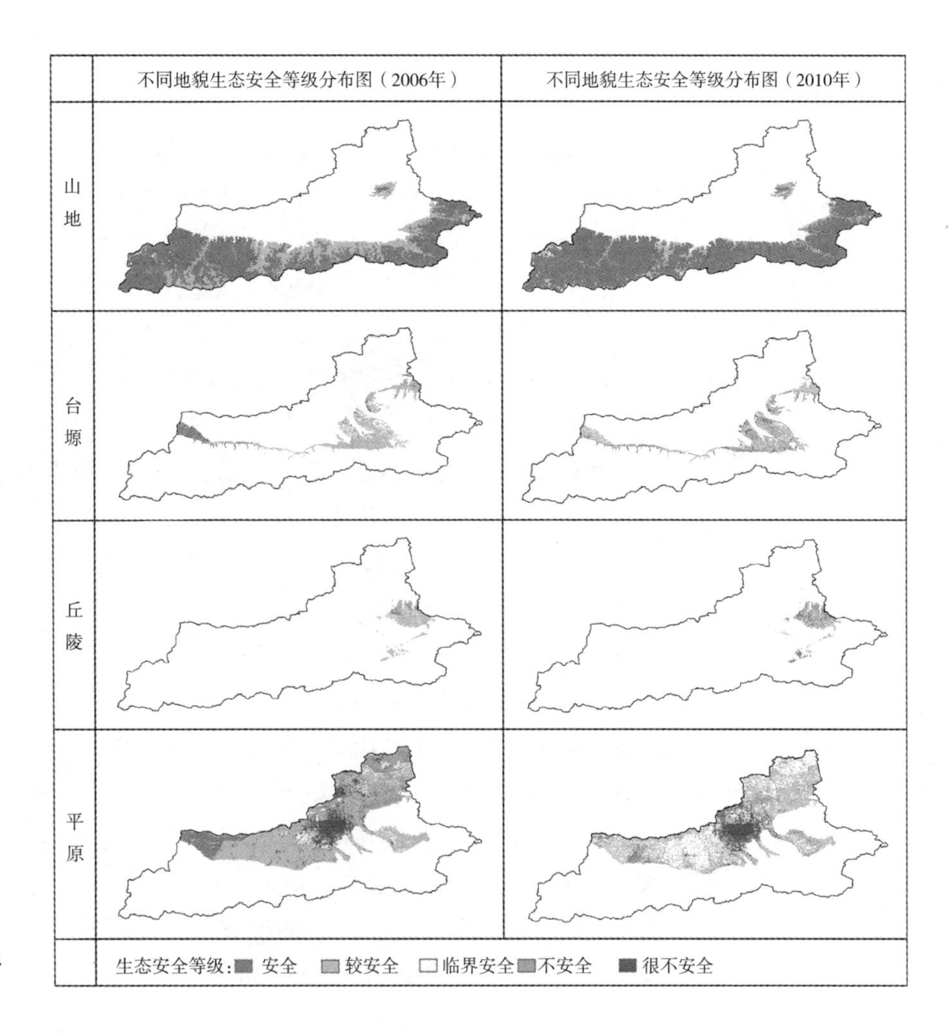

图 5-5 西安市不同地貌生态安全等级分布图

2. 黄土台塬

黄土台塬是指被黄土覆盖的呈阶梯状倾斜的台状地，它有较明显的台坎和平缓的塬面。西安市台塬生态安全指数在0.432～0.581之间，平均值为0.534，总体属于生态较安全区域。

西安市域范围内自西向东分布有6个较大黄土台塬，周至县西北部的青化、翠峰原，最宽处12公里，长20公里，生态安全指数在0.458～0.581之间，平均值为0.539，总体属于生态较安全；长安区北部的神禾原，长11公里，宽1.5～2.5公里，海拔490～601米，生态安全指数在0.445～0.556之间，平均值为0.512，总体属于临界安全；长安区北部的少陵原，长18公里，宽6～10公里，生态安全指数在0.449～0.562之间，平均值为0.519，总体属于临界安全；灞桥区、长安区与蓝田县交界处白鹿原，长25公里，宽6～9公里，海拔600～800米，生态安全指数在0.441～0.552之间，平均值为0.523，总体属于临界安全；灞桥区、临潼区与蓝田县交界处的铜人原，宽1～2.5公里，长约l0公里，海拔550～700米，生态安全指数在0.432～0.538之间，平均值为0.482，总体属于生态不安全；临潼区东部的代王、马额原，东西长17公里，南北宽7～8公里，海拔450～580米生态安全指数在0.452～0.553之间，平均值为0.543，总体属于生态较安全。

3. 黄土丘陵

黄土丘陵是黄土高原主要黄土地貌形态，由于黄土质地疏松，地表植被和生态系统遭到严重破坏，加之黄土高原地区雨季集中于夏季、降水强度大，被地表流水冲刷形成的。黄土丘陵按其形态可以分为两种；长条形称为“梁”，椭圆形或圆形的称为“峁”。

西安市黄土丘陵主要分布于骊山东南的蓝田县及临潼区境，亦称横岭。丘陵顶面海拔800～1000米，黄土厚度60～120米，大部分为梁状丘陵，沟谷深100～150米，水土流失较为严重。生态安全指数在0.443～0.532之间，平均值为0.489，总体属于生态临界安全。

4. 平原

西安市域范围平原均为河流作用所形成的堆积平原，包括渭河冲积平原、河谷平原和山麓洪积—冲积平原。西安市平原生态安全指数在0.3～0.592之间，平均值为0.478，总体属于生态不安全。

渭河冲积平原，由渭河河漫滩和阶地组成。渭河河漫滩一般高出河床2～3米，在西安北城郊和户县涝店一带宽2～5公里；一级阶地高出河床3～10米，在渭河南岸一带宽2～6公里，在渭河北的高陵、临潼、阎良镇一带，宽度可达13～25公里；二级阶地高出河床20～30米，在西安城郊及户县最宽可达10～12公里；三级阶地可高出河床50～80米，呈条块状残存于渭河以南，在西安城东南宽3～5公里。渭河冲积平原生态安全指数在0.3～0.592之间，平均指数为0.443，总体属于生态很不安全。

河谷平原，系指灞河、浐河、潏河、滈河、沣河、涝河、黑河等切割黄土台塬或洪积平原后，所形成的平坦、宽广的河谷阶地及河漫滩。灞河谷地宽4～6公里，蓝田县城一带可达10公里；浐河谷地宽1～3.5公里；潏河谷平原宽2～3公里；滈河谷地在王曲一带宽1～2公里；沣河、涝河、黑河等河谷平原，宽1～5公里。渭河冲积平原生态安全指数在0.446～0.553之间，平均指数为0.517，总体属于生态临界安全。

洪积平原（山麓冲积），系指秦岭北麓山前及骊山山前地带，由广泛分布的冲积洪积扇形成的宽阔的山前倾斜平原。西起周至县黑河，东到长安区大峪口，长约100公里，宽5～13公里。在骊山北麓宽3～5公里，东西长20公里。洪积平原生态安全指数在0.436～0.559之间，平均指数为0.537，总体属于生态安全。

5.4.2 生态安全与城镇分布

1. 西安市城镇生态安全等级

西安市域范围内共分布有13个区县行政中心和130个城镇，其生态安全等级及空间分布格局如表5-8、表5-9及图5-6、图5-7所示。

2. 西安市城镇生态安全等级分布特点及规律

第一，城镇数目及城镇密度整体呈现自平原、黄土台塬向秦岭山地、黄土丘

2006年西安市城镇生态安全等级统计表 **表5-8**

生态安全等级	城镇名称①	城镇总数	区、县级行政中心数	镇驻地数	城镇分布与地形地貌			
					平原	台塬	丘陵	山地
很不安全	新城区、碑林区、莲湖区、户县（甘亭镇）、阎良、高陵县（鹿苑镇、泾渭镇、耿镇）、蓝田县（蓝关镇）、未央区（未央区政府、三桥）雁塔区（雁塔区政府、鱼化寨、丈八、小寨等驾坡）、灞桥区（灞桥区政府、洪庆、辛家庙、十里堡）长安区（韦曲、王寺、郭杜、兴隆）	24	11	13	24	0	0	0
不安全	周至县（二曲镇）阎良区（徐杨、北屯、新兴、栎杨、关山）高陵县（湾子镇、通远镇、崇皇镇）临潼区（临潼区政府驻地、相桥、交口、雨金、何寨、新丰、代王、斜口、油槐）蓝田（安村镇）未央区（草滩、汉城、谭家）灞桥区（红旗）长安区（兴隆、秦渡镇、五星）周至县（终南镇、哑柏镇）户县（大王镇、余下镇、天桥镇、草堂镇）	32	2	30	30	2	0	0
临界安全	阎良区（武屯）高陵县（张卜镇、榆楚镇）临潼区（任留、北田）蓝田县（华胥镇、孟村镇、前卫镇）未央区（六村堡）雁塔区（曲江）灞桥区（狄寨）长安区（斗门、大兆、鸣犊、炮里镇、东大）户县（蒋村镇、石井镇）	18	0	18	12	6	0	0
较安全	高陵县（新合镇）临潼区（新市、行者、仁宗、马额、铁炉、小金、西泉、穆寨）蓝田县（金山镇、厚镇镇、曳湖镇、三官庙镇、普化镇、玉山镇、九间房镇、焦岱镇、小寨镇、汤峪镇、辋川镇）未央区（未央宫）灞桥区（新筑、灞桥、席王）长安区（高桥、马王、细柳、滦镇、黄良、子午、杜曲、引镇、魏寨、史家寨、王曲、王莽、太乙宫、杨庄、五台）周至县（尚村镇、司竹镇、楼观镇、集贤镇、九峰镇）户县（渭丰镇、甘河镇、涝店镇、苍游镇、玉蝉镇、五竹镇、祖庵镇、庞光镇）	51	0	51	32	12	4	4
安全	临潼区（零口）蓝田县（灞源镇、玉川镇、葛牌镇、兰桥镇）周至县（青化镇、四屯镇、侯家村镇、辛家寨镇、富仁镇、广济镇、翠峰镇、竹峪镇、马召镇、陈河镇、王家河镇、厚畛子镇、板房子镇）	18	0	18	8	2	0	8
	合计	143	13	130	105	22	4	12

①区下属的街道办事处行政级别相当于镇，故除城三区外将其他各区人口规模大于1万人的街道办事处也作为城镇统计。

2010 年西安市城镇生态安全等级统计表 表 5-9

生态安全等级	城镇名称	城镇总数	区、县级行政中心数	镇驻地数	城镇分布与地形地貌			
					平原	台塬	丘陵	山地
很不安全	新城区、碑林区、莲湖区、户县（甘亭镇）、阎良区、高陵（鹿苑镇）、蓝田县（蓝关镇）、未央区（未央区政府、三桥、草滩、汉城）雁塔区（雁塔区政府、鱼化寨、丈八、小寨等驾坡）、灞桥区（灞桥区政府、洪庆、辛家庙、十里堡、红旗、新筑、灞桥）长安区（韦曲、王寺、郭杜、兴隆）	27	11	16	26	1	0	0
不安全	周至县（二曲镇）阎良区（徐杨）高陵（新合、耿镇）临潼区（临潼区政府驻地、何寨、新丰、代王）蓝田县（焦岱镇、小寨镇、普化镇、安村镇）灞桥区（狄寨）长安区（大兆、魏寨、杜曲、太乙宫、子午、秦渡镇）周至县（终南镇）户县（蒋村镇、涝店镇、苍游镇）	23	2	21	17	6	0	0
临界安全	阎良区（武屯、北屯、新兴、栎杨、关山）高陵县（崇皇镇、张卜镇、榆楚镇、泾渭镇）临潼区（相桥、新市、西泉）蓝田县（玉山镇、华胥镇、曳湖镇）未央区（六村堡、谭家）雁塔区（曲江）灞桥区（席王）长安区（王曲、引镇、细柳、滦镇、高桥、马王、斗门、东大、五星）周至县（司竹镇、尚村镇、九峰镇、哑柏镇）户县（大王镇、渭丰镇、甘河镇、五竹镇、玉蝉镇、祖庵镇、天桥镇、余下镇、草堂镇）	41	0	41	38	3	0	0
较安全	高陵县（湾子镇、通远镇）临潼区（零口、任留、北田、雨金、交口、行者、仁宗、马额、铁炉、穆寨、斜口、油槐）蓝田县（前卫镇、孟村镇、金山镇、厚镇镇、三官庙镇、九间房镇）未央区（未央宫）长安区（鸣犊、炮里镇、黄良、史家寨、王莽、杨庄、五台）周至县（辛家寨镇、富仁镇、广济镇、翠峰镇、马召镇、侯家村镇、楼观镇、集贤镇）户县（石井镇、庞光镇）	38	0	38	22	10	4	2
安全	临潼区（小金）蓝田县（汤峪镇、辋川镇、灞源镇、玉川镇、葛牌镇、兰桥镇）周至县（青化镇、四屯镇、竹峪镇、陈河镇、王家河镇、厚畛子镇、板房子镇）	14	0	14	2	2	0	10
	合计	143	13	130	105	22	4	12

陵渐次递减的趋势。城镇密度则呈现自黄土台塬、平原向丘陵、山地逐渐减少的趋势，如图5-8所示。

西安平原地区分布有105个城镇，占城镇总数73%，城镇密度为2.74个/100平方公里；台塬地区分布有22个城镇，占城镇总数15%，城镇密度为2.91个/100平方公里；丘陵地区分布有4个城镇，仅占城镇总数3%，城镇密度为0.63个/100平方公里；秦岭山地分布有12个城镇，占城镇总数8%，城镇密度仅为0.25个/100平方公里。

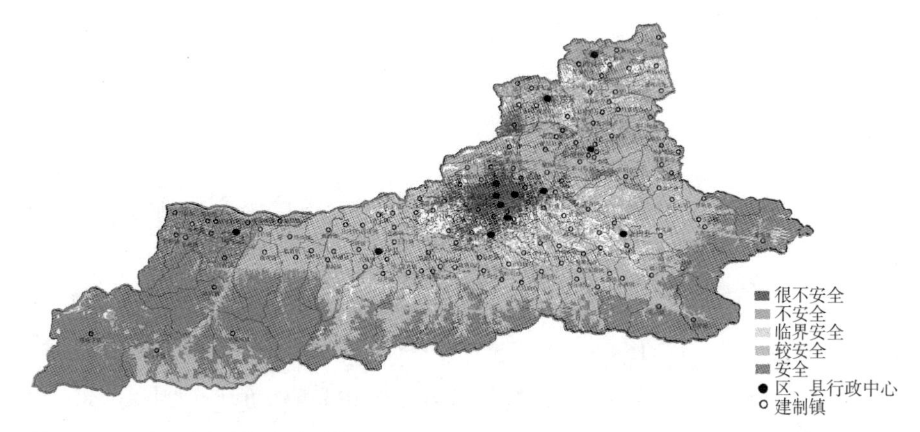

图 5-6　2006 年西安市城镇生态安全等级分布图

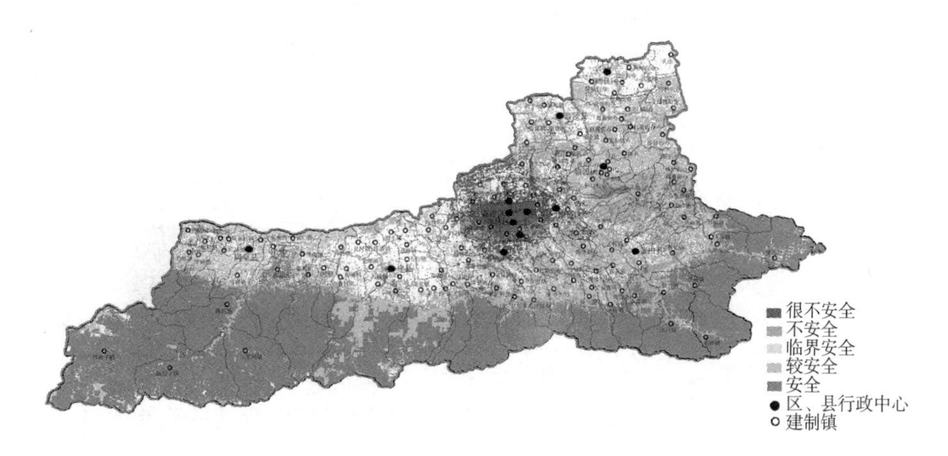

图 5-7　2010 年西安市城镇生态安全等级分布图

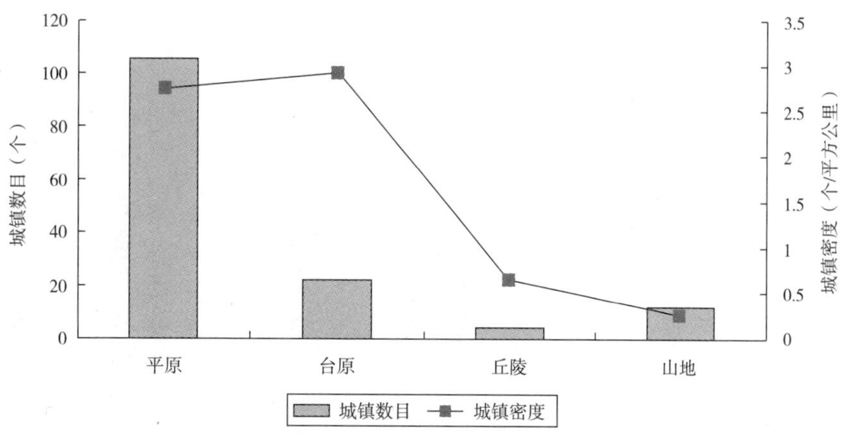

图 5-8　城镇数目、密度与地形地貌关系

第二，城镇生态安全等级分布整体呈现自秦岭山地、黄土台塬向丘陵、平原渐次递减的趋势，如图5-9所示。

观察图5-9，生态等级属于很不安全、不安全以及临界安全的城镇全部分布在平原或台塬地貌上，而且以平原分布为主。生态等级属于较安全的城镇在四种地貌类型中均有分布，生态等级属于安全的城镇分布于平原、台塬以及山地上，而且以山地分布为主。

2006年生态安全等级属于很不安全的城镇共计24个，占西安市城镇总数的16.8%，并且全部分布在平原区；2010年生态很不安全的城镇增加到27个，占西安市城镇总数的18.9%，其中26个分布于平原区，只有1个分布于黄土台塬区（灞桥区红旗）。

2006年生态安全等级属于不安全的城镇共计32个，占西安市城镇总数的22.4%，其中30个分布在平原区，2个分布在黄土台塬区（临潼区斜口、灞桥区红旗）；2010年生态很不安全的城镇减少到23个，占西安市城镇总数的16.1%，其中17个分布于平原区，6个分布于黄土台塬区（蓝田县焦岱镇、小寨镇、灞桥区狄寨、长安区大兆、杜曲、太乙宫）。

2006年生态安全等级属于临界安全的城镇共计18个，占西安市城镇总数的12.6%，其中12个分布在平原区,6个分布于黄土台塬区（蓝田县华胥镇、孟村镇、前卫镇、灞桥区狄寨、长安区大兆、炮里）；2010年生态临界安全的城镇数增加到41个，占西安市城镇总数的28.7%，其中38个分布于平原区，3个分布于黄土台塬区（蓝田县华胥镇、长安区王曲、引镇）。

2006年生态安全等级属于较安全的城镇共计51个，占西安市城镇总数的35.7%，其中31个分布在平原区，12个分布于黄土台塬区，4个分布于丘陵区，4

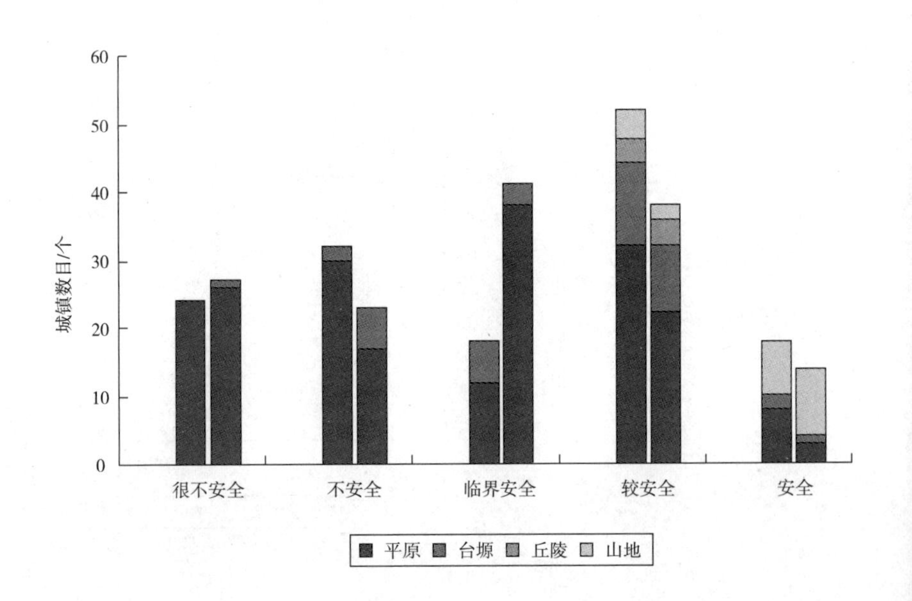

图5-9　城镇生态安全等级与地形地貌关系

个分布于山地区；2010年生态较安全的城镇数减少到38个，占西安市城镇总数的26.6%，其中22个分布于平原区，10个分布于黄土台塬区，4个分布于丘陵区，2个分布于山区。

2006年生态安全等级属于安全的城镇共计18个，占西安市城镇总数的12.6%，其中8个分布在平原区，2个分布于黄土台塬区，8个分布于山区；2010年生态较安全的城镇数减少到14个，占西安市城镇总数的9.8%，其中2个分布于平原区，2个分布于黄土台塬区，10个分布于山区。

第三，区域生态安全级别越高，城镇密度越小、城镇级别越低，如图5-10所示。

2006年不同生态安全等级区域城镇密度的排序如下。生态很不安全区域的城镇密度最高，城镇密度达到4.17个/100平方公里；其次是生态不安全区域，城镇密度达到3.77个/100平方公里；居中的是生态临界安全区域，城镇密度达到2.05个/100平方公里；城镇密度较小的是生态较安全区域，城镇密度达到1.31个/100平方公里；城镇密度最小的是生态安全区域，城镇密度达仅为0.46个/100平方公里。

2010年情况类似，城镇密度最高的依然是生态很不安全区域，较2006年略有下降，城镇密度达到3.81个/100平方公里；其次是生态不安全区域，城镇密度也有所下降，达到2.58个/100平方公里；居中的是生态较安全区域，城镇密度有所增加，达到1.92个/100平方公里；城镇密度较小的是生态临界安全区域，城镇密度达到1.66个/100平方公里；城镇密度最小的是生态安全区域，较2006年又有所下降，城镇密度达仅为0.34个/100平方公里。

西安市所有区县级城镇均分布于生态安全等级低的区域，有11个区、县级行政中心分布于生态很不安全区域，2个区、县级行政中心分布在生态不安全区域里。

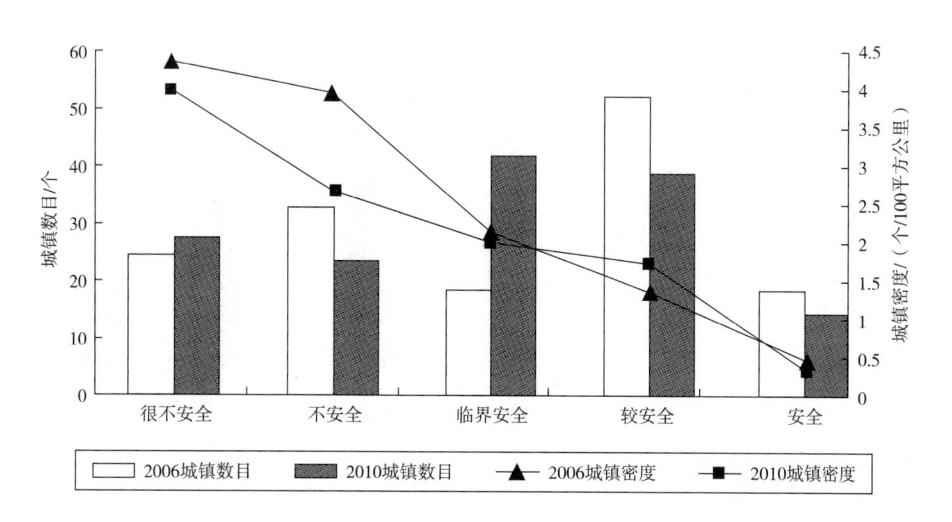

图5-10　城镇数目、密度与生态安全等级关系

5.4.3 生态安全格局演变分析

城市生态安全格局不是一成不变的，不同生态安全等级的空间分布存在此消彼长、空间位置更替演变的现象。为了更清晰的表达并分析生态安全格局演变规律，尝试分别提取出不同时相下各生态安全等级区域空间格局分布图并进行比较，将空间重叠部分视作该生态安全等级下的空间稳定区域，空间增长部分作为该生态安全等级下的空间扩张区域，空间减少部分作为该生态安全等级下的空间收缩区域，从而直观反映出特定生态安全等级区域的时空演变格局。具体方法是，利用GIS软件空间分析模块中掩膜分析命令，分别提取出不同时相各生态安全等级用地范围，然后采用空间分析模块中叠图分析命令，得到不同时相安全等级相同的区域空间重叠部分、扩张部分以及收缩部分并统计面积，从而完成生态安全格局演变分析。

1. 生态很不安全空间格局演变分析

生态很不安全区域面积变化如图5-11所示，2006年生态很不安全区域面积576平方公里，2010年增加到708平方公里，生态安全稳定区域面积510平方公里，扩张区域198平方公里，收缩区域66平方公里。

生态很不安全区域空间格局变化，如图5-12所示。2006年，西安市生态很不安全区域主要分布在主城区，包括新城区、碑林区、莲湖区以及雁塔区大部、未央区大部、灞桥区中部、长安区东北部毗邻地区。另外，在西安市东北部的高陵县，阎良区也有集中分布，其他则零星分布于周边各县城。与2006年相比较，生态很不安全相对稳定无变化的区域依然集中在主城区，而收缩区域出现在东北部的高陵县，阎良区，扩张区域则分布在主城区周边，未央区北部尤为明显。

生态很不安全城镇空间格局变化，如图5-12所示。生态安全等级相对稳定无变化的城镇有新城区、碑林区、莲湖区、户县甘亭镇、阎良区、高陵县鹿苑镇、

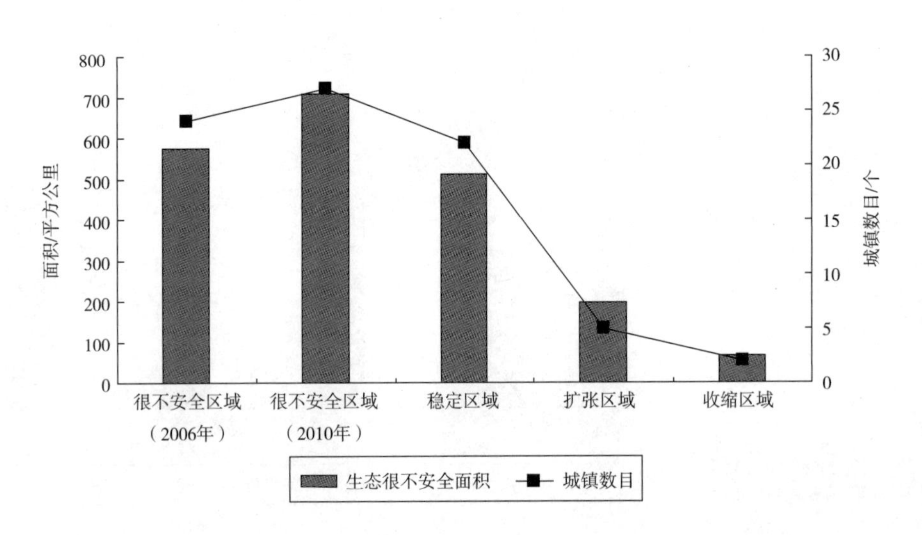

图5-11　生态很不安全区域面积及城镇变动状况

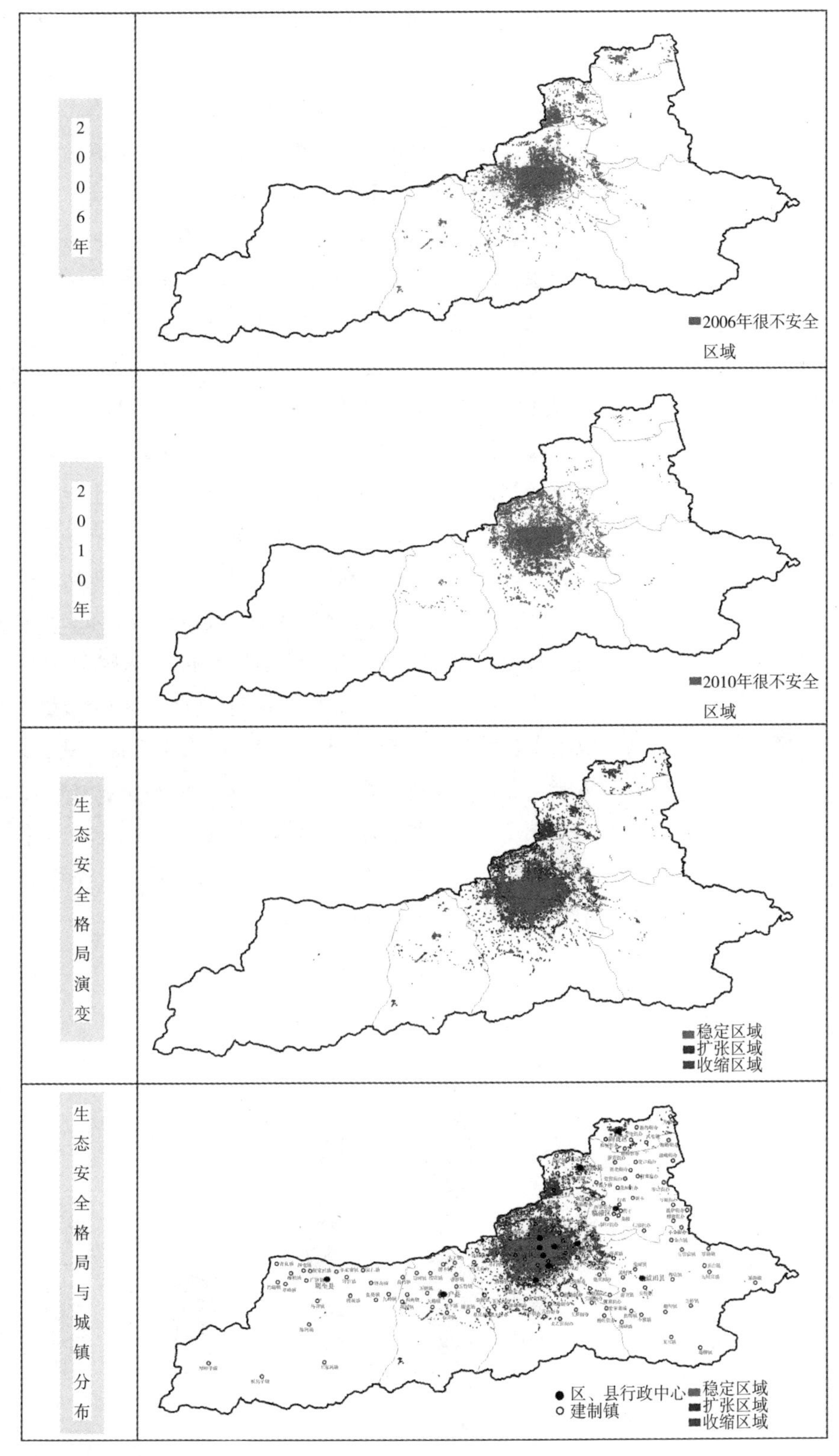

图 5-12　生态很不安全空间格局

蓝田县蓝关镇、未央区、三桥、雁塔区、鱼化寨、丈八、小寨等驾坡、灞桥区、洪庆、辛家庙、十里堡、长安区韦曲、王寺、郭杜、兴隆等22个城镇，生态安全等级好转的有高陵县泾渭镇、耿镇2个城镇，生态很不安全扩张的城镇有未央区草滩、汉城、灞桥区 红旗、新筑、灞桥等5个城镇。

2. 生态不安全空间格局演变分析

生态不安全区域面积变化如图5-13所示，2006年生态不安全区域面积849平方公里，2010年增加到890平方公里，生态不安全稳定区域面积312平方公里，扩张区域578平方公里，收缩区域537平方公里。

生态不安全区域空间格局变化，如图5-14所示。2006年，西安市生态不安全区域主要分布在西安市东北部区域，包括阎良区、高陵县大部、未央区部分地区、临潼区中北部地区、灞桥区大部分地区，其他则零星分布于周边区县。与2006年相比较，2010年生态不安全相对稳定无变化的区域主要分布在高陵县、阎良区、临潼区部分地区，而收缩区域主要出现在未央区、高陵县，阎良区、临潼区部分地区，扩张区域则分布南部诸县，尤以长安区、蓝田县明显。

生态不安全城镇空间格局变化，如图5-14所示。生态安全等级相对稳定无变化的城镇有周至县二曲镇、阎良区徐杨、临潼区政府驻地、何寨、新丰、代王、蓝田安村镇、长安区秦渡镇、周至县终南镇等9个城镇，生态安全等级收缩区域的有阎良区北屯、新兴、栎杨、关山、高陵县湾子镇、通远镇、崇皇镇、临潼区相桥、交口、雨金、斜口、油槐、未央区草滩、汉城、谭家、灞桥区红旗、长安区、兴隆五星、周至县哑柏镇等19个城镇，生态不安全扩张的城镇有高陵县新合镇、耿镇、蓝田县焦岱镇、小寨镇、普化镇、灞桥区狄寨、长安区大兆、魏寨、杜曲、太乙宫、子午等11个城镇。

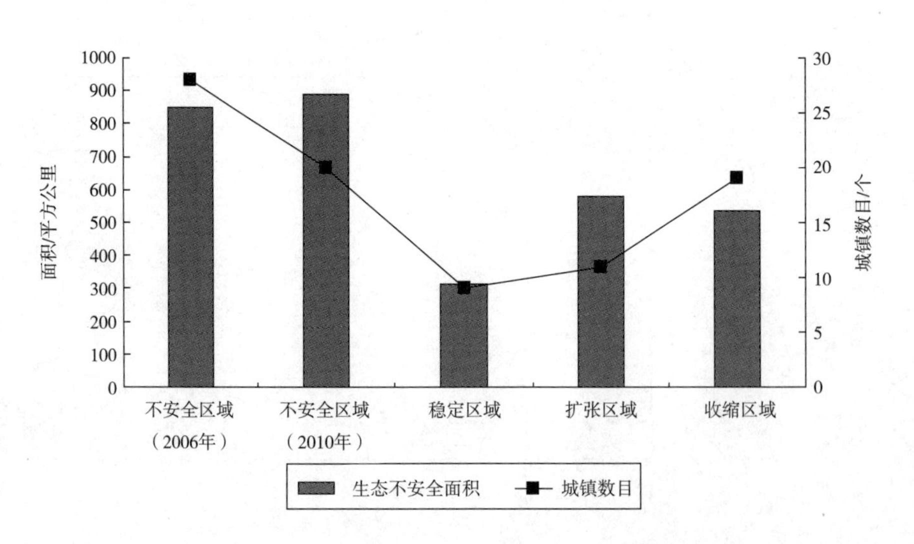

图 5-13 生态不安全区域面积及城镇变动状况

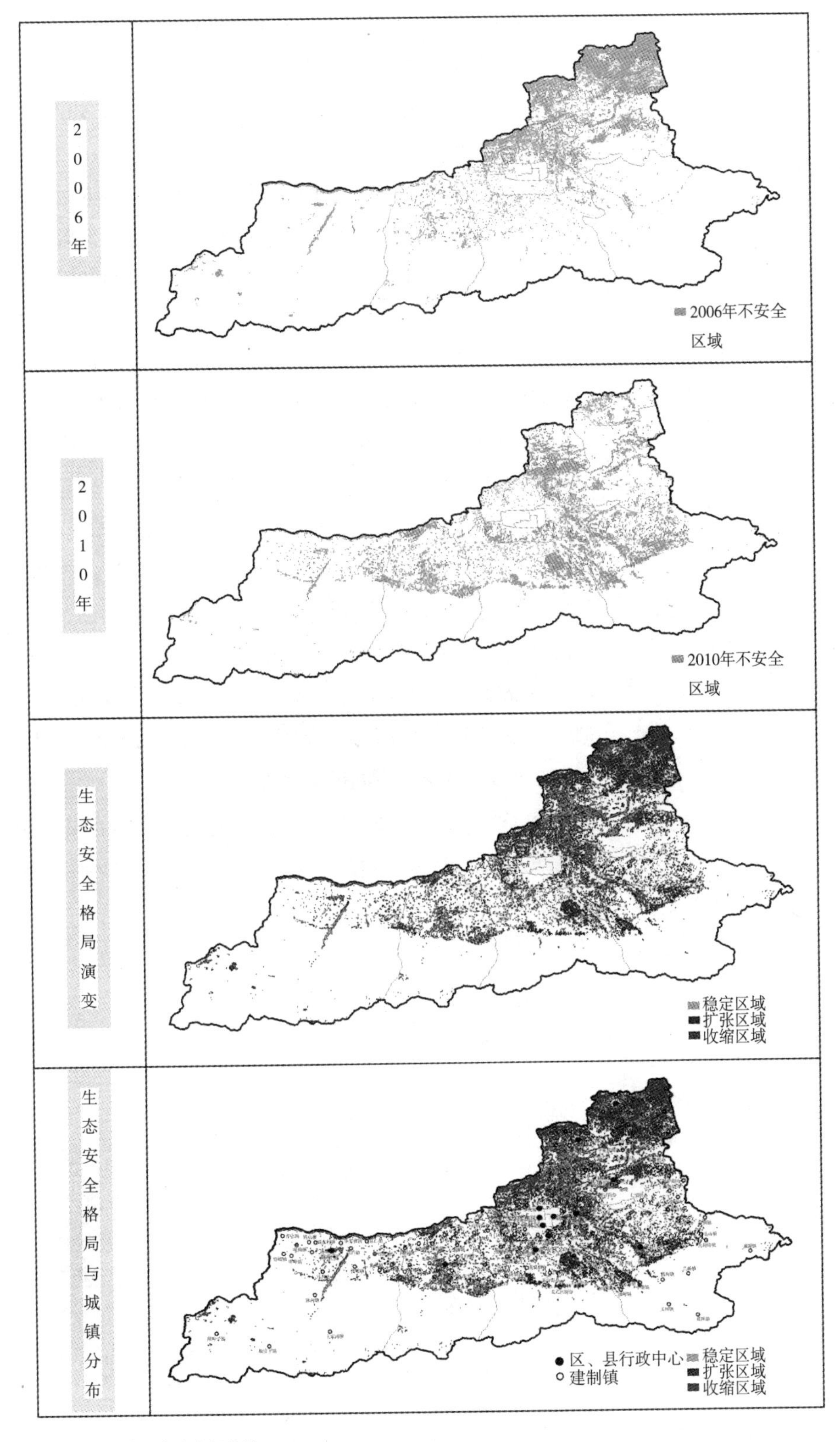

图 5-14　生态不安全空间格局

3. 生态临界安全区域空间格局演变分析

生态临界安全区域面积变化如图5-15所示，2006年生态临界安全区域面积879平方公里，2010年迅速增加到2133平方公里，生态临界安全稳定区域面积348平方公里，扩张区域1785平方公里，收缩区域531平方公里。

生态临界安全区域空间格局变化，如图5-16所示。2006年，西安市生态临界安全区域主要分布在临近西安市主城区东南部的长安区、蓝田县、灞桥区交汇区域以及临潼区北部地区、高陵县东部地区。与2006年相比较，生态临界安全相对稳定无变化的区域主要分布在长安区北部、高陵县、临潼区、阎良区部分地区，而收缩区域主要出现在蓝田县西北部、长安区东北部地区，扩张区域则分布在户县北部地区、阎良区大部、周至县北部地区，尤以户县北部最明显。

生态临界安全城镇空间格局变化，如图5-16所示。生态安全等级相对稳定无变化的城镇有阎良区武屯、高陵县榆楚镇、蓝田县华胥镇、未央区六村堡、雁塔区曲江、长安区斗门、东大等7个城镇，生态安全等级收缩区域的有高陵县张卜镇、临潼区任留、北田、蓝田县孟村镇、前卫镇、灞桥区狄寨、长安区大兆、鸣犊、炮里镇等9个城镇，生态不安全扩张的城镇有阎良区北屯、新兴、栎杨、关山、高陵县崇皇镇、张卜镇、泾渭镇、临潼区相桥、新市、西泉、蓝田县玉山镇、曳湖镇、未央区谭家、灞桥区席王、长安区王曲、引镇、细柳、滦镇、高桥、马王、五星、周至县司竹镇、尚村镇、九峰镇、哑柏镇等25个城镇。

4. 生态较安全区域空间格局演变分析

生态较安全区域面积变化如图5-17所示，2006年生态较安全区域面积3881平方公里，2010年减少到2295平方公里，生态较安全稳定区域面积1250平方公里，扩张区域1045平方公里，收缩区域2631平方公里。

生态较安全区域空间格局变化，如图5-18所示。2006年，西安市生态较安全

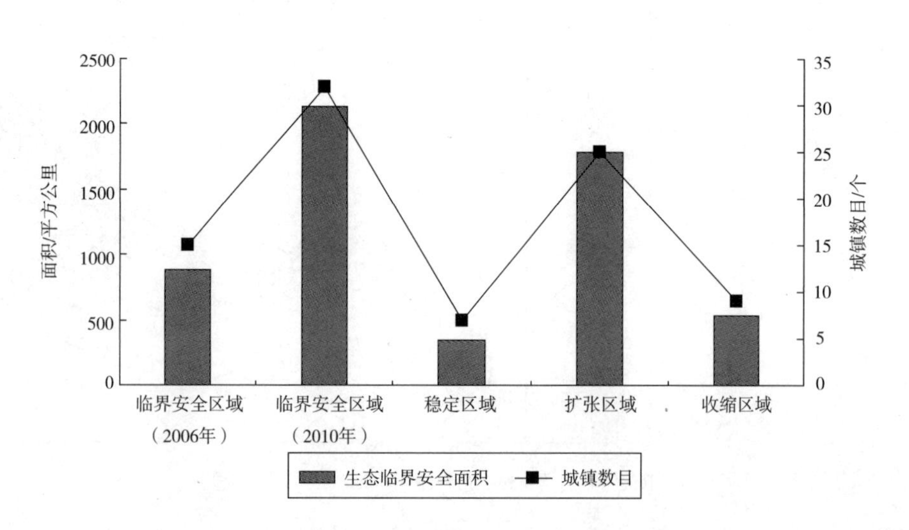

图5-15 生态临界安全区域面积及城镇变动状况

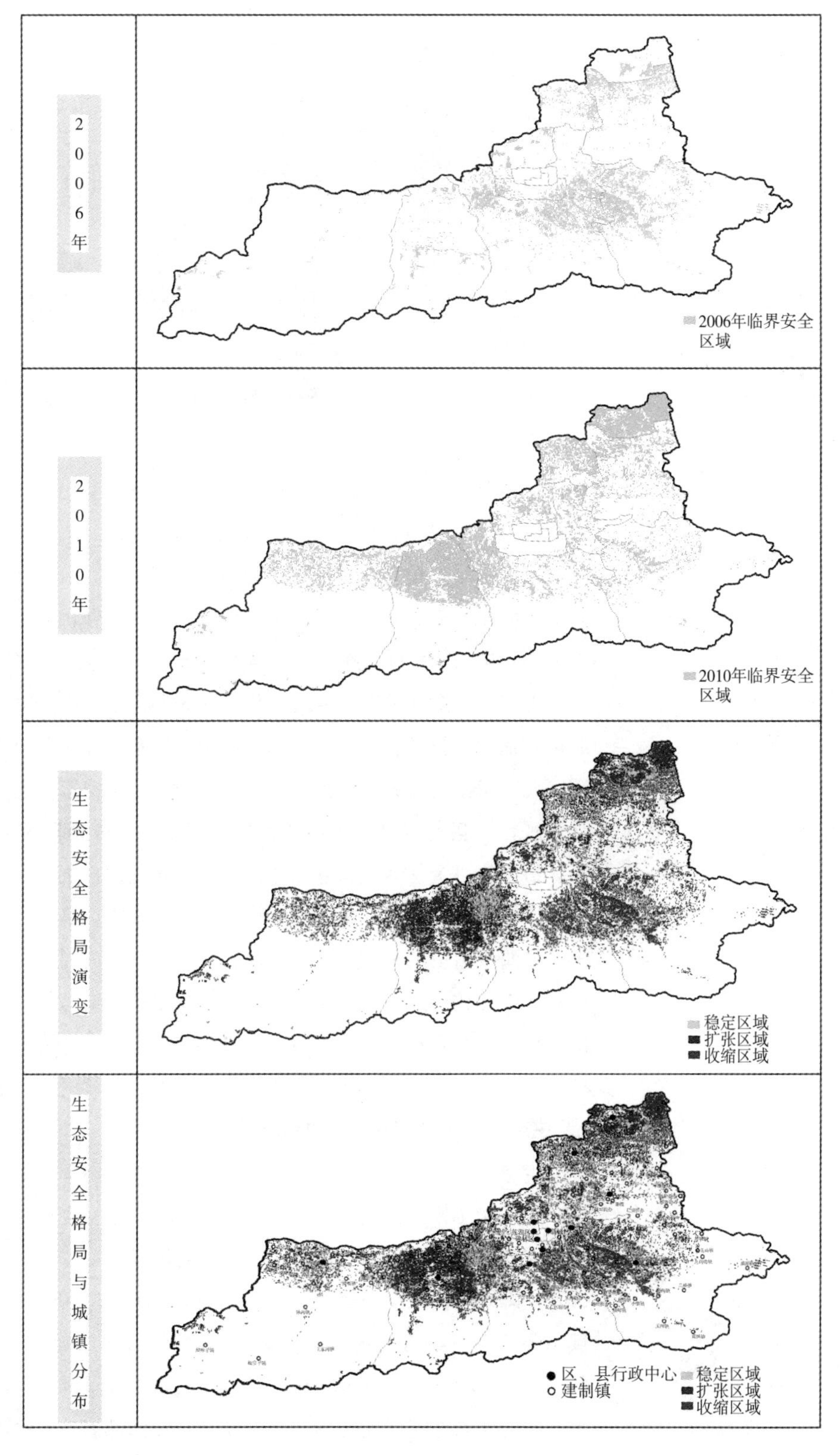

图 5-16　生态临界安全空间格局

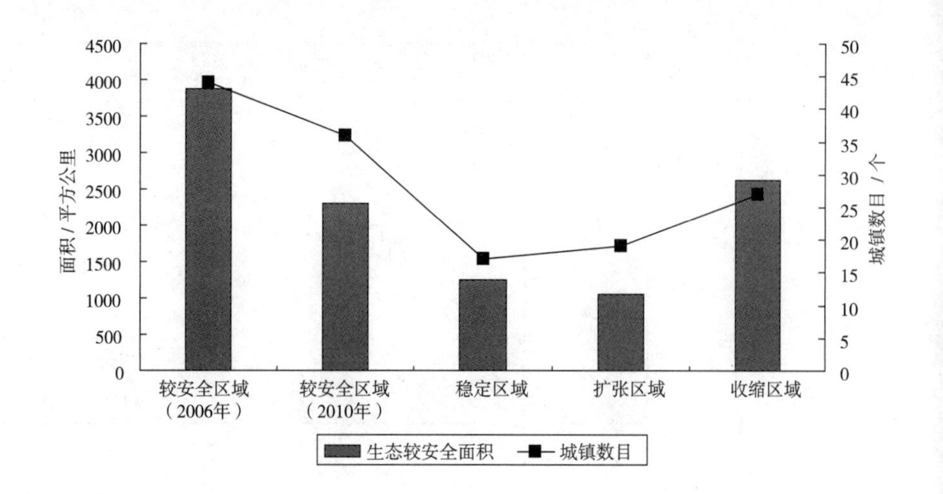

图 5-17 生态较安全区域面积及城镇变动状况

区域主要分布在秦岭北麓海拔较低山区、川道及骊山低山区，包括户县大部、长安区大部、蓝田县西部、北部、周至县东北部、南部部分地区。与2006年相比较，2010年生态较安全相对稳定无变化的区域主要分布在南部诸县秦岭川道地区以及临潼区大部，而收缩区域主要出现在户县、蓝田县南部平原地区、灞桥区北部地区，扩张区域则分布在周至县西北部地区、临潼区北部地区为主。

生态较安全城镇空间格局变化，如表所示。生态安全等级相对稳定无变化的城镇有临潼区行者、仁宗、马额、铁炉、穆寨、蓝田县金山镇、厚镇镇、三官庙镇、九间房镇、未央区未央宫、长安区黄良、史家寨、王莽、杨庄、五台、周至县楼观镇、集贤镇等17个城镇，生态安全等级收缩区域的有高陵县新合镇、临潼区新市、小金、西泉、蓝田县曳湖镇、普化镇、玉山镇、焦岱镇、小寨镇、汤峪镇、辋川镇、灞桥区新筑、灞桥、席王、长安区高桥、马王、细柳、滦镇、子午、杜曲、引镇、魏寨、王曲、太乙宫、周至县尚村镇、司竹镇、九峰镇等27个城镇，生态较安全扩张的城镇有高陵县湾子镇、通远镇、临潼区零口、任留、北田、雨金、交口、斜口、油槐、蓝田县前卫镇、孟村镇、长安区鸣犊、炮里镇、周至县辛家寨镇、富仁镇、广济镇、翠峰镇、马召镇、侯家村镇等19个城镇。

5. 生态安全区域空间格局演变分析

生态安全区域面积变化如图5-19所示，2006年生态安全区域面积3922平方公里，2010年小幅增加到4084平方公里，生态安全稳定区域面积3150平方公里，扩张区域934平方公里，收缩区域772平方公里。

生态安全区域空间格局变化，如图5-20所示。2006年，西安市生态较安全区域主要分布在秦岭北麓海拔较高山区及周至县西北部平原地区，包括周至县大部、户县及长安区南部部分地区、蓝田县东南部地区。与2006年相比较，2010年生态安全相对稳定无变化的区域主要分布在南部诸县秦岭山地海拔较高区域以及骊山部分地区，而收缩区域主要出现在周至县西北部平原地区，扩张区域则分布

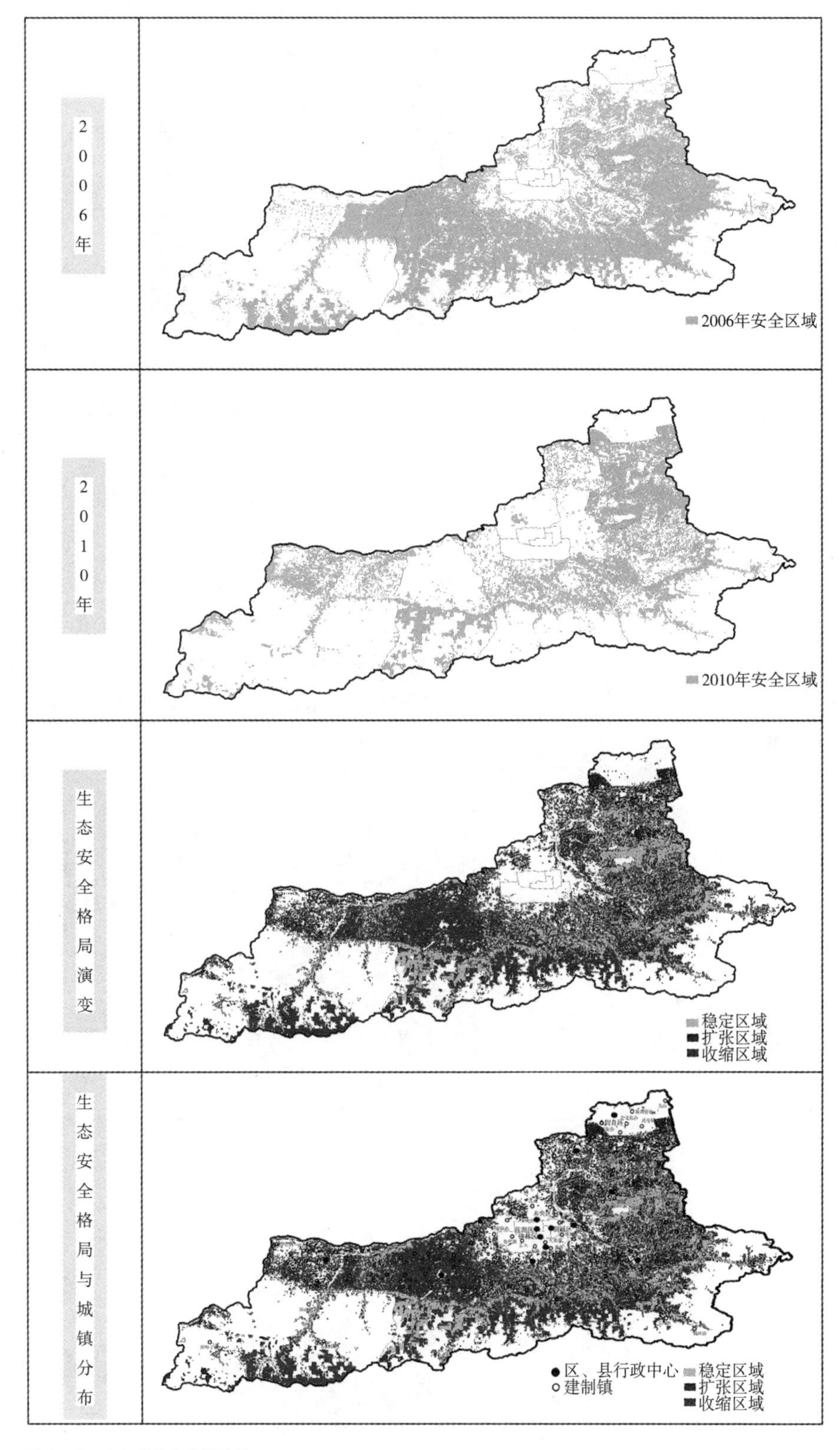

图 5-18 生态较安全空间格局

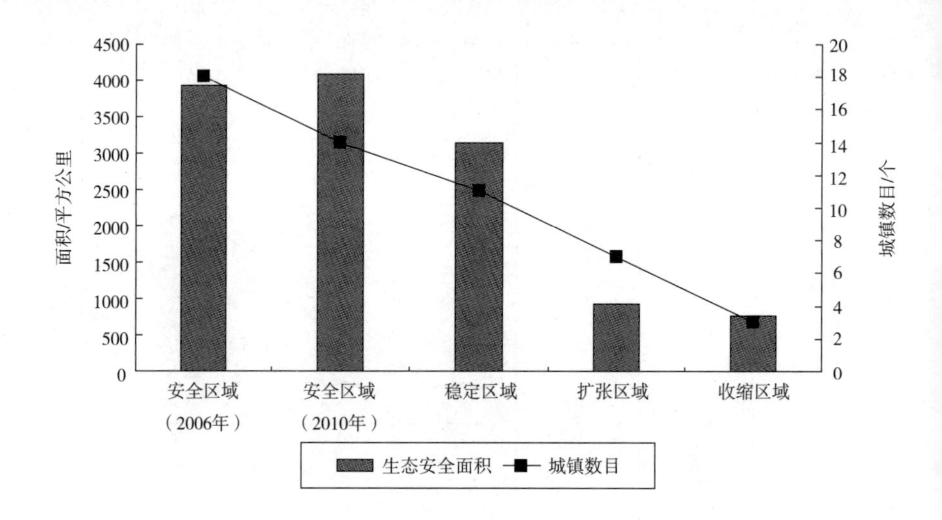

图 5-19 生态安全区域面积及城镇变动状况

在南部蓝田县、周至县、户县、长安区的秦岭山地中。

生态安全城镇空间格局变化，如图5-20所示。生态安全等级相对稳定无变化的城镇有蓝田县灞源镇、玉川镇、葛牌镇、兰桥镇、周至县青化镇、四屯镇、竹峪镇、陈河镇、王家河镇、厚畛子镇、板房子镇等11个城镇，生态安全等级收缩区域的有临潼区零口、周至县侯家村镇、辛家寨镇、富仁镇、广济镇、翠峰镇、马召镇等7个城镇，生态安全扩张的城镇有临潼区小金、蓝田县汤峪镇、辋川镇等3个城镇。

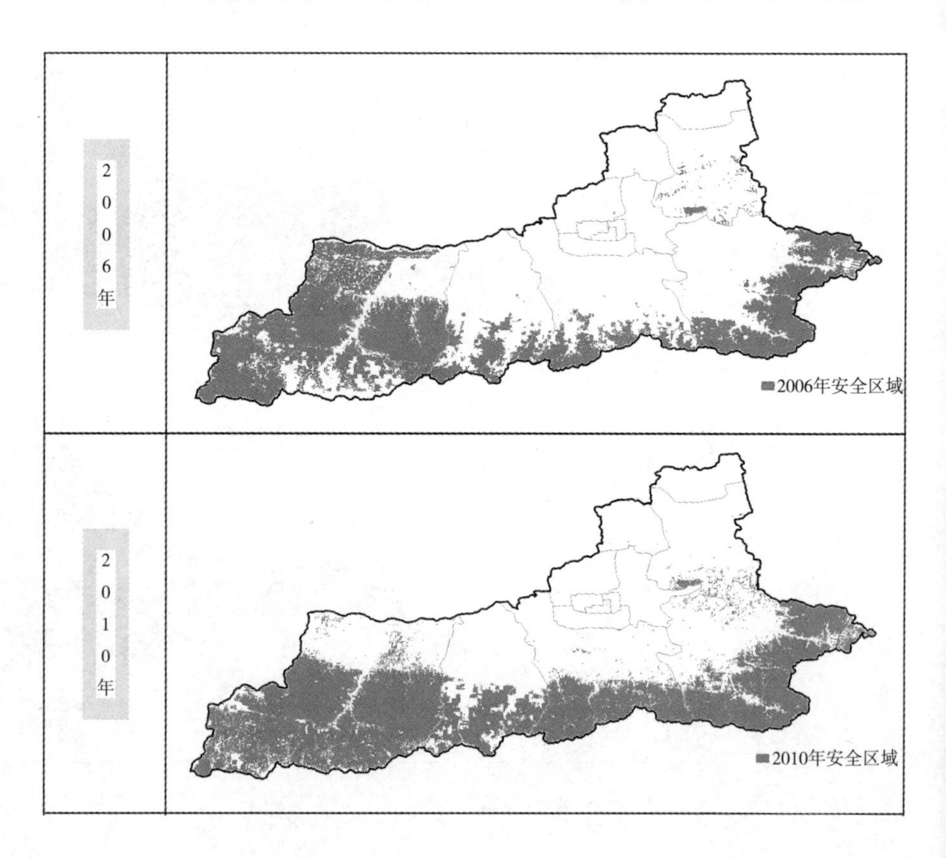

图 5-20 生态安全空间格局（一）

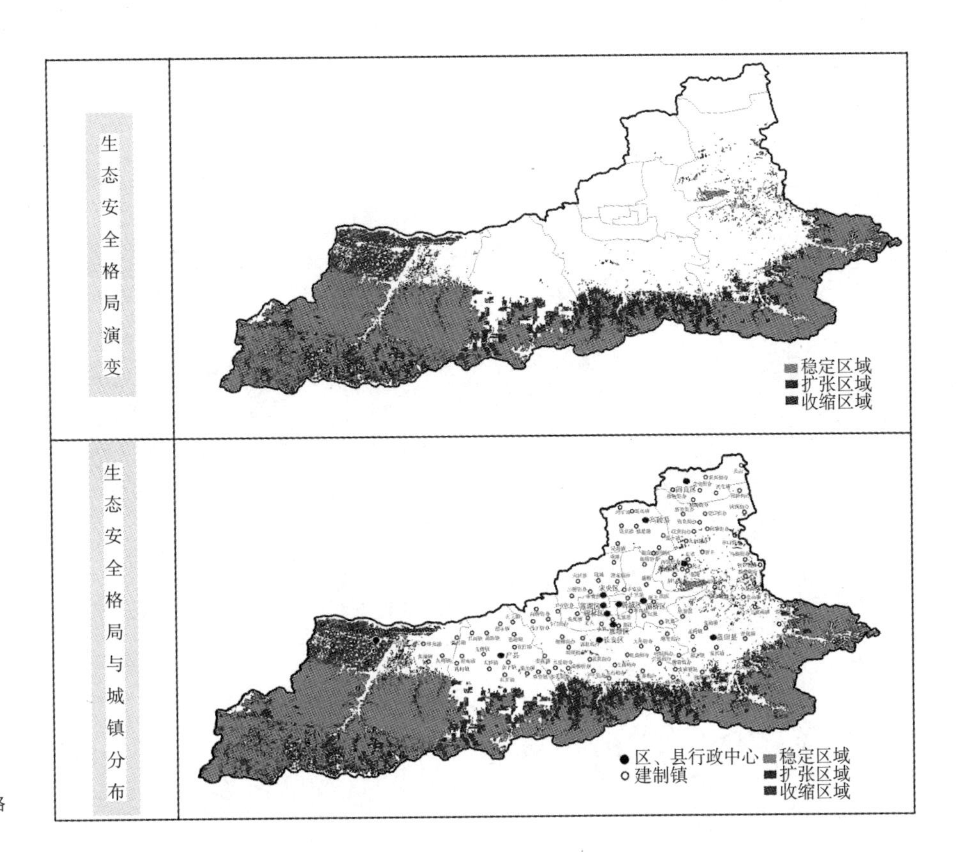

图 5-20　生态安全空间格局（二）

第6章 基于生态安全的城镇化发展策略

城市生态安全研究不仅仅是为了把握区域总体生态安全状况，更需要透过评价结果找到威胁城市生态安全的自然与人为因素，对区域不同类型城镇化地区进行生态安全问题诊断并提出对策。

城镇包括城市与中小城镇，而城市又可以分为主城区与城市新区，可将城镇化区域分为主城区、城市新区、中小城镇三种类型。三者所面临的生态安全问题也不尽相同，在生态安全单项评价与综合评价基础上进行实例研究，分析三类城镇化地区面临的不同生态安全问题，有针对性地提出基于生态安全的城镇化发展策略。

6.1 主城区生态安全问题与城镇化发展策略

6.1.1 主城区范围

主城区一般指位于城市中心，经济较为发达、空间形态完全连接成片的市域，研究主城区生态安全与城镇化问题，首先应当明确主城区范围。现代遥感技术是获取城市空间信息最为快速、有效的途径，可以利用TM遥感数据并结合地形图，以归一化建筑指数提取各时期城区边界信息[199,200]，提取步骤如图6-1所示。

以2010年西安市遥感影像为基础数据源，在预处理的基础上提取归一化建筑指数值，经二值化和矢量化处理并利用地形图进行校对，就可以较好地提取2010年西安市主城区边界信息，确定主城区范围（图6-2）。

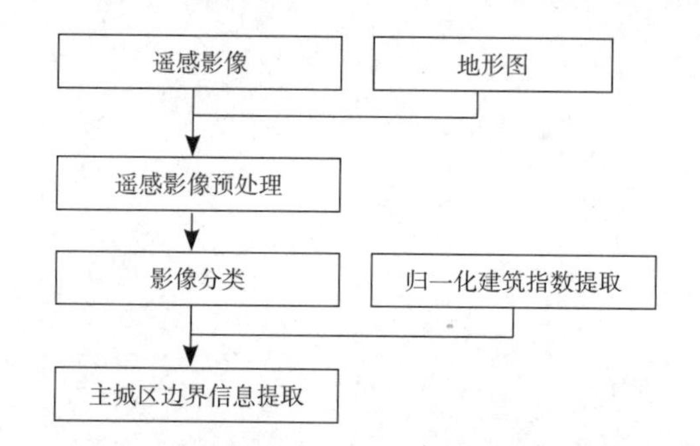

图 6-1　城区边界信息提取的步骤

（a）遥感影像

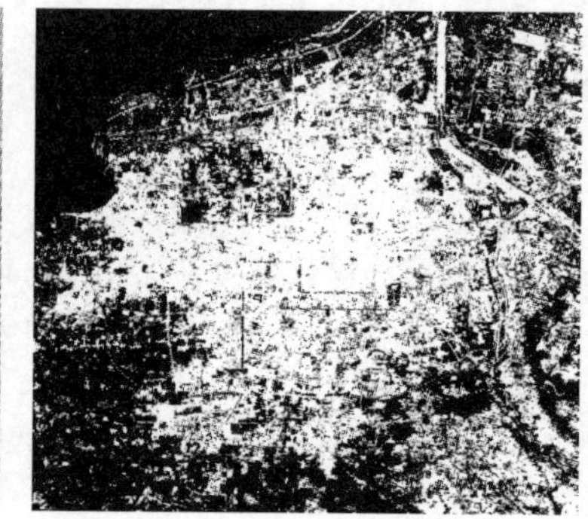
（b）分类影像

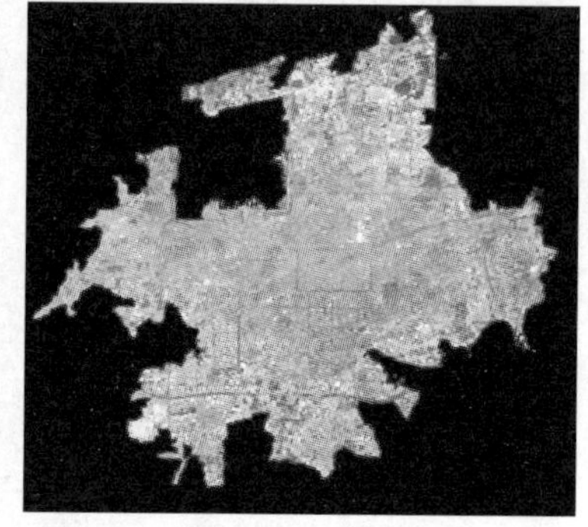
（c）城区边界

图 6-2　西安主城区边界提取（2010 年）

6.1.2 主城区生态安全问题

西安市主城区以3.2%的土地面积（325平方公里）承载了全市45.3%的人口（384万人），生态承载力早已突破极限，成为区域生态安全等级最低的部分（图6-3及表6-1）。伴随主城区的快速扩张，违背自然规律搞建设而表现出来的与城市发展不协调的失衡和无序现象，造成了资源的巨大浪费，面临诸多社会与生态环境问题。

2010年西安市主城区整体属于生态不安全等级，尤其城市中心几乎全部为生态不安全，而到城区边界则渐次由生态不安全向临界安全、较安全等级过渡。其原因是城市中心区人口密度高，污染物排放强度大，绿化面积少，生态承载力严

主城区生态安全等级统计表（2010 年）　　**表 6-1**

	生态很不安全	生态不安全	生态临界安全	生态较安全	生态安全	合计
面积（平方公里）	251	25.7	28.3	20	0	325
占比（%）	77.2	7.9	8.7	6.2	0	100

重超载，所以生态安全等级低。而城区边缘地带则为近年来城镇扩张的区域，相较于老城区人口较少，污染物排放强度低且易于扩散，建设标准高环境较好，生态承载力略微超载，因而生态安全等级较老城区略高。

生态安全综合评价仅反映了区域整体生态安全状况，无法明确引发生态安全问题的具体原因，需要分析各单项生态安全评价结果，才能搞清楚主城区生态安全问题。利用GIS平台提取2010年主城区32项生态安全单项评价值，以便明确主城区生态安全问题。首先，将2010年主城区边界矢量化处理，以便作统计分析。然后，利用GIS空间分析模块提取分析命令，将主城区生态安全单项评价归一化处理标准值逐一提取，如图6-4及表6-2所示。最后，根据主城区单项评价值与综合评价值，分析、总结出主城区面临的主要生态安全问题。

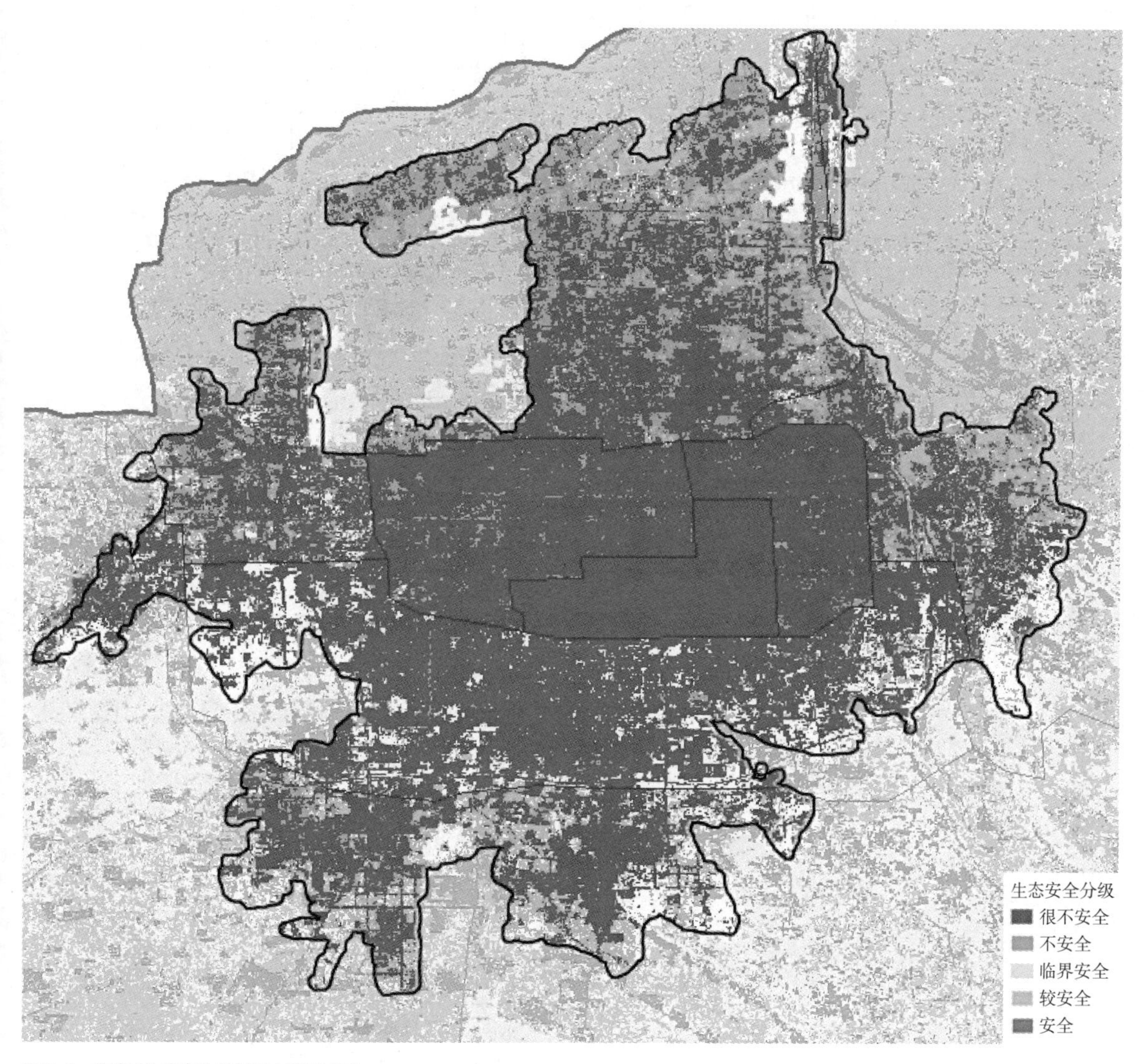

图 6-3　主城区生态安全分级图（2010 年）

主城区生态安全单项评价指标归一化标准值统计表 **表 6-2**

归一化标准值	指标数量	指标名称
0～0.2	8	水资源消耗指数、人口密度、土地资源承载力指数、人均能耗、农药化肥施用指数、年均高温天数、植被覆盖度、风景名胜资源度
0-2～0.4	5	工业废水排放指数、工业废气排放指数、工业固体废物排放指数、河网密度、城镇用地比率
0.4～0.6	2	年均强降雨、城镇集聚碎化指数
0.6～0.8	5	土壤侵蚀强度、GDP增长率、土地产出率、第三产业占GDP比重、人口城镇化率
0.8～1	12	年均低温日、地形起伏度、坡度、人口增长率、人均财政收入、人均GDP、道路交通指数、工业废水排放达标率、工业废气排放达标率、工业固体废物利用率、单位GDP能耗、环保投资指数

在32项生态安全评价指标中，主城区得分低（0～0.2）及比较低（0.2～0.4）的指标有13项，包括人口密度、水资源消耗指数、土地资源承载力、人均能耗、工业废水排放指数、工业废气排放指数、工业固体废物排放指数、年均高温天数、植被覆盖度、风景名胜资源度、河网密度、城镇用地比率。

上述13项评价分值低的指标集中反映了主城区生态安全问题，总结如下：

第一，人口密度高（11820人/平方公里），高密度人口对生存所依赖的自然资源、生态环境构成巨大压力。

第二，主城区人口与产业分布密集，生活、生产用水总量大，水资源消耗密度高（152万吨/平方公里）、土地资源严重超载，难以满足人口对于淡水及粮食需求，甚至需从区域外进行生态调水（黑河引水工程、引汉济渭工程等），严重威胁用水安全。

第三，主城区经济发达、建筑密集，造成人均能耗高（3.7吨标准煤/人），能源大规模消耗对经济发展可持续性与生态安全构成极大压力。

第四，主城区三废污染物排放量大、面广，对城区生态环境造成严重破坏，严重影响城市生态系统健康。

第五，城市热岛效应是主城区气候环境问题最为突出的表现，随着主城区扩张及其下垫面的改变，城市硬化裸露地表面积越来越大，造成城市热岛效应强度逐渐增强，年均高温天数多达27.7天，较周边区县多3～4天。由此引发的气候环境问题也导致城市能耗显著增长与环境舒适度的降低。

第六，主城区植被覆盖评价分值低，植被NDVI值在-1～0.4之间，平均值为0.28，反映了主城区地表植被覆盖面积与生长状况均比较差，生态系统功能退化，受人为建设性活动影响与干扰严重。

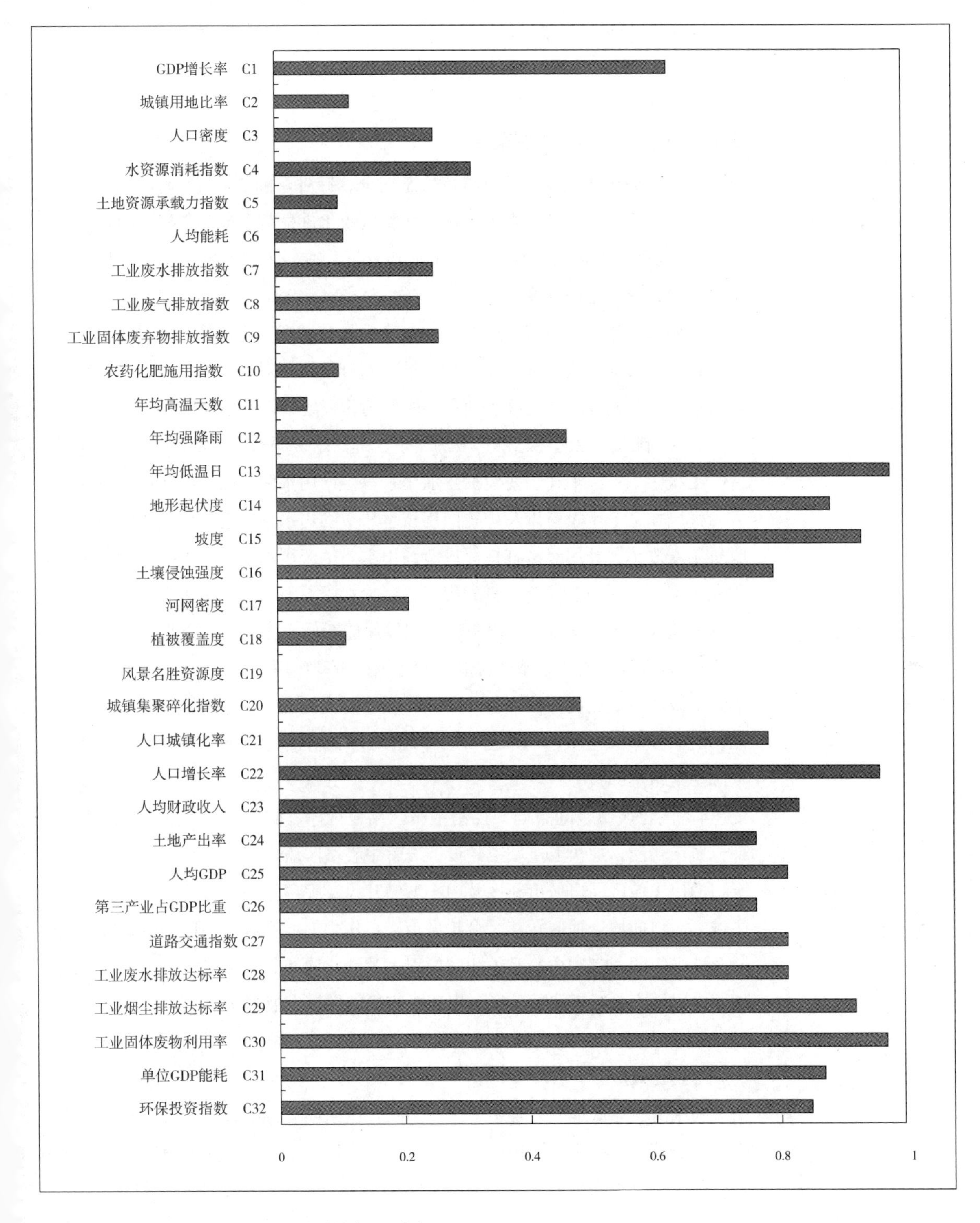

图 6-4 主城区生态安全单项评价归一化标准值（2010 年）

第七，主城区河流水系缺乏，河网密度极低（0.2公里/平方公里）而且水质差，河流水系廊道难以发挥生态效应，亟待改善。

6.1.3 主城区城镇化发展策略

主城区城镇化建设应注重城市生态安全，针对评价结果所反映出的生态安全问题，提出相应的城镇化发展策略，保障城镇化进程与生态安全相协调。

1）控制主城区人口规模，降低人口密度，减轻人口对城市生态环境与自然资源压力，保障生态安全

主城区的诸多生态安全问题均与过高的人口密度密切相关，针对西安市主城区人口密度过大，人口分布不合理，城市基础设施不堪重负的现状，必须严格控制人口规模与密度，并提高土地利用的集约化程度，以满足人口容量需求。

2）控制水资源消耗总量，节约用水，提高水资源利用效率，保障用水安全

主城区水资源消耗主要包括生活用水、生产用水两方面。生活用水方面，应大力推广住宅节水设备以及中水回用技术，节约用水。推进阶梯式居民生活用水收费制度改革，利用经济杠杆促进节约用水。生产用水方面，淘汰落后技术，采用先进工艺，提高水资源重复利用率，减少水资源消耗量。调整产业结构，将水资源消耗大的企业逐步搬迁出去，提倡发展能耗低、耗水少的产业。

3）合理优化调整主城区功能，发挥辐射带动作用

主城区要重点提升城市基础设施和服务功能标准，发展和培育城市的服务功能，进一步增强主城区的辐射带动作用，成为现代服务业集聚、各类人才集中、资源要素富集的核心区域。

4）优化城镇空间布局，控制主城区用地规模，防止无序蔓延，分散主城区部分城市功能，加快卫星城镇建设，缓解中心城区压力

加快主城区周边城市新区及中小城镇建设，完善卫星城市的功能，积极引导主城区人口向周边地区转移，分担城市人口压力。在主城区外形成多个城市副中心及外围组团，各副中心及组团间应以大片绿化隔离，避免城区无序蔓延，组团内部应以绿廊、绿带渗透，形成串珠式布局的城镇发展模式。

5）加快主城区周边河流污染治理，积极引水入城，形成水汽输送通道，缓解城市热岛效应

利用南高北低地势，自秦岭北麓引水，由南向北将主城区内人工湖泊（曲江南湖、芙蓉湖、兴庆湖、护城河、汉城湖）联通起来，最终注入渭河，形成水循环。利用河流水系廊道为主城区输送新鲜空气，起到疏散城市中心区域热能与污染物通道作用，有效缓解城市热岛效应。

6）积极利用绿色新能源、推进建筑节能改造，实现节能减排，减缓生态环境压力

利用主城区建筑密度高、覆盖面积大的优势，大力推广太阳能光伏板，充分利用太阳能资源，建设光热一体化住区，包括居民用太阳能热水器、太阳能路灯、庭院灯、草坪灯等。针对主城区建成时间早，老建筑数量多、节能标准低、能耗高的现状，积极推进既有建筑节能改造工作，降低建筑能耗，实现节能减排，减缓生态环境压力。

6.2 中小城镇生态安全问题与城镇化发展策略
——以蓝田县葛牌镇为例

2010年，西安市中小城镇平均生态安全指数为0.489，总体属于临界生态安全等级，相较于主城区，中小城镇人口规模较小，自然生态环境相对较好，但是普遍社会、经济发展落后、污染治理投入不足，影响区域生态安全。此外，西安市是我国历史文化积淀最为丰厚的地区之一，分布有众多古镇名村，在城镇化进程中除了要处理好与生态环境的关系以外，如何妥善保护中小城镇历史文化遗产也是值得关注的问题。因此，选取具有丰富历史文化遗存和良好生态环境的蓝田县葛牌镇作为中小城镇典型案例，在生态安全评价与实地调查基础上，有针对性地提出城镇化发展策略。

6.2.1 葛牌镇概况

1. 区位

葛牌镇位于西安市蓝田县城以南35公里处，距西安市45公里，东与商州区毗邻，南与柞水县交界，西与玉川镇相接，北与辋川镇、蓝桥镇相通，是西安市的东南门户（图6-5、图6-6）。葛牌镇政府驻地葛牌街，位于镇区中部偏南，四周

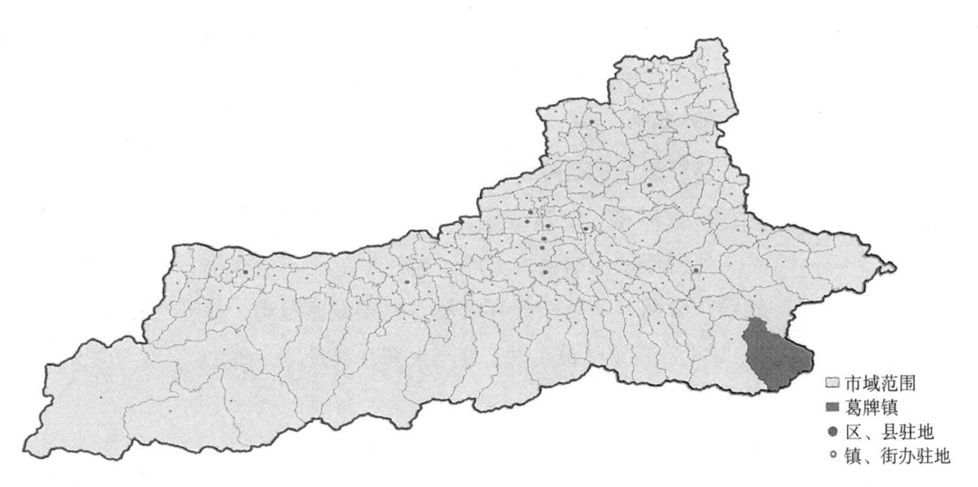

图 6-5　葛牌镇在西安市位置

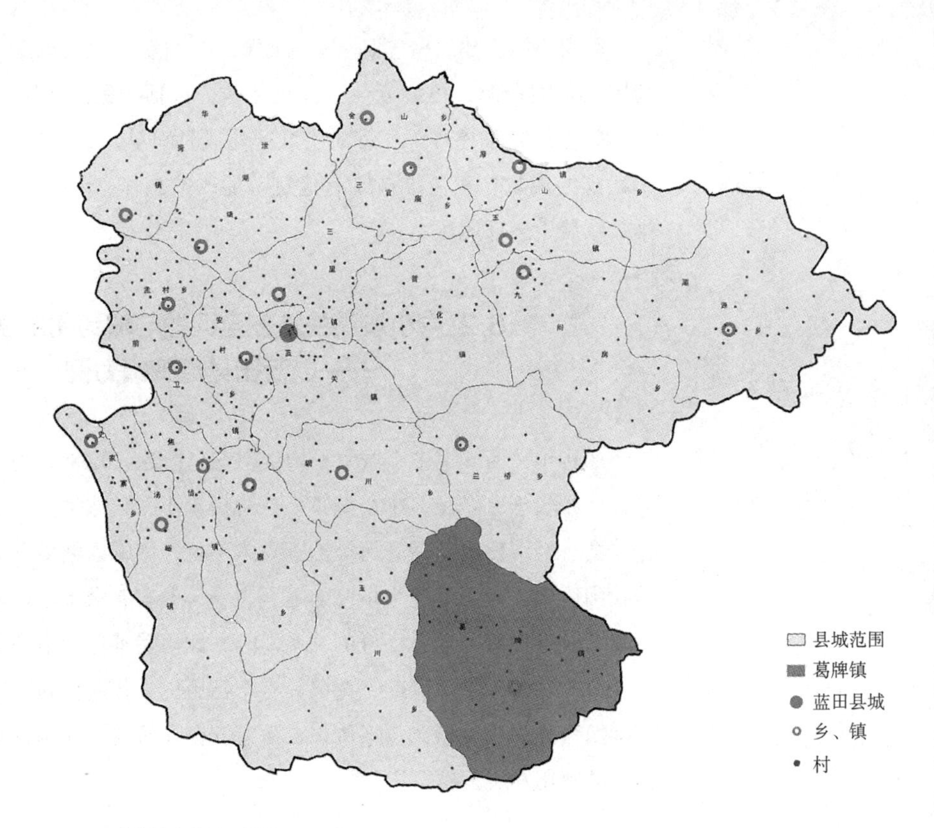

图 6-6　葛牌镇在蓝田县位置

群山环抱，采峪河支流蜿蜒流淌，风光优美，呈山环水抱之势。

2. 历史沿革

葛牌古镇建于明末清初，历史悠久，远近闻名。由于这里为秦岭古道之咽喉，从鄂豫过来很多客商在葛牌街建起门面商号从事商运买卖，逐渐形成一个商贸重镇，延续至今。1935年2月，红二十五军在程子华、徐海东等率领下进驻葛牌镇，成立了关中地区第一个红色革命根据地——葛牌镇区苏维埃政府。

3. 自然环境

葛牌镇位于秦岭北麓腹地，属秦岭终南山之起点，重峦叠嶂，海拔高度为1050～1850米，植被茂盛，风景优美。境内采峪河汇入辋峪河，辋峪河为蓝田县主要河流灞河的最大支流，整体形成了山清水秀，气候怡人的自然环境。当地四季分明，冬夏长而春秋短，气候温凉湿润，盛夏气温较低，较西安市区低8～10℃。古镇植被茂盛，空气湿润含氧量高，堪称“天然氧吧”，是理想的避暑度假胜地。

4. 人口与社会经济

2010年，全镇总人口1.6万人，镇区人口约1100人；镇域面积218平方公里，镇区面积10.17公顷；全镇生产总值 0.81亿元，人均收入5432元，年旅游人数11万人，旅游收入110万元；产业结构以农业为主，第二产业、第三产业发展滞后。

6.2.2 葛牌镇实地调查

实地调研并且收集整理相关历史文化与规划资料，更直观认识葛牌镇的发展优势与现实问题，为当地城镇化健康发展提供依据。

1. 历史文化遗存

葛牌镇现有省级文物保护单位3处（葛牌镇区苏维埃政府旧址、红二十五军军部旧址、鄂豫陕省委扩大会议旧址），周边还有文公岭战役旧址、红二十五军野战医院旧址、古战壕等历史遗址和遗迹。镇上有上站字号、老号、和号等15处历史建筑。建筑以立架为主，房上青砖灰瓦，前后檐墙以木板制作，雕刻比较细腻。但由于多年来缺少维修，急需保护（图6-7）。

图 6-7 葛牌镇历史文化遗存图

2. 建筑分类与评估

以历史文化价值为尺度进行评价，可将古镇的建筑风貌分为4类（表6-3）。古镇内以三类风貌建筑为主，约占总数的60%，一类、二类建筑所占比例约为23%。古镇内文物保护单位和历史建筑以外的大多数现有建筑，其样式均带有一定的地方传统元素，尚不与历史名镇风貌相冲突；葛牌老街有一些20世纪初建造的民居风格与老建筑不协调，古镇历史风貌受到破坏，需要加以整治。

建筑风貌分类统计表 **表 6-3**

编号	类别名称	建筑数量（个）	建筑面积（m^2）	面积比率（%）
1	一类	24	2704	9.4
2	二类	16	3946.4	13.7
3	三类	97	17305.2	60.2
4	四类	45	4816.2	16.7
合计		182	28771.8	100

实地调查古镇建筑质量及建筑年代，详见表6-4、表6-5及图6-8、图6-9。总体而言，由于近10来年的更新建设，多数建筑质量尚可，在使用寿命期内，大都能满足当地村民的居住及安全要求。调查可见，古镇内建筑大多为新中国成立后建造，清代建筑约占15%，而且多数历史建筑未加整修、质量较差。

建筑质量分类统计表 **表 6-4**

编号	类别名称	建筑数量（个）	建筑基地面积（m^2）	基地面积比率（%）
1	一级	26	10554.3	36.7
2	二级	90	11876	41.3
3	三级	56	5693.7	19.8
4	四级	10	647.8	2.2
合计		182	28771.8	100

建筑年代分类统计表 **表 6-5**

编号	类别名称	建筑数量（个）	建筑面积（m^2）	面积比率（%）
1	清代	27	2999.8	10.4
2	1949～1980年	10	658.8	2.3
3	1980～2000年	37	3341.5	11.6
4	2000年至今	108	21771.7	75.7
合计		182	28771.8	100

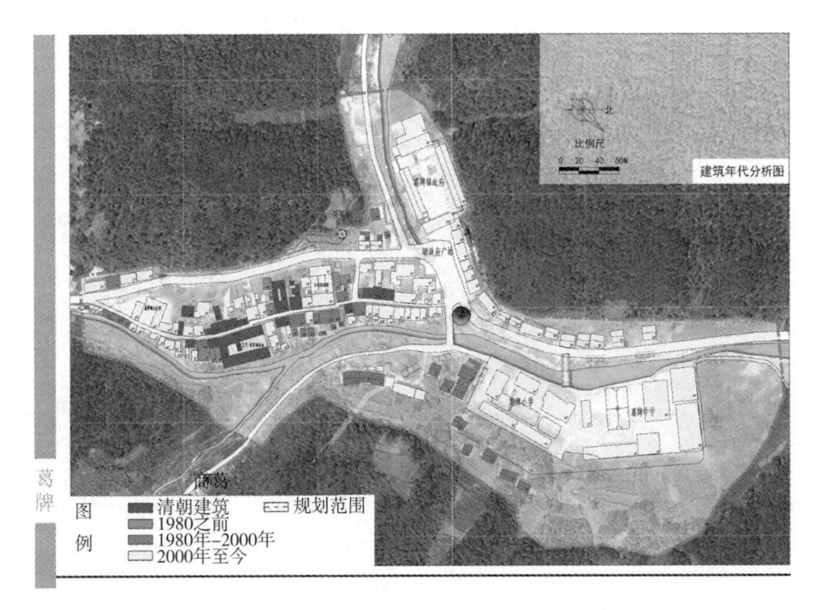

图6-8　建筑年代分析图

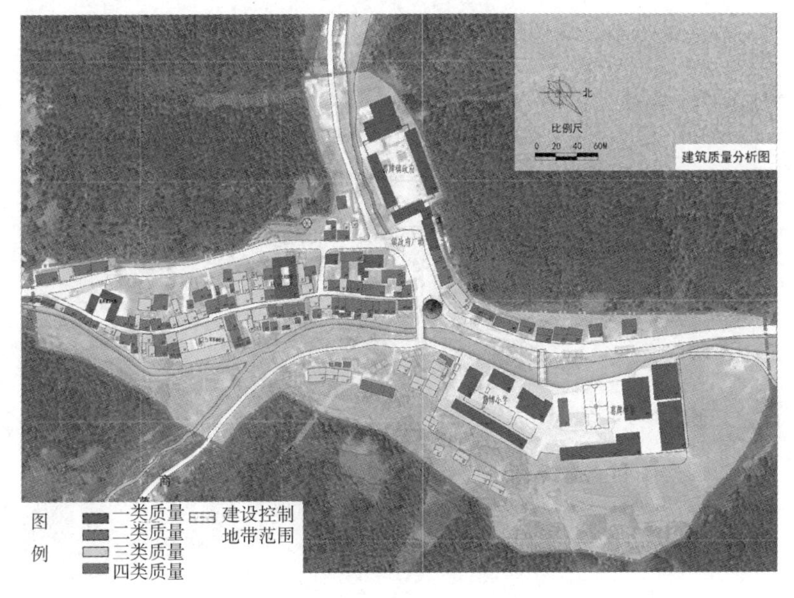

图6-9　建筑质量分析图

3. 道路交通

葛牌镇对外交通主要通过蓝葛公路、商葛公路组织，依托蓝葛公路北与蓝田县相接，南连接柞水，商葛公路可直达商州区，蓝商高速建成通车更是缩短了葛牌与西安的距离，蓝商高速公路在葛牌镇铁索桥村建有立交出口，距离古镇仅

2.4公里，形成葛牌镇整体的对外交通体系。蓝葛公路路面平整且比较平顺，通行能力较好，葛商公路质量急需提升。

古镇交通以葛牌老街为骨架，古镇区北部有一条新建的镇区主干道，形成以南北向线性为主，辅以东西向的路网格局，街巷尺度与古镇风貌协调（图6-10）。镇内各村之间有村村通道路相连，多数未硬化，路宽有限，道路等级较低。

4. 古镇风貌特色

（1）典型的红色文化基地

1935年，红军第二十五军在葛牌镇成立了鄂豫陕革命根据地“葛牌镇区苏维埃政府”，这是关中地区第一个红色革命根据地。至今在葛牌仍有红二十五军的足迹可寻：“红二十五军军部”，“鄂豫陕省委扩大会议”旧址，保留完整；防御战壕、瞭望哨所、文公岭战场痕迹，清晰可见。现在苏维埃政府旧址建有红军苏维埃政府纪念馆，并在西侧山头建有红军纪念亭，有刘华清将军手写的“葛牌镇苏维埃纪念碑”。

（2）以老街为骨架的弧形小尺度街巷格局

葛牌古镇的城镇主体格局保存完整，特别是以葛牌街为主轴的青石板老街，至今还延续着原初的居住、商贸、市集等功能，且各项职能分布较为集中，在当地城镇居民的日常生活中担当重要角色。古街上分布了葛牌镇区苏维埃政府旧址、红二十五军军部旧址、鄂豫陕省委扩大会议旧址以及明清民居等重要建筑群，南北走向的葛牌老街与东西走向的若干条小街，构成了葛牌古镇区的弧线形小尺度街巷格局（图6-11）。

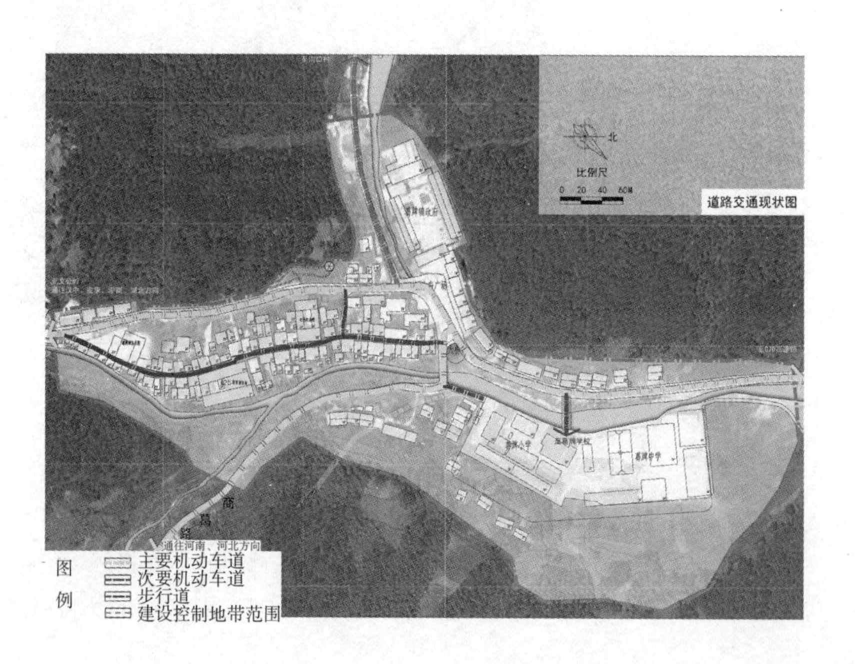

图 6-10　葛牌镇道路交通现状图

图 6-11　葛牌镇街巷风貌图

（3）“五龙、一水、一扁舟”的城镇空间布局

古镇入口处牌坊上有一副对联很好地总结了葛牌城镇空间布局特色：“五龙碰首四省通衢无双地，一船泊岸明清老街世外天”。葛牌整体格局与自然山水相依相融，可以归结为“五龙、一水、一扁舟”。

“五龙”指连绵的山脉宛若五条巨龙，葛牌镇区内沟岔众多，南靠的秦岭山脉重峦叠嶂，幽静深远，整个山体布满郁郁葱葱的山林。

“一水”指横穿整个镇区的采峪河。区域内采峪河从南向北缓缓流出，来水（水流入处）丰沛，源头广布，水口（出水处）不通舟船，盘桓曲折，从高速公路的入口处到镇中心区的尾端有九道河湾。

“一扁舟”指枕河而建的葛牌古街，形若采峪河边停靠的一叶扁舟。整个镇区散布在河水之西，山麓之北，背山面水。镇区关帝庙遗址门前，一棵古柳苍翠挺拔，枝杈盘桓。整个镇区中心也是围绕此处延伸而建，葛牌古街临水而建，顺应河流走向。

（4）传统民居特色

明清时，很多从鄂豫过来的客商在葛牌古街建起了门面商号从事商运买卖，葛牌镇60%左右的居民为客家人，是客家人在陕西的一个重要聚集区，至今仍保留着客家人的生活方式和风俗习惯。因此，葛牌地区的民居建筑不同于关中传统民居，居民临水而居，建筑依山而建，与江南的小街、小巷颇有几分相似之处，建筑檐角高挑，建筑有阁楼、栏杆、砖雕、木雕等装饰形式。

葛牌镇的传统民居就地取材，充分体现了人与自然相依相融的和谐共生思想。建筑主体采取木构梁柱体系，门板、墙板都为木质，屋顶覆以青瓦，雕刻精美细致，同时带有质朴的山野气息。与众不同的是，有些民宅屋脊翘角并没有在建筑两端，而是根据开间尺度进行变化，形成优美的造型，如两凤对翼。建筑入口台基和山墙取自当地石材，石块并不规整，但很坚固，山墙外覆草泥，并刷以白灰，与木板墙面相得益彰，体现了原生态的乡村建筑特色（图6-12）。

5. 葛牌镇发展面临的问题

（1）良好的生态环境与历史文化资源并未得到有效利用，资源优势没有转化为经济优势。葛牌镇植被覆盖率高达85%，环山抱水，生态环境优美，历史文化资源丰富多样，有红色文化、客家文化、商贸文化等，极具特色。但与之

图 6-12　葛牌镇典型民居细部

形成鲜明反差的是镇域社会经济发展水平落后，2011年人均收入为5432元，仅相当于全市平均水平的55.5%。这也是本次生态安全评价中发现的普遍问题，即生态环境好的城镇社会经济发展往往较为滞后，生态环境优势没有转化为经济优势。

（2）历史建筑年久失修，破坏严重，亟须保护。葛牌镇文化底蕴深厚，遗存历史建筑丰富，但是缺乏维护，破坏严重。调查走访发现，古镇核心保护区范围内的历史建筑均未维修过，主要原因是居民缺乏保护意识，自身的经济能力有限，无力承担对历史建筑进行大规模的修建工作。另外，部分老房子因居住条件差，居民外迁无人居住、空废而加速历史建筑的老化与破损（图6-13）。

（3）城镇市政基础设施不完善，居民生产、生活方式落后，仍以木材作为生活能源，破坏生态环境。葛牌镇市政基础设施落后，葛牌老街设有简易给水管网，缺乏排水管线，生活污水直接排入采峪河。居民生活仍以木材为燃料，对空气与环境造成污染，不利于生态环境的保护（图6-14～图6-16）。

（4）新建民居缺乏对古镇风貌的延续，古镇新建房屋在建筑体量、高度、色彩等方面与古镇风貌不协调，尤其是20世纪末期建造的房屋，采用白瓷砖贴面，缺乏对传统建筑元素的延续与继承。针对此问题进行沿街立面整治改造规划设计，如图6-17、图6-18所示。

（*a*）屋顶损毁

（*b*）墙体坍塌

（*c*）结构破损

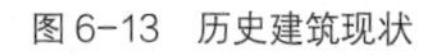

图6-13　历史建筑现状

图6-14　街面无排水设施

图6-15　简易给水管线敷设

图 6-16　以木材为生活燃料

图 6-17　葛牌镇老街西立面现状及整治规划图

图 6-18　葛牌镇老街东立面现状及整治规划图

6.2.3 葛牌镇生态安全问题

1. 葛牌镇生态安全评价

借助GIS平台，对研究区域生态安全指数进行分类并可视化表达，如图6-19所示。2010年，葛牌镇生态安全指数在0.545～0.612之间，平均生态安全指数为0.592，总体属于生态很安全等级。

葛牌镇31个村镇中，生态较安全或临界安全的村镇有10个，主要沿高速公路两侧分布，包括阳坡村、草坪街村、榨菜沟村、白家村、周家院村、铁索桥村、雩沱村、金家坪村、夏家村、代家河村。生态很安全的村镇有21个，包括葛牌街、什字村、雷家沟村、化坪村、凉水沟村、寺沟村、耿家村、石船沟村、石梯沟村、虎岔沟村、米汤河村、石梯沟村、葛牌沟村、沟口村、粉房沟村、沙帽沟

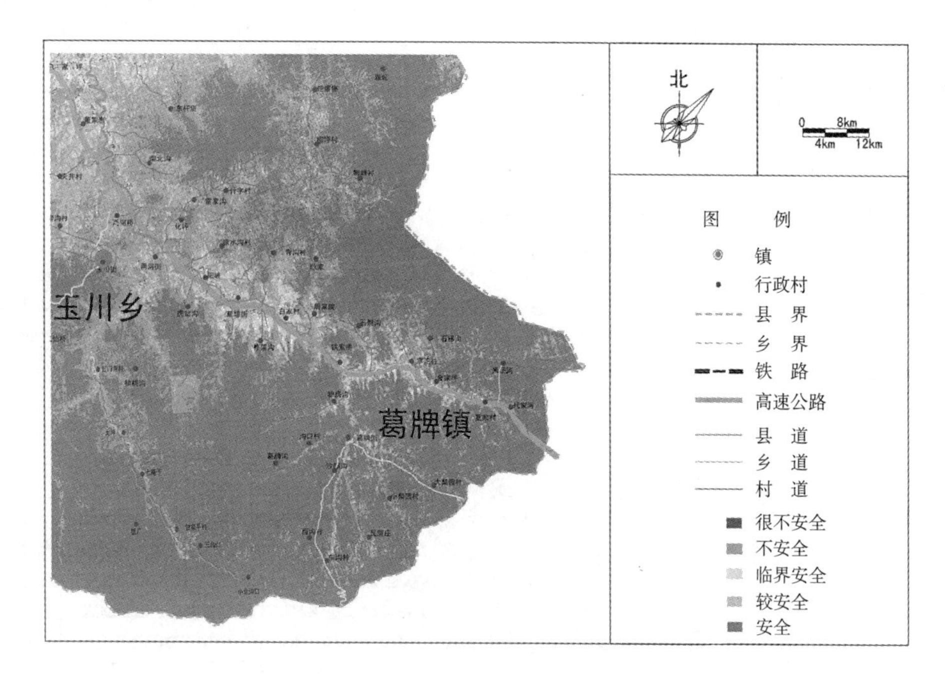

图 6-19 葛牌镇生态安全分级图（2010 年）

村、西沟村、东沟村、瓦屋庄村、大梨园村、小梨园村。

在GIS系统中提取葛牌镇32项生态安全单项评价值并进行归一化处理，以便全面评估葛牌镇生态安全问题（表6-6、图6-20）。

主城区生态安全单项评价指标归一化标准值统计表 **表 6-6**

归一化标准值	指标数量（个）	指标名称
0 ~ 0.2	7	强降雨天数、低温日天数、人均财政收入、土地产出率、人均GDP、道路交通指数、工业固体废物利用率
0.2 ~ 0.4	5	坡度、人口增长率、人口城镇化率、第三产业占GDP比重、环保投资指数
0.4 ~ 0.6	4	地形起伏度、土壤侵蚀强度、城镇集聚碎化指数、单位GDP能耗、风景名胜资源度
0.6 ~ 0.8	3	人均能耗、农药化肥施用指数、工业烟尘排放达标率
0.8 ~ 1	12	城镇用地比率、人口密度、水资源消耗指数、土地资源承载力指数、工业废水排放指数、工业废气排放指数、工业固体废物排放指数、高温天数、河网密度、植被覆盖度、工业废水排放达标率

2. 葛牌镇生态安全问题

在32项生态安全评价指标中，葛牌镇得分低于0.4的指标有13项，包括年均强降雨、年均低温日、人均财政收入、土地产出率、人均GDP、道路交通指数、工业固体废物利用率、坡度、人口增长率、人口增长率、第三产业占GDP

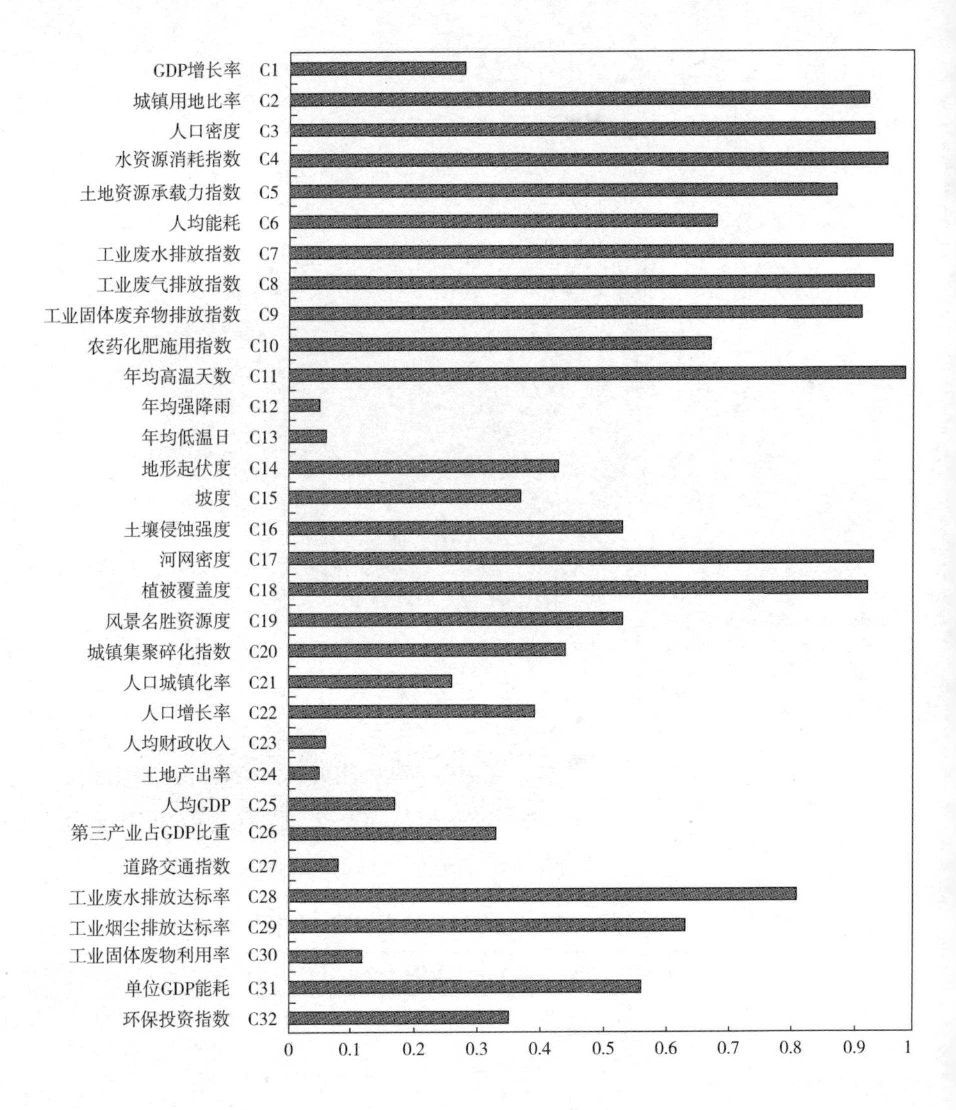

图 6-20 葛牌镇生态安全单项评价归一化标准值

比重、环保投资指数。分析上述得分低的指标，总结葛牌镇面临的主要生态安全问题。

（1）生态环境方面指标评分高，而涉及经济、社会发展的指标评分普遍很低。说明葛牌镇自然生态环境好，但是社会经济发展严重滞后，影响区域自然、经济、社会复合生态系统安全与健康。评价指标中，人均财政收入约500元，只相当于西安市人均财政收入12.5%，造成用于改善民生与基础设施投入不足；农用地土地产出率约3万元/公顷，约为西安市农用地产出率平均值的60%，建设用地土地产出率为0.5亿元/平方公里，约为市域建设用地产出率平均值23%，土地单位面积产值低，说明土地生产力水平低下，经济发展落后；人均GDP 5062元，仅相当于西安市人均GDP13.2%，经济发展水平很低；第三产业占GDP比重偏低，只占21%，说明经济发展仍以消耗自然资源多的一、二产业为主，不利于区域生态安全。

（2）人口城镇化率水平低，2010年城镇化率只有6.8%，说明区域依然是以农业为主的自然经济状态，人口向城镇聚集程度低，城镇化步伐缓慢。

（3）区域交通不便，道路密度小，道路交通指数0.08，仅相当于全市平均值8.9%，难以满足社会经济发展需求，不利于社会、经济系统生态安全。

（4）2010年葛牌镇人口增长率为5.5‰，高于西安市平均人口增长率（4.39‰），虽然人口基数小，但是较高的人口增长率会对区域生态环境与自然资源造成潜在压力。

（5）经济发展水平低，造成污染治理投资不足，不利改善生态环境。环保投资指数为1.2%，相当于西安市平均值56%，治理污染能力依然薄弱。

（6）葛牌镇地处秦岭山区，地形复杂，地质灾害与气候灾害时有发生，威胁区域生态安全。葛牌镇平均坡度23.3%，平均地形起伏度0.21，坡度与地形起伏大，发生滑坡、泥石流等地质灾害可能性较大。强降雨天数（5.7天/年）、低温日天数（98.3天/年）较多，容易发生洪涝与低温冻害等气候灾害。

6.2.4 葛牌镇城镇化发展策略

针对葛牌镇生态安全评价问题提出相应的城镇化发展策略。在此需指出的是，其生态安全评价内涵有所扩展，除32项生态安全评价指标外还包括历史文化遗存保护内容，均是当地城镇化发展策略需应对的问题。

在城镇化建设中需明确葛牌镇保护范围，最大限度保护古镇规划格局、历史建筑与自然山水风貌。通过制定保护规划，划定了古镇核心保护区、建设控制地带、环境协调区（图6-21）。其中，核心保护区包含葛牌老街及两侧历史建筑，面积约4.86公顷。建设控制地带包括镇政府、镇中、小学校及其周边附属用地，

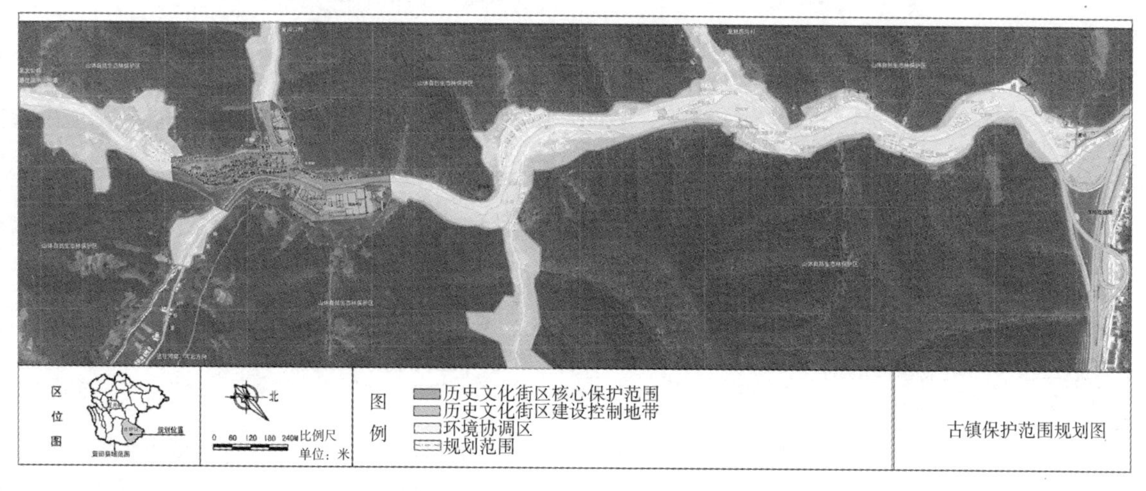

图6-21 葛牌镇保护范围规划图

面积约9.12公顷。环境协调区边界以古镇周边山体坡脚划定，北至沪陕高速公路葛牌镇入口，南至葛牌老街南端，西至葛牌古镇区主干道，东至流经古镇的葛牌采峪河，面积约为66.2公顷。

依托古镇生态环境与历史文化资源优势，大力发展旅游产业，积极提升基础设施水平，促进城镇化健康发展。旅游业等第三产业发展将提供大量就业岗位，吸引周边农村剩余劳动力就近在小城镇生活、就业，既可提高当地城镇化率水平，也可纾解流动人口向中心城区过度集聚，减缓西安市区人口压力。

针对境内地质灾害多发情况，应尽快开展地质灾害调查，划定各类型地质灾害影响范围，结合退耕还林、生态移民政策，积极实施生态移民搬迁工程。通过生态移民，异地就业，改善山区贫困人口生产、生活条件。其次，为葛牌城镇化发展提供人口支撑。最后，还可以减少生态系统人为干扰，使秦岭山区自然景观、生态环境和生物多样性得到有效保护。

转变山区村镇传统以木材为燃料的生产生活方式，推广太阳能、风能可再生能源直接转化为建筑与生活用能技术，保护林木资源与生态环境，维护区域生态安全。由于居住分散、交通不便等原因，以葛牌镇为代表的广大秦岭山区村镇长期面临电力、煤炭等常规能源运输成本高、供应量不足的问题。“靠山吃山、樵采林木”成了山区农民解决生活用能与冬季采暖问题的必然选择，造成林木资源浪费与生态环境破坏，威胁区域生态安全。太阳能、风能等新能源可以就地安装使用，没有运输问题，特别适合于交通落后的山区地区。能源利用结构转变与建筑节能措施实施，对于保护生态环境，维护区域生态安全都具有重要作用。首先，可以通过财政补贴的形式引导消费，促进太阳能热水器、太阳能灶等技术非常成熟的产品在山区村镇普及与广泛使用。其次，采取试点的方式，在光照条件好的地区尝试应用光电替代电能，起到新能源示范作用。最后，加快镇域范围内既有建筑节能改造工作，降低建筑热损失，提高建筑保温性能。

城镇化进程中，需加强历史文化资源保护，确保古镇风貌得以延续。古镇内现存古街保留较完整，走向及宽度均未被改变，街巷两侧建筑虽有部分改建更新，但风貌以及建筑高度与街道的比例也符合传统尺度，应予以保护。除因按照道路交通规划，各别街巷辟建为消防通道外，传统街巷的走向、宽度、空间尺度一律保持原状，两侧建筑高度应严格控制。

6.3 城市新区生态安全问题与城镇化发展策略——以西咸新区沣西新城为例

城市新区是城市空间扩张的一种形式，是中国改革开放后城市化进程的重要支撑和空间表现[201]，具有建设强度大、空间扩张迅速、土地利用变化快的特点，造成生态系统脆弱且不稳定，对区域生态安全构成威胁。科学评估城市新区生态安全现状与趋势并用于指导规划，对于维护生态环境安全，确保区域的可持续发展具有重要意义。

由于新区城镇化建设受城市规划指导与指标控制，因此尝试从生态安全角度评估新区规划，将城市新区规划控制指标与生态安全要素相关联，评估规划实施后的生态安全演变趋势。在评价过程中，通过比较与分析现状遥感数据与规划控制指标数据差异，预期城镇化进程可能对区域生态安全造成的影响及其相应调控措施，为城市新区建设与管理部门科学决策提供依据。

6.3.1 评价方法

1. 评价体系与评价指标

在原评价体系基础上突出城市规划实施对于生态环境的影响，将新区控制性规划指标与生态安全评价要素相关联，构建城市新区规划实施的生态安全评价指标体系（表6-7）。

城市新区规划实施的生态安全评价指标体系 **表 6-7**

目标层	准则层	指标层	数据来源
城市新区控规生态安全评价	驱动力（A_1）	城镇建设用地比率（B_1）	TM遥感影像、规划控制指标
		人口密度（B_2）	TM遥感影像、规划控制指标
	压力（A_2）	建筑密度（B_3）	TM遥感影像、规划控制指标
		容积率（B_4）	TM遥感影像、规划控制指标
	状态（A_3）	坡度（B_5）	数字高程数据（DEM）
		地形起伏度（B_6）	数字高程数据（DEM）
		不透水率（B_7）	TM遥感影像、新区规划图
		植被覆盖度（B_8）	TM遥感影像、新区规划图
	响应（A_4）	生态用地保存度（B_9）	TM遥感影像、新区规划图
		绿地率（B_{10}）	TM遥感影像、新区规划图

该指标体系与城市生态安全指标评价体系有几处不同。第一，评价尺度不同，城市新区规划一般属于微观层次的评价尺度，后者属于市域范围的中观层次评价尺度。第二，评价数据不同，前者数据来源于规划图与规划控制性指标，后者则来源于遥感影像与历史统计数据。第三，评价时间不同，前者是对规划实施后的生态安全评价预期，后者则是对当前或某一历史时期的生态安全评价。

指标选取方面，考虑到评价数据的可获得性，将原评价指标中涉及历史统计数据的指标予以剔除。其次，突出新区规划实施对于生态安全的影响，选择与生态安全相关的规划控制指标作为评价指标，使得从生态安全角度量化评估新区规划成为可能。出于以上两点考虑，最终筛选出10项指标用以评价规划实施对区域生态安全的影响。其中，反映驱动力的指标2项，压力指标3项，状态指标3项，响应指标2项。10项指标中，有5项与原指标相同，不再解释，其余5项指标含义如下：

（1）建筑密度：建筑物覆盖率，具体指项目用地范围内所有建筑的基底总面积占规划建设用地面积的百分比，用以反映项目用地范围内的空地率和建筑密集程度。建筑密度过高则意味着城市生态用地空间被挤压，城市生态系统容易受威胁。

（2）容积率：指用地范围内总建筑面积与项目总用地面积的比值。容积率的大小反映了土地利用强度及其利用效益的高低[202]。一般而言，容积率越高，建筑容量及人口容量越大，土地开发强度越高，对生态环境构成巨大压力，而且会带来建筑环境的恶化，降低使用者的舒适度，不利于生态安全。

（3）不透水率：城市下垫面不透水面积占城市用地总面积的百分比，其值越高，不透水面积占比越大，区域水环境生态安全适宜性越低。城市下垫面不透水面主要包括城市中非透水性的道路、停车场、广场及屋顶等[203]。城市下垫面不透水面会阻断城市地表水与地下水循环，是区域水环境质量恶化的重要因素，对城市生态安全影响较大。

（4）生态用地保存度：规划生态用地面积与现状生态用地面积之比，比率越高，说明对原生态用地破坏越小，反映规划实施对城市生态安全的影响。

（5）绿地率：城市各类绿地面积占城市用地总面积的百分比，是评价城市生态环境质量的重要指标。绿地率越高，生态用地越多，越有利于城市生态安全。

2. 评价指标权重与评价等级

采用AHP法确定各项指标权重，与前文方法一致，不做赘述。权重计算结果如表6-8所示。

新区规划实施的生态安全指标权重计算结果统计表 **表6-8**

准则层权重		指标层权重		最终权重
A_1	0.189	B_1	0.667	0.126
		B_2	0.333	0.063
A_2	0.351	B_3	0.500	0.176
		B_4	0.500	0.176

续表

准则层权重		指标层权重		最终权重
A_3	0.351	B_5	0.109	0.038
		B_6	0.189	0.066
		B_7	0.351	0.123
		B_8	0.351	0.123
A_4	0.109	B_9	0.750	0.082
		B_{10}	0.250	0.027

对各项生态安全评价指标进行分级处理并依据以下原则确定阈值。优先采用国际、国家标准作为指标等级划分依据；其次，借鉴国内外典型城市建设经验；对于没有相关研究的指标值，则通过咨询专家的方式予以确定。根据上述原则确定新区规划实施后的生态安全评价分级标准，如表6-9所示。

生态安全单项评价指标等级划分标准 **表 6-9**

指标	单位	评价等级					阈值来源
		安全	较安全	临界安全	不安全	很不安全	
城镇建设用地比率	%	<15	15～20	20～30	30～40	>40	发达国家建设用地比率标准[204]
人口密度	人/km^2	<1000	1000～2000	2000～4000	4000～5000	>5000	深圳城市生态安全评价指标[205]
建筑密度	%	<20	20～25	25～35	35～40	40～50	《陕西省城市规划管理技术规定》并咨询专家
容积率	—	<1.5	1.5～2	2～2.5	2.5～3.5	>3.5	《陕西省城市规划管理技术规定》并咨询专家
坡度	%	<3	3～10	10～25	25～50	>50	坡度分类标准[166]
地形起伏度	—	<0.05	0.05～0.1	0.1～0.3	0.3～0.5	>0.5	地形起伏度分类标准[182]
地表不透水率	%	<10	10～20	20～30	30～70	>70	美国城市“地表不透水率”控制指标[206-207]
植被覆盖度	—	1	0.75	0.6	0.4	0.2	依据归一化植被指数值表征植被生长状况并分级[188]
生态用地保存度	%	>95	85～95	70～85	60～70	<60	咨询专家
绿地率	%	>50	40～50	30～40	20～30	<20	依据宜居城市科学评价标准[208]及中国人居奖评价指标体系[209]

在评价指标标准化处理过程中，对处于各生态安全等级区间指标值赋值为0.2（很不安全），0.4（不安全），0.6（临界安全），0.8（较安全），1.0（安全），再乘以相应权重，即可得各指标生态安全指数。

6.3.2 沣西新城现状

1. 地理位置

沣西新城位于西安市与咸阳市接壤部，北临咸阳东部石油化工区和南部经济开发区，东临西咸新区中的沣东新城，位于关中天水经济区核心位置（图6-22）。区内地势平坦，土地肥沃，北邻渭河、东临沣河，农业灌溉条件优越。

2. 区划范围

沣西新城辖1镇4个街道办88个行政村，包括西安市大王镇、马王街办、高桥街办及咸阳市钓台街办、陈杨寨街办，规划用地总面积约143平方公里，如图6-23所示。

3. 土地利用现状

解译研究区域2010年遥感影像数据（图6-24），得到沣西新城土地利用分类图（图6-25）。按照农林用地、建设用地、水域、道路用地、未利用地分类予以统计。其中，农林用地100.18平方公里，占土地总面积69.9%；建设用地37.36平方公里，占土地总面积26.1%；水域3.81平方公里，占土地总面积2.7%；未利用地1.82平方公里，占土地总面积1.3%。

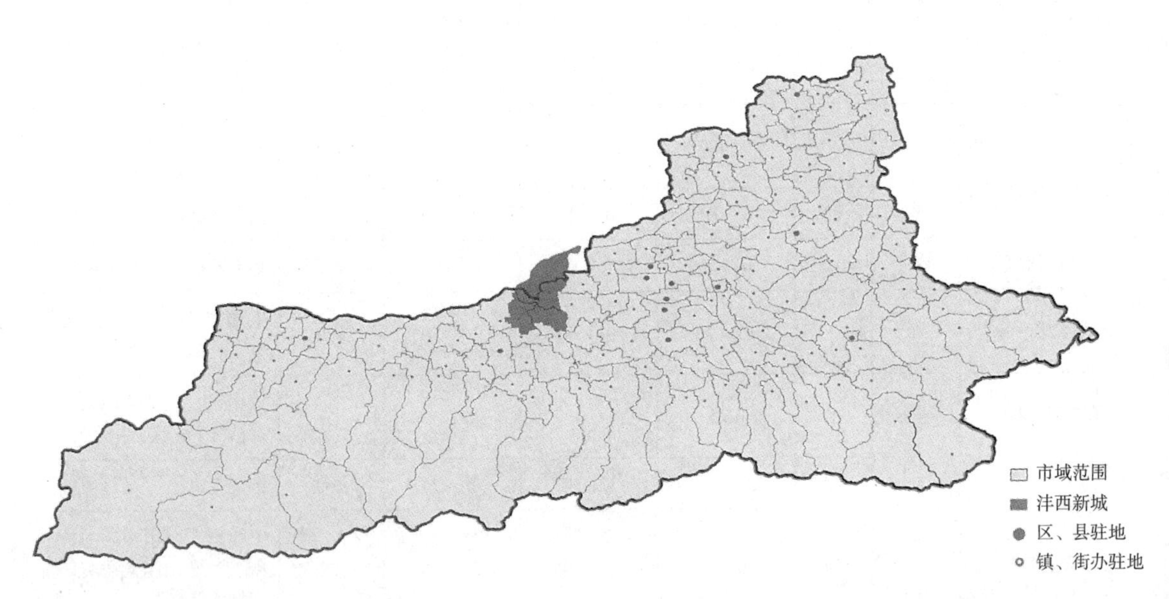

图 6-22　沣西新城地理位置

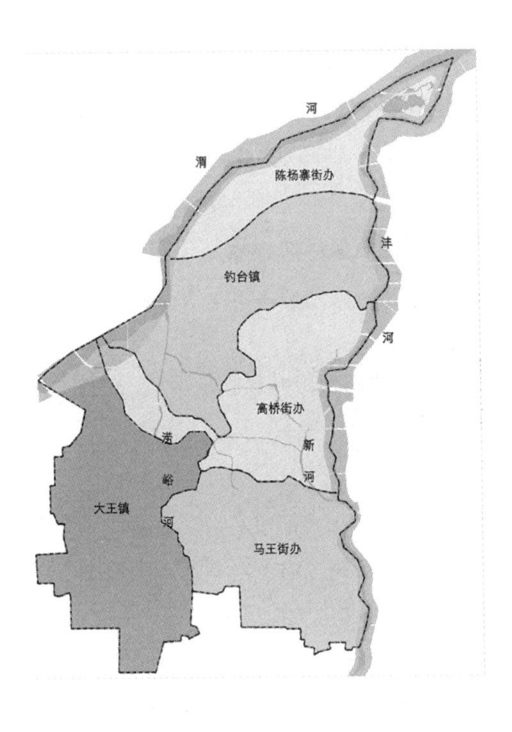

图 6-23　沣西新城行政区划

图 6-24　2010 年研究区域遥感影像图

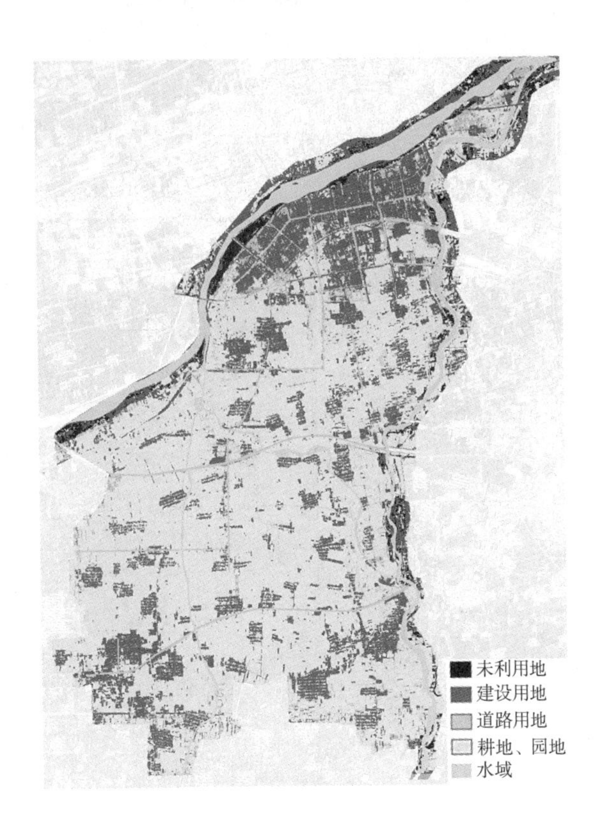

图 6-25　土地利用分类图

6.3.3 沣西新城规划

1. 规划背景

2009年6月25日，国务院批准《关中—天水经济区发展规划》，提出将关中—天水经济区打造成全国内陆型经济发展的战略性高地，作为关中—天水经济区的龙头城市，西安市建设国际化大都市成为国家战略（图6-26）。[210]

2011年5月17日，陕西省审批通过《西咸新区总体规划（2010～2020年）》，西咸新区建设全面启动。西咸新区由沣东新城、沣西新城、秦汉新城、空港新城和泾河新城五个组团组成（图6-27）。[211]

2014年1月6日，国务院批复同意设立陕西西咸新区，成为仅有的8个国家级新区之一。[212]

2. 规划定位

根据上位规划，沣西新城以建设西安国际化大都市新兴产业基地和综合服务副中心为目标，以城市副中心、区域创新型新兴战略产业基地、区域国学养生生态休闲度假区、区域科技研发孵化中心等为中心职能。

3. 规划概要

规划期限确定为2010年～2020年，其中2010年～2015年为启动实施阶段，2016年～2020年为全面建设阶段，规划如图6-28所示。沣西新城规划控制区总面积143.17平方公里，至规划期末城市建设用地规模64平方公里，人均用地指标120.75平方米。至2015年近期规划人口35万人，2020年规划人口53万人。沣西新城依托区域自然、人文资源优势，以水系、遗址廊道、道路交通为骨架，形成多功能城市片区，“一核两轴四园十区”的空间结构（图6-29）。

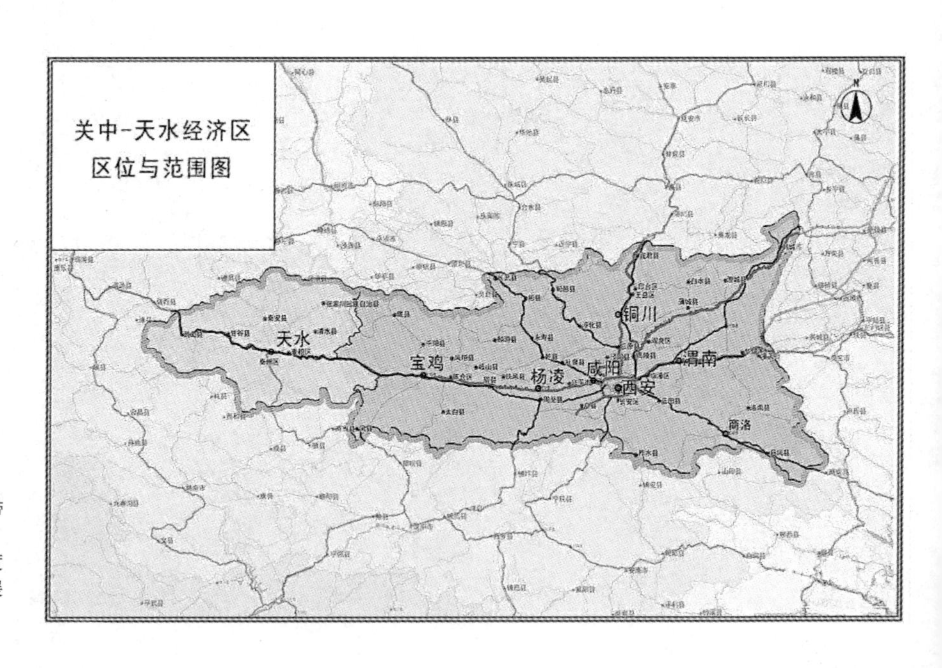

图6-26　关中天水经济带示意

资料来源（图6-26）：百度百科. 关中天水经济区发展规划。

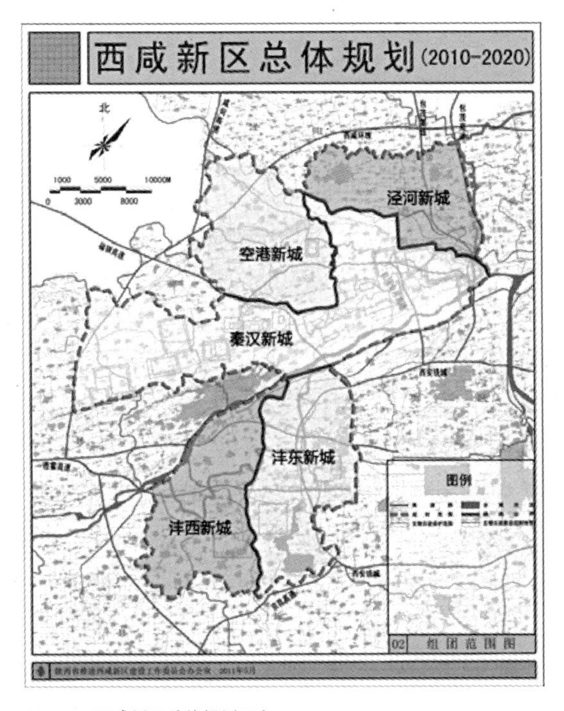

图 6-27 西咸新区总体规划示意
资料来源（图6-27）：西咸新区沣西新城分区规划说明书［R］. 西安市城市规划设计研究院，2011：1。

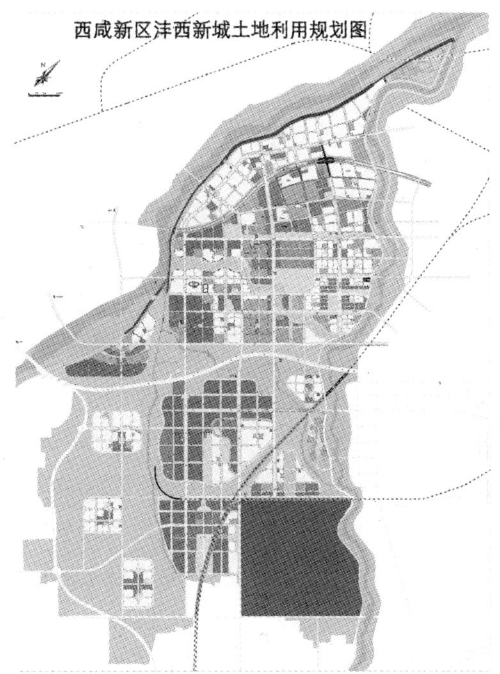

图 6-28　沣西新城土地利用规划图
资料来源：西咸新区沣西新城分区规划说明书[R]. 西安市城市规划设计研究院，2011：36。

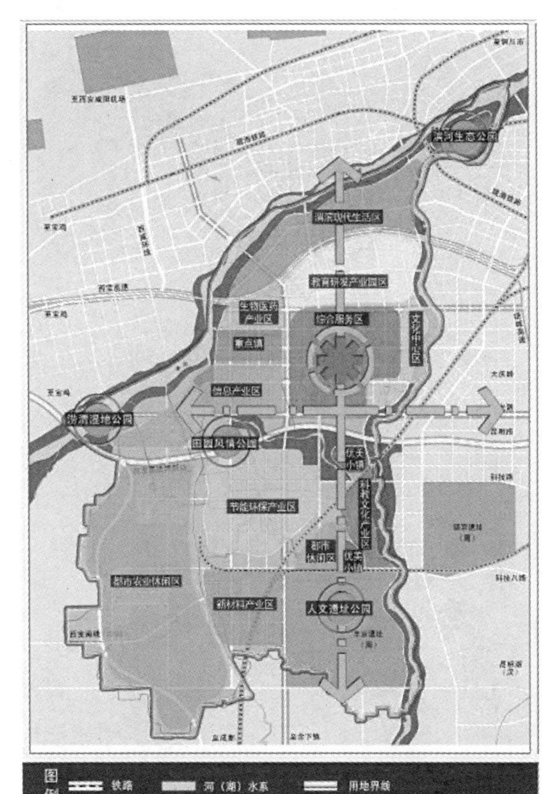

图 6-29　沣西新城空间结构图
资料来源：西咸新区沣西新城分区规划说明书[R]. 西安市城市规划设计研究院，2011：47。

6.3.4 沣西新城规划实施后的生态安全评价

1. 单项指标评价

（1）城镇建设用地比率

解译遥感影像数据得到2010年研究区域建设用地面积及其分布状况（图6-30），建设用地面积37.36平方公里，其中，城镇建设用地19.3平方公里，村庄宅基地18.06平方公里，城镇建设用地比率为13.5%。渭河与沣河交汇处区域（即陈杨寨街办）已经发展为集中、连片的城市区域，其余建设用地则为村庄宅基地，分布分散。

利用沣西新城规划图得到规划期末建设用地面积及其分布状况（图6-31），2020年建设用地面积为64平方公里，城镇建设用地比率达到44.74%。随着新城城镇化发展，可以预期北部城镇扩张明显，绵延成片，南部则形成若干相对独立的组团。

2010年研究区域城镇建设用地比率低于15%，属于安全等级，而规划期末城镇建设用地比率高于40%，属于很不安全等级，表明新区土地开强度依然较高，对生态环境造成较大压力。

（2）人口密度

研究区域现状人口由农业人口与非农人口组成，分别统计计算人口密度，结

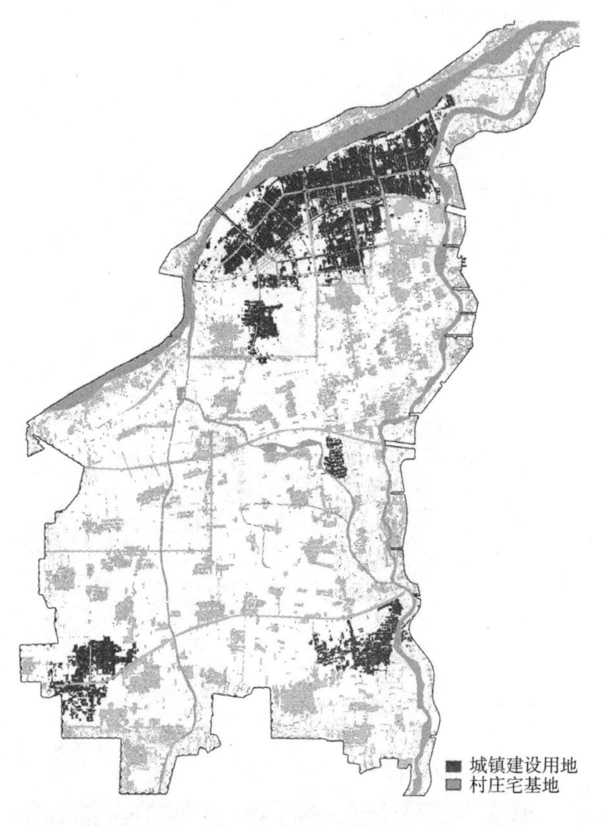

图 6-30 现状城镇建设用地范围图

图 6-31 规划实施后城镇建设用地范围图

果如表6-10及图6-32所示。

规划期末人口规模将达到53万，城市建设用地64平方公里，并形成若干城市组团，以组团为单元进行人口空间控制，具体见表6-11及图6-33。

现状人口密度统计 **表6-10**

镇、街办名称	农业人口（万人）	村庄宅基地面积（平方公里）	农业人口密度（万人/平方公里）	非农业人口（万人）	城镇建设用地（平方公里）	非农业人口密度（万人/平方公里）
马王街办	1.6665	6.11	0.27	—	—	—
高桥街办	2.7211	6.42	0.42	—	—	—
大王镇	1.3064	5.83	0.22	—	—	—
钓台镇	3.5	9.8	0.36	2.3	3.5	0.66
陈杨街办	0.7169	1.5	0.48	2.8986	4.5	0.64
合计	9.9109	29.66	0.33	5.1986	8.0	0.65

资料来源：西咸新区沣西新城分区规划说明书［R］. 西安市城市规划设计研究院，2011，9。

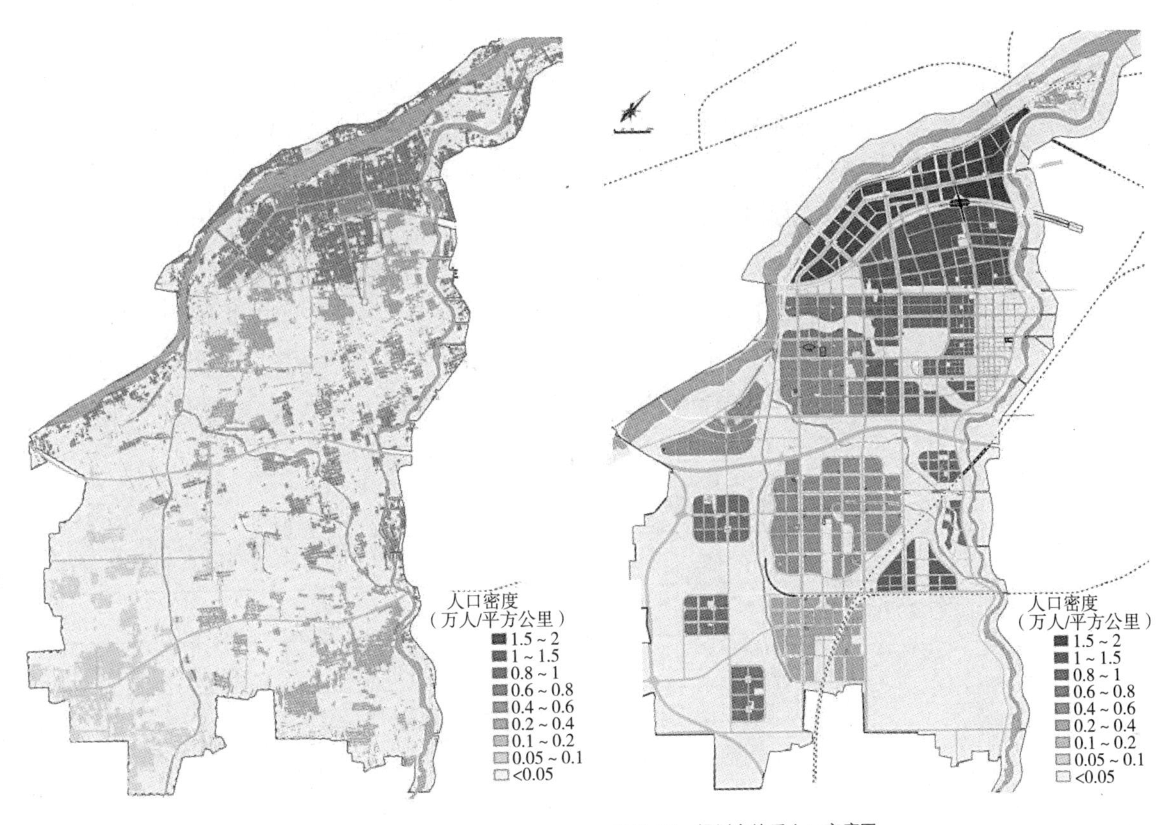

图6-32 现状人口密度图

图6-33 规划实施后人口密度图

规划实施后人口密度统计 **表6-11**

新城功能组团	人口（万人）	建设用地（平方公里）	人口密度（万人/平方公里）
渭滨现代生活区	14.6	9.12	1.6
教育研发产业园区	11.3	9.17	1.23
综合服务区	10.8	12.36	0.87
信息产业区	3.6	6.78	0.53
文化中心区	—	1.59	—
节能环保产业区	4.3	10.38	0.41
新材料产业区	1.6	5.48	0.29
都市农业休闲区	4.2	4.58	0.92
都市休闲区	1.6	1.18	1.36
生物医药产业区	—	2.2	—
科教文化产业区	1	1.16	0.86
合计	53	64	0.83

资料来源：西咸新区沣西新城分区规划说明书［R］. 西安市城市规划设计研究院，2011,33.

现状人口密度呈现自北向南渐次降低的分布状态，密度较高区域主要分布于渭、沣河交汇的陈杨街办、钓台镇，较低区域则位于西南部大王镇。除北部人口较集中，其余则散布于各自然村落之中，分布差异明显。规划期末，人口将由15万人增至53万人，人口密度依然北高南低，随着新城城镇化发展，北部人口增长明显，南部则形成若干组团。总体而言，研究区域人口密度由1055人/平方公里提高到3700人/平方公里，依然低于4000人/平方公里，属于临界安全状态。

（3）建筑密度

根据《陕西省城市规划管理技术规定》对各类别建筑密度的规定，并结合生态安全分级标准，确定相应生态安全等级（表6-12）。依据此标准确定沣西新城规划地块建筑密度并进行分级，如图6-34、图6-35及表6-13所示。经计算可得到沣西新城现状建设用地平均建设密度与规划实施后平均建设密度分别为40.8%，36.8%，前者属于很不安全水平，后者属于不安全水平。

各类型建筑密度统计表 **表6-12**

建筑类别	建筑密度
高层住宅	≤20%
中、高层住宅	≤26%
高层办公类建筑、体育设施类建筑、教育科研类建筑	≤35%
多层办公类建筑、文化娱乐类建筑、医疗卫生类建筑区、中小学建筑区	≤40%
多层及高层商业建筑、工业建筑、仓储建筑	≤50%

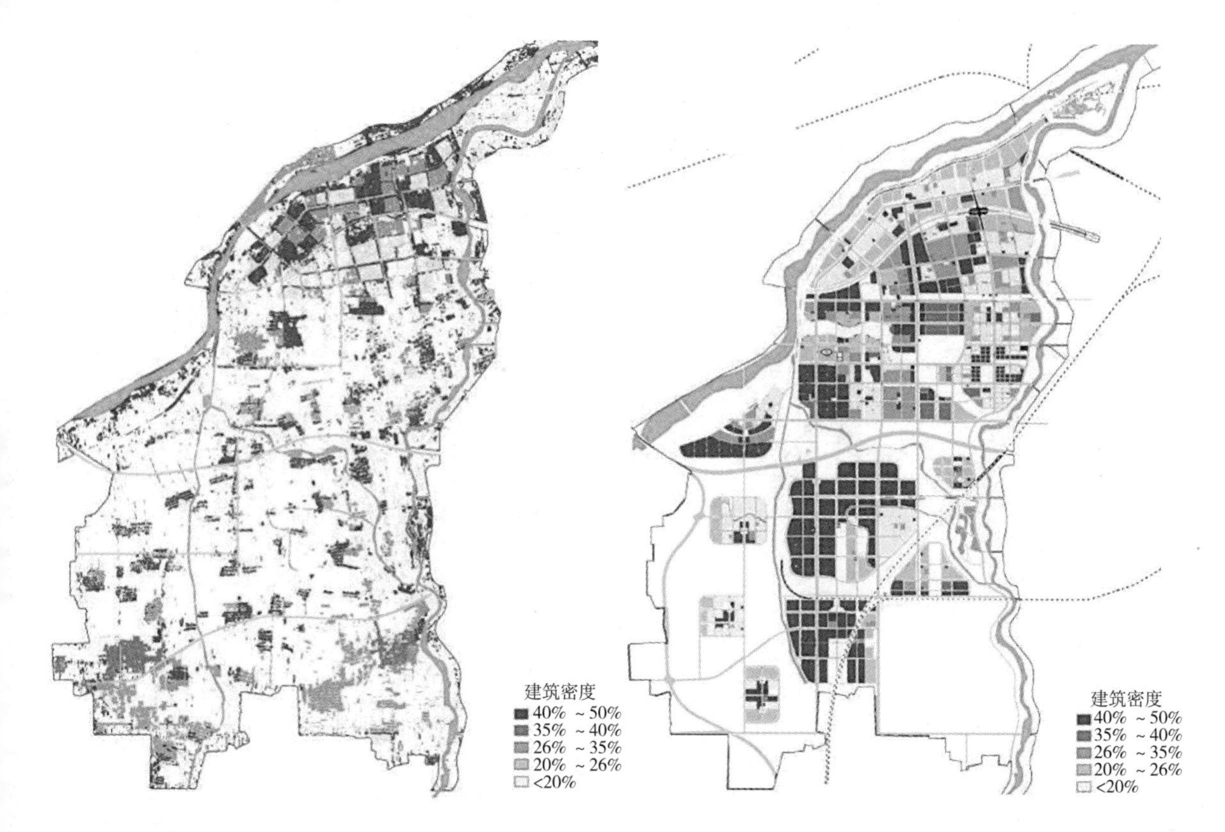

图 6-34 现状建筑密度图

图 6-35 规划实施后建筑密度图

沣西新城建设用地建筑密度统计表 **表 6-13**

建筑密度（%）	生态安全等级	用地现状		规划实施	
		面积（km^2）	占建设用地比例（%）	面积（km^2）	占建设用地比例（%）
40 ~ 50	很不安全	19.2	51.4	25.7	40.1
35 ~ 40	不安全	2.2	6.0	2.6	4.1
27 ~ 35	临界安全	9.1	24.3	8.6	13.5
20 ~ 26	较安全	1.4	3.7	13.2	20.7
<20	安全	5.5	14.6	13.8	21.5

（4）容积率

根据规划确定的各地块土地开发强度以及对应生态安全等级关系，即可得到研究区域开发强度分级图6-36。计算得到2010年沣西新城建设用地平均容积率为1.74，总体属于安全。规划实施后建设用地平均容积率为2.62，见图6-37总体为临界安全。其中，各级开发强度、建设用地面积及占比如表6-14所示。

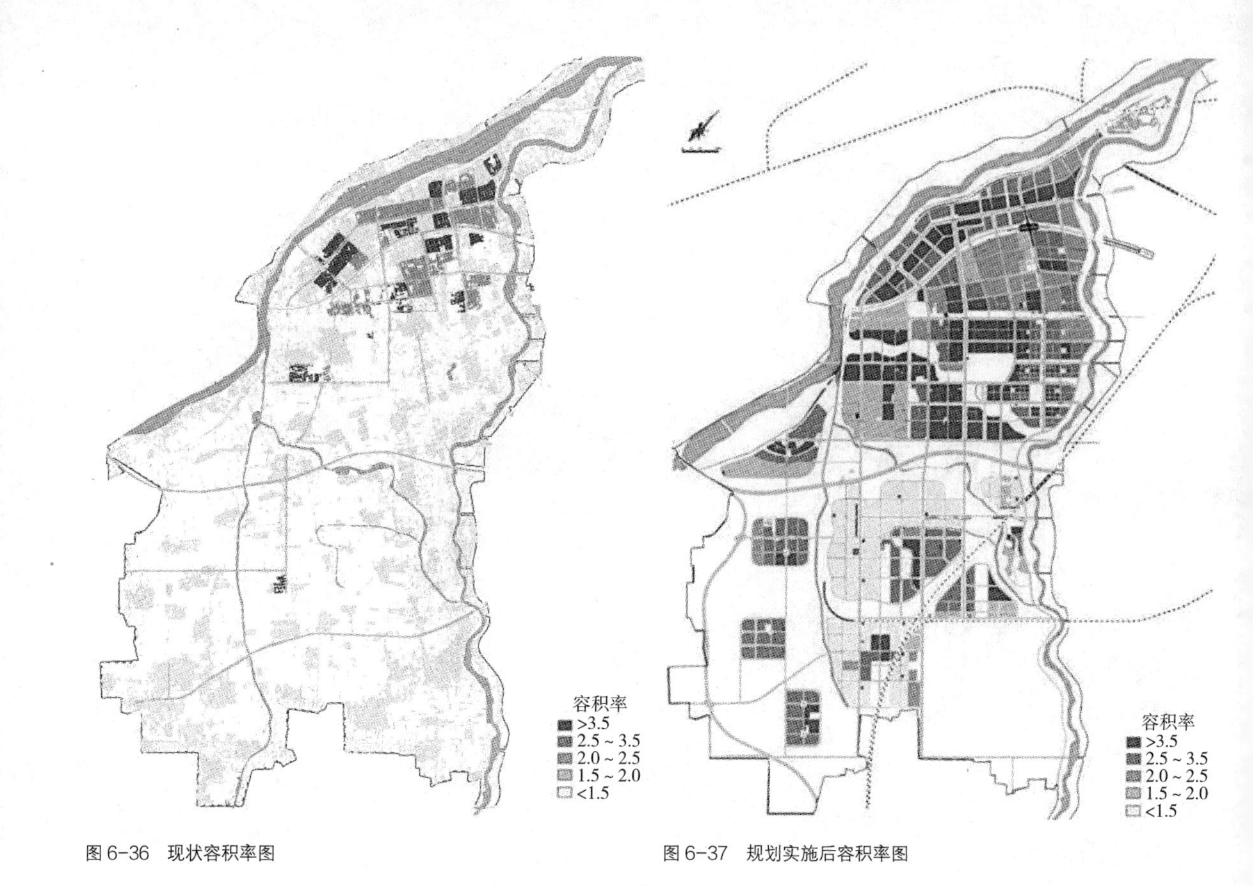

图 6-36　现状容积率图

图 6-37　规划实施后容积率图

沣西新城建设用地容积率统计表　　**表 6-14**

容积率	生态安全等级	现状		规划实施	
		面积（km^2）	占建设用地比例（%）	面积（km^2）	占建设用地比例（%）
>3.5	很不安全	2.5	6.8	17.5	27.4
2.5 ~ 3.5	不安全	0.6	1.7	18.9	29.5
2 ~ 2.5	临界安全	3.3	8.7	8.4	13.1
1.5 ~ 2	较安全	0.9	2.3	7.4	11.6
<1.5	安全	30.1	80.6	11.8	18.4

区域土地开发强度分布有以下特点。

第一，容积率高、开发强度大的区域主要位于研究区域中部，包括市级公共服务中心、城市战略性增长节点在内的城市核心地区。在沣西新城北部沿渭河一线分布有大量高层住宅，土地开发强度也很高。

第二，中高强度开发区域则较分散，包括各组团中心以及滨河区域内一般性地区。

第三，中强度开发区域则包括各组团中心外一般性地区。

第四，中低强度开发区域包括位于城市生态保育区周边、与生态系统衔接的过渡地区和工业片区，以多层建筑为主。

第五，低强度开发区域则包括遗址区、河流保护区周边区域等，以低层建筑为主。

（5）坡度

利用数字高程模型（DEM）数据计算并提取研究区域坡度数据（图6-38），研究区域位于渭河河谷阶地，地势相对平坦，坡度10%以下面积占用地89%。只有西南部大王镇新河两侧用地坡度较大，占到用地11%。

（6）地形起伏度

利用数字高程模型（DEM）数据计算研究区域地形起伏度（图6-39），研究区域地表较平坦，起伏小的区域占80%，地表起伏较大、很大区域占20%，没有起伏强烈的区域。起伏较大区域主要分布于区域西南部新河两岸，在城市建设中为保障生态安全，需尽量避开此区域以免发生滑坡等地质灾害。

图6-38 坡度分级图

图6-39 地形起伏度分级图

（7）地表不透水率

城市新区建设活动会将自然透水地面改造为人工不透水地面，从而改变自然水循环系统，破坏区域水生态环境，导致诸多生态安全安全问题。如果城市不透水面积过多将会加剧城市内涝及热岛效应，破坏水文循环，造成地表植被死亡等[203]。作为新区建设的管理依据，从规划阶段着手研究如何测度与预期规划期末地表不透水率变化状况及对城市生态安全的影响都具有重要现实意义。

关于城市不透水面对生态环境的影响[206,207]，生态学家普遍认为当不透水率低于10%时流域生态环境良好，10%～30%之间，流域的生态环境就已经受到破坏，超过30%时，对于流域生态环境质量的影响是不可逆的，据此确定了对应的不透水率生态安全等级。

采用地表不透水面积与用地面积之比表示地表不透水率，其中，地表不透水面积产生于城市建设用地上，主要由两部分组成：城市硬化道路，均为不透水面面积；根据各类用地建筑密度进行折算的不透水地面面积。

由于建筑密度表示用地范围内建筑物的覆盖率，恰好可以利用各地块建筑密度控制指标来测度地表不透水率，如表6-15所示。但需注意的是，在计算各地块不透水率时，还需考虑地块内道路、场地等不透水地面的影响。

各类型城市建设用地不透水率统计表 **表6-15**

用地类型	建筑类型	建筑密度（%）	道路、场地占比（%）	地表不透水率（%）	生态安全等级
居住	高层住宅用地	20	10	30	临界安全
	中、高层住宅用地	25	10	34	不安全
	多层住宅用地	28	12	40	不安全
办公	高层办公用地	35	15	50	不安全
	多层办公用地	40	15	45	不安全
文体、医疗	体育设施类建筑用地	35	20	55	不安全
	教育科研类建筑用地	35	20	55	不安全
	文化娱乐类建筑用地	40	20	60	不安全
	医疗卫生类建筑用地	40	20	60	不安全
	中小学建筑用地	40	20	60	不安全
商业	多层及高层商业建筑用地	50	25	75	很不安全
工业	工业建筑区、仓储建筑用地	50	30	80	很不安全

参考《陕西省城市规划管理技术规定》确定各种用地类型最大建筑密度，查

阅相关建筑设计规范并咨询专家，确定各类型建筑通常道路、场地占比，从而得到相应地表不透水率并确定生态安全等级（图6-40、图6-41）。

根据表6-20统计数据可计算出研究区域平均不透水率。结果显示，用地现状不透水率为18.7%，属于较安全等级，而规划实施后则为27.7%，总体属于临界安全。

观察图6-47，区域中部工业用地不透水率很高，而北部沿渭河一带及西南部若干组团不透水率较低。工业用地不透水率高有其合理性一面，即工业废水不易直接下渗，参与到地下水循环中去，而是利用专用管线排入废水处理厂进行无害化处理。但是，区域东部沿沣河一侧，部分地块地表不透水率较高，需要调整相应控制指标，以满足正常水体循环，改善区域生态安全。

（8）植被覆盖指数

解译现状遥感影像，利用ENVI软件提取NDVI指数并进行分级（表6-16）。对规划期末研究区域NDVI值确定则根据现状评价结果进行预测，依据NDVI值与分布区域对应关系，将城镇建设用地、水域、道路依然评价为很不安全等级；假设规划期末生态、绿化及农业用地NDVI值及生态安全等级未发生变化；将上述调整进行叠加处理，即可得到研究区域规划期末NDVI分级统计结果（表6-16）。经统计分析，2010年研究区域NDVI均值为0.43，总体属于临界安全状态，而到

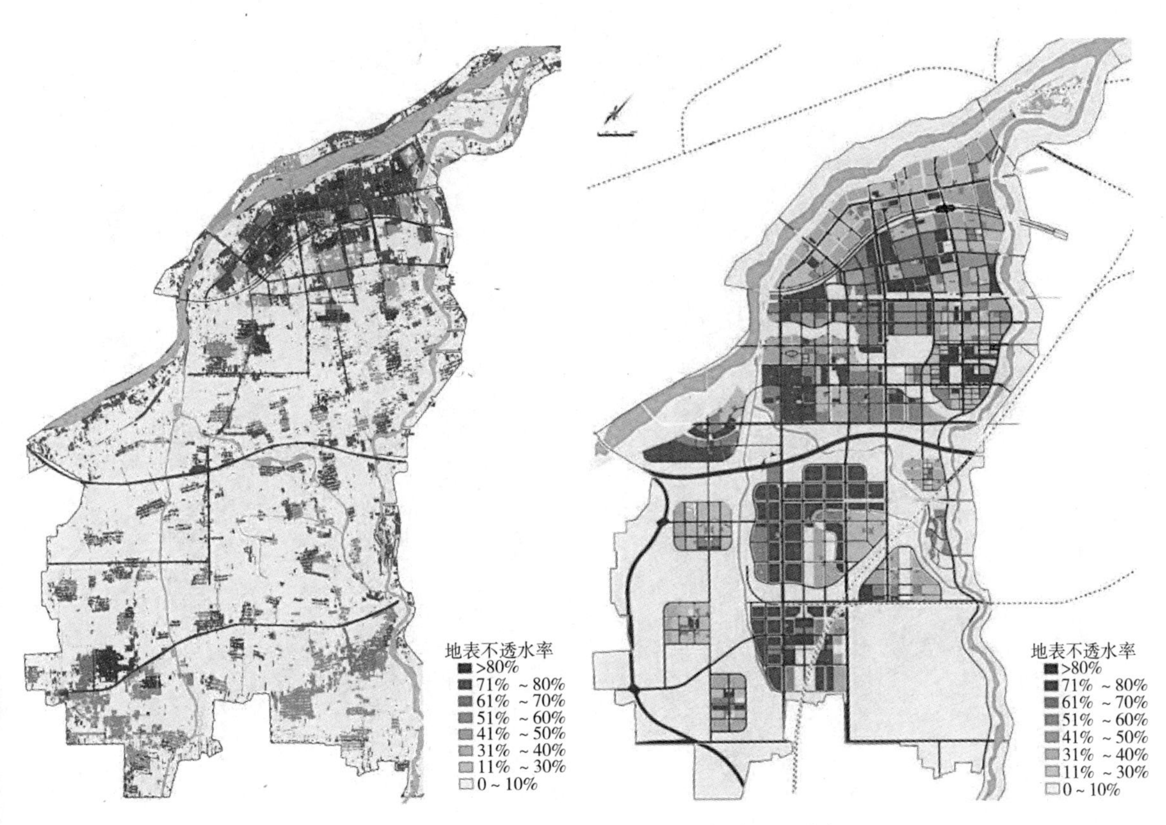

图6-40　现状地表不透水率图

图6-41　规划实施后不透水率图

沣西新城植被 NDVI 分级统计表 **表 6-16**

NDVI值	现状		规划实施		生态安全等级	分布区域
	面积（平方公里）	比例（%）	面积（平方公里）	比例（%）		
<0.2	24.93	17.4	59.34	41.4	很不安全	城镇建设用地、水域、道路
0.2 ~ 0.4	18.46	12.9	9	6.3	不安全	乡村居民点建设用地
0.4 ~ 0.6	58.5	40.9	45.2	31.6	临界安全	中低产耕地
0.6 ~ 0.75	31.5	22	22.53	15.7	较安全	优良耕地、林地
>0.75	10.18	7.1	7.1	5.0	安全	密林地

规划期末，NDVI均值则下降为0.33，属于不安全状态。

（9）生态用地保存度

将非建设用地中具有生态功能的用地均视作生态用地，包括农林用地、文物古迹用地、公园用地、防护绿地、滩涂用地等。将现状生态用地与规划期末生态用地进行比较、分析，如图6-42、图6-43及表6-17所示。

解译现状遥感影像，得到2010年区域生态用地面积为103.82平方公里，同坐标叠加规划期末生态用地，利用GIS技术得到生态用地占用区域（转化为建设用

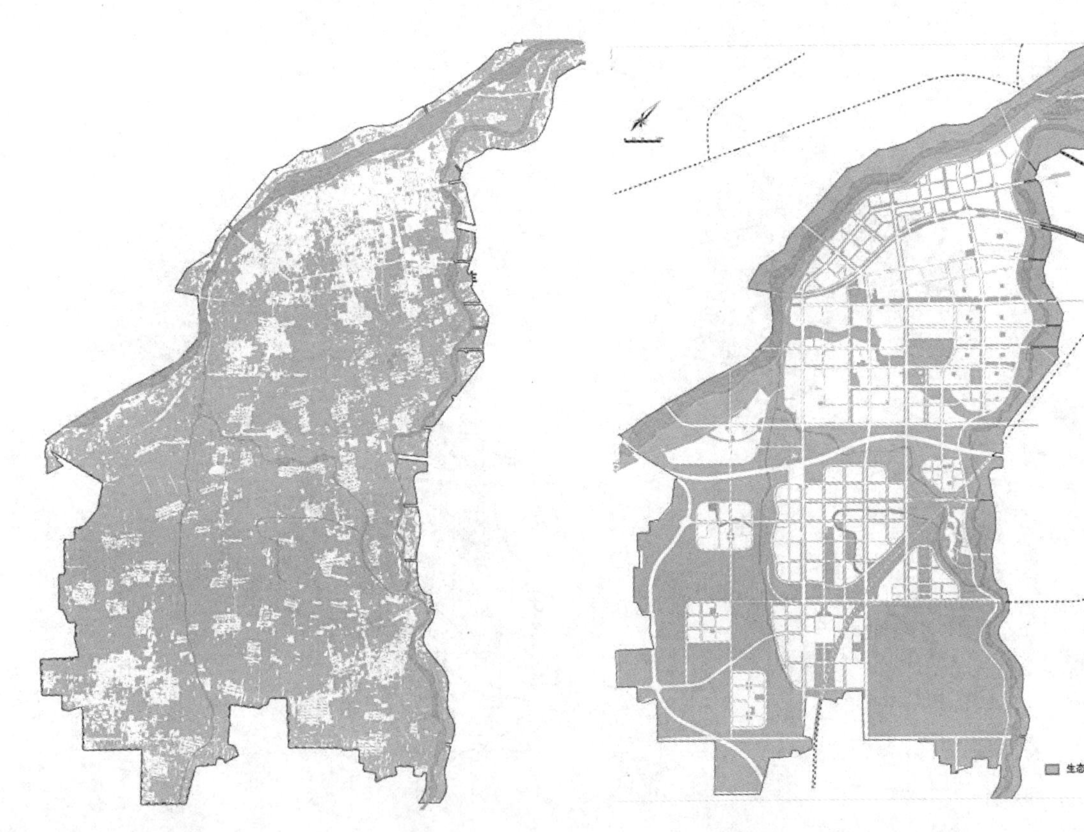

图 6-42 现状生态用地分布图

图 6-43 规划实施后生态用地分布图

地）、稳定区域、扩张区域的空间分布格局及面积（图6-44、表6-17），计算出生态用地净损失面积为23.32平方公里，得到生态用地保存度为71.1%，属于临界生态安全等级。

沣西新城生态用地面积变动统计表 **表6-17**

2010年（现状）	生态用地面积（平方公里）	103.82
2020年（规划期末）	生态用地面积（平方公里）	80.5
	生态用地被占用面积（平方公里）	42
	生态用地稳定面积（平方公里）	62
	生态用地扩张面积（平方公里）	18.5
	生态用地净损失面积（平方公里）	23.32
	生态用地保存度（%）	71.1

（10）绿地率

查阅沣西新城生态建设与绿地系统规划相关内容，整理得到研究区域各类用地绿地率，依据文中的对应生态安全等级确定各类用地生态安全等级（图6-45、图6-46及表6-18、表6-19）。

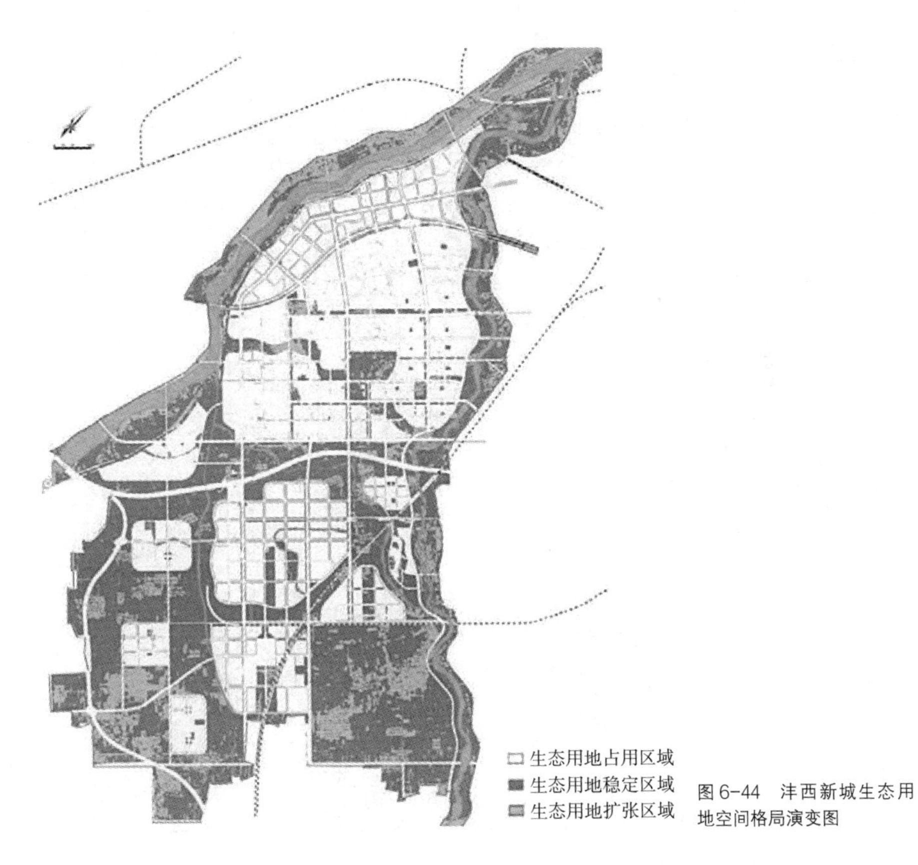

图6-44 沣西新城生态用地空间格局演变图

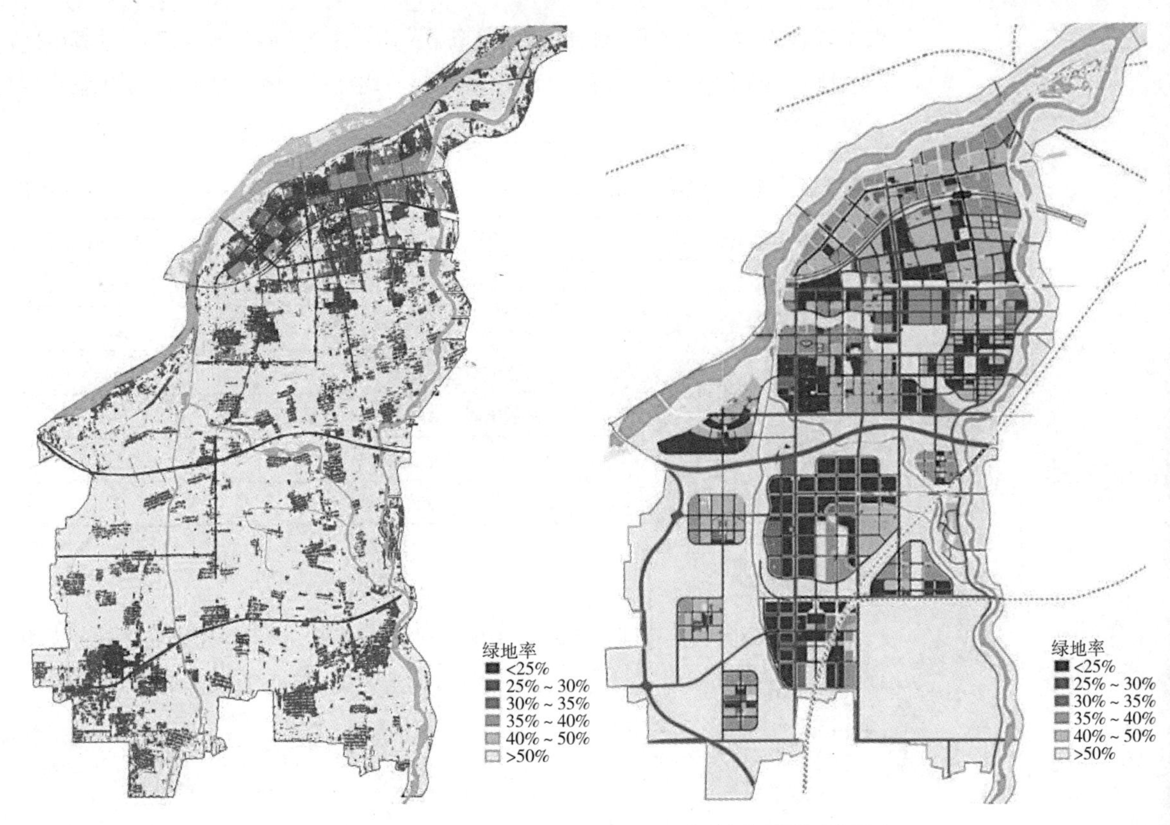

图 6-45　现状绿地率分级图

图 6-46　规划实施后绿地率分级图

沣西新城各类建设用地绿地率及生态安全等级统计表　　表 6-18

用地类型		绿地率（%）	生态安全等级
居住用地	高层住宅用地	>40	较安全
	中、高层住宅用地	>35	临界安全
办公用地	高层办公用地	>35	临界安全
办公用地	多层办公用地	>35	临界安全
文体、医疗用地	体育设施类建筑用地	>40	较安全
	教育科研类建筑用地	>40	较安全
	文化娱乐类建筑用地	>40	较安全
	医疗卫生类建筑用地	>40	较安全
	中小学建筑用地	>40	较安全
商业用地	多层及高层商业建筑用地	>20	不安全
工业用地	工业建筑区、仓储建筑用地	>20	不安全
市政用地	市政公用设施用地	>30	临界安全
道路用地	主干道	>30	临界安全
	次干道	>20	不安全

沣西新城建设用地绿地率统计 **表 6-19**

绿地率（%）	面积（平方公里）	占建设用地比例（%）	生态安全等级
<20	23.2	36.3	很不安全
20 ~ 30	8.4	13.1	不安全
30 ~ 35	2.4	3.8	临界安全
35 ~ 40	8.6	13.4	临界安全
40 ~ 50	14.3	22.3	较安全
>50	7.7	12.1	安全

2. 综合评价

将上述10项标准化处理的生态安全栅格数据进行叠加求和运算（表6-20、图6-47），即可得到覆盖研究区域的归一化综合生态安全指数，根据确定的生态安全评价等级进行分级表达，即可得到规划实施前后的生态安全分级图（图6-48、图6-49）。在GIS软件中统计出区域现状及规划实施后各生态安全等级面积与比例，如表6-21所示。

沣西新城规划实施前后的生态安全分值比较 **表 6-20**

目标层	准则层	指标层		指标均值	标准化处理值	权重	生态安全指数	生态安全等级
沣西新城城市规划实施后的生态安全评价	驱动力	城镇建设用地比率	现状	13.5%	1	0.126	0.126	临界安全
			规划实施	44.74%	0.2	0.126	0.025	很不安全
		人口密度	现状	1055人/平方公里	0.8	0.063	0.050	较安全
			规划实施	3700人/平方公里	0.6	0.063	0.038	临界安全
	压力	建筑密度	现状	40.8%	0.2	0.176	0.057	很不安全
			规划实施	36.8%	0.4	0.176	0.070	不安全
		容积率	现状	1.74	0.8	0.176	0.141	安全
			规划实施	2.37	0.6	0.176	0.106	临界安全
沣西新城城市规划实施后的生态安全评价	状态	坡度		3.9%	0.8	0.038	0.030	较安全
		地形起伏度		0.06	0.8	0.066	0.053	较安全
		不透水率	现状	18.7%	0.8	0.123	0.098	较安全
			规划实施	27.7%	0.6	0.123	0.074	临界安全
		植被覆盖指数	现状	0.43	0.6	0.123	0.074	临界安全
			规划实施	0.33	0.4	0.123	0.049	不安全

续表

目标层	准则层	指标层		指标均值	标准化处理值	权重	生态安全指数	生态安全等级
沣西新城城市规划实施后的生态安全评价	响应	生态用地保存度	现状	72.4%	0.6	0.082	0.049	临界安全
			规划实施	71.1%	0.6	0.082	0.049	临界安全
		绿地率	现状	28.8	0.4	0.027	0.011	不安全
			规划实施	37.1%	0.6	0.027	0.016	临界安全
合计			现状				0.689	临界安全
			规划实施				0.561	不安全

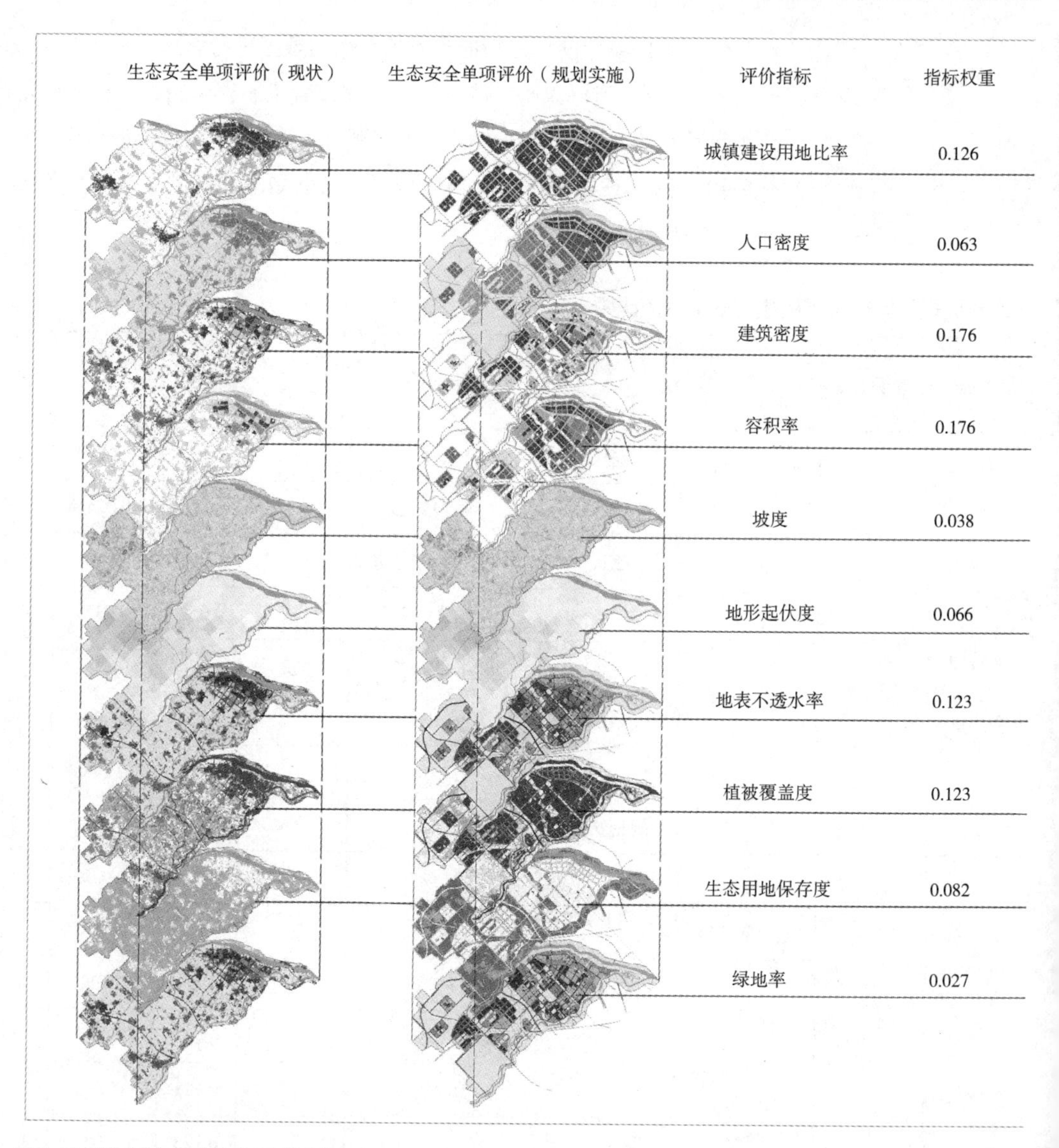

图 6-47　沣西新城生态安全综合评价指数的确定

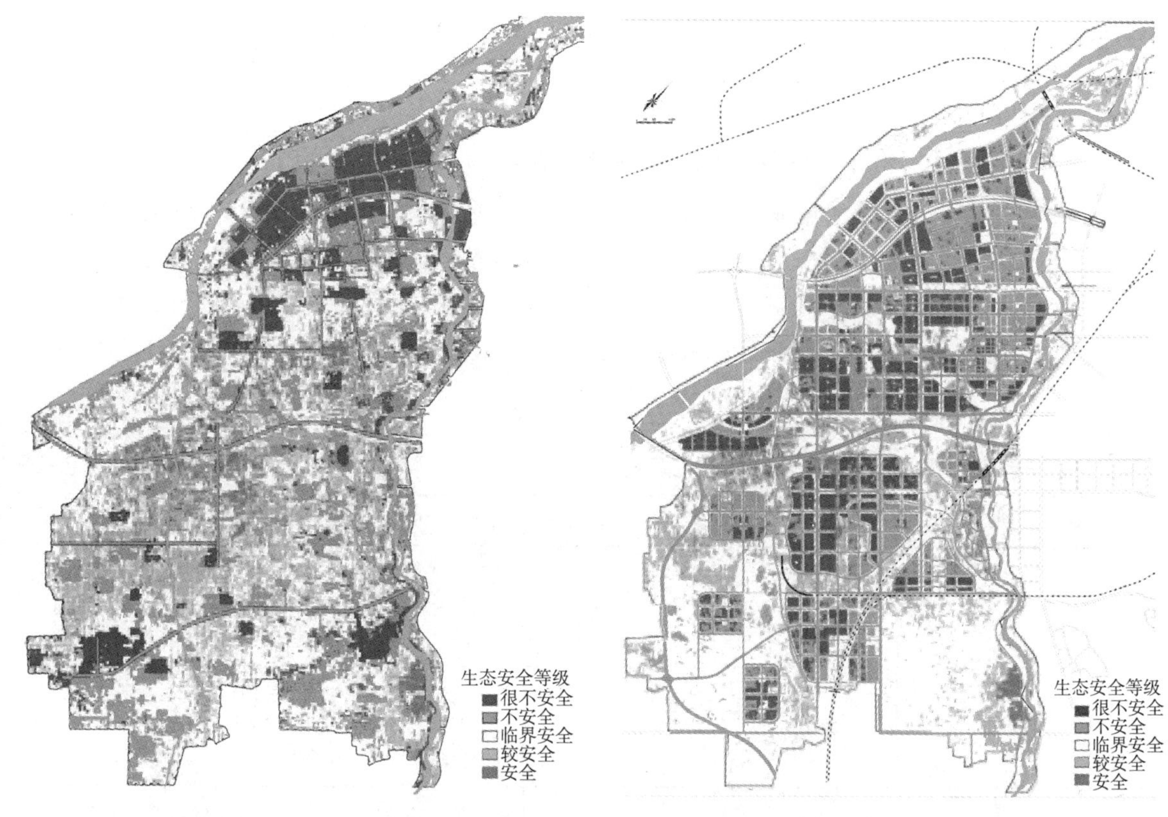

图 6-48 现状生态安全分级图

图 6-49 规划实施后生态安全分级图

沣西新城规划实施前后的生态安全等级比较 **表 6-21**

现状		规划实施		生态安全等级
面积（平方公里）	比例（%）	面积（平方公里）	比例（%）	
12.2	8.5	16.5	11.5	很不安全
27.8	19.4	39.1	27.3	不安全
64.1	44.7	66.9	46.7	临界安全
28.3	19.8	17.8	12.4	较安全
10.9	7.6	3.0	2.1	安全

研究区域现状生态安全指数在0.283～0.883之间，平均生态安全指数为0.689，总体属于临界生态安全等级。规划期末，研究区域生态安全指数在0.371～0.827之间，平均生态安全指数下降为0.561。综合来看，规划实施后，沣西新城生态安全等级下降，由生态临界安全转变为生态不安全。沣西新城生态很不安全与不安全用地主要分布于城市建设用地上。其中，很不安全用地主要分布于沣西新城中部节能环保产业园区、综合服务区、信息产业园区；其余建设用地以及区域西南部新河两岸坡度、起伏度较大的区域也属于生态不安全区域。生态较安全与安全用地分布于中部及沣河以及沙河两岸灌溉条件好、植

被茂盛的优良耕地、林地区域，生态临界安全用地则主要分布于南部中低产田及遗址保护用地上。

6.3.5 沣西新城城镇化发展策略

生态安全评价结果总体属于较不安全范围，意味着规划期末区域生态环境受人为建设活动干扰较大，生态系统服务功能将会出现严重退化，生态恢复与重建困难，生态灾害较多。因此，对原规划方案相关生态控制指标进行适度调整，再次进行生态安全评价，并结合规划功能分区提出生态管理与城镇化建设调控策略（表6-22、图6-50、图6-51）。

基于生态安全评价的沣西新城城镇化建设调控策略表 **表 6-22**

地块编号	地块类型	用地面积（公顷）	生态安全指标调整	城镇化建设调控策略与建议
A	居住	911.51	不透水率	该区位于渭河南岸，且基本为建成区，调控余地较小，但是可以通过使用具有透水性能铺装材料减低区域道路、场地不透水率，改善区域水生态环境
B	产业、商业	491.57	建筑密度绿地率	该区位于渭河东岸，其商业用地生态安全等级低，建议在不改变容积率前提下适当降低商业用地建筑密度，提高绿地率，改善生态安全
C	居住、教育	510.54	绿地率建筑密度 不透水率	该区公共绿地偏少，造成绿地率低，不利生态安全。此外，沣河以西配套商业地块建筑密度及不透水率过高，不透水面积偏大，影响水系循环，造成生态安全评价值低，建议调整
D	商业、办公	1370.57	建筑密度 不透水率	该区东临沣河，有部分商业地块建筑密度、不透水率偏高，不利于地表水下渗，影响水文循环，建议适度减低建筑密度及不透水率，改善生态安全
E	居住	776.38	生态用地保存度	该区西南角距离沙河仅20余米，占用河流生态廊道，建议调整规划用地性质，将占用部分调整为生态用地，提高生态用地保存度
F	产业科研	303.99	不透水率	该区位于渭河、新河、沙河交汇之处，水环境健康直接影响该区域生态安全。为了保障区域水循环，改善区域水生态环境，建议采用具有透水性能铺装材料减低区域道路、场地不透水率
G	产业	1038.06	生态用地保存度	该区中部建设用地距沙河30米，河流生态廊道宽度不足60米，建议调整廊道宽度至100米，将占用部分调整为生态用地，提高生态用地保存度
H	农业	214.51	植被覆盖指数	该区位于都市农业休闲区内，布局自由度较大，而规划位置占用植被覆盖度高的生态用地过多，建议向南调整位置，利用拆迁用地及植被覆盖度低的用地进行建设，最大限度保护生态用地，提高植被覆盖度

续表

地块编号	地块类型	用地面积（公顷）	生态安全指标调整	城镇化建设调控策略与建议
I	产业	547.65	生态用地保存度	该区西侧道路紧邻新河，占用河流生态廊道用地，建议调整规划，拓宽河流廊道至100米，将占用廊道建设用地调整为生态用地，提高生态用地保存度
J	农业	243.04	植被覆盖指数	该区位于都市农业休闲区内，布局自由度较大，而规划位置占用植被覆盖度高的生态用地过多，建议向南调整位置，充分利用拆迁用地进行建设，最大限度保护生态用地，提高植被覆盖度
K	产业居住	195.44	建筑密度绿地率	该区南部地块建筑密度高、绿地率偏小，建议容积率不变情况下，适度减低建筑密度，提高绿地率
L	科研	210.8	—	该区位于沣河以西，环境优良，指标控制适当，不作调整
M	农业	163.2	植被覆盖指数	该区位于都市农业休闲区内，布局自由度较大，而规划位置占用植被覆盖度高的生态用地过多，建议向西南调整位置，充分利用拆迁用地进行建设，最大限度保护生态用地，提高植被覆盖度，保障生态安全

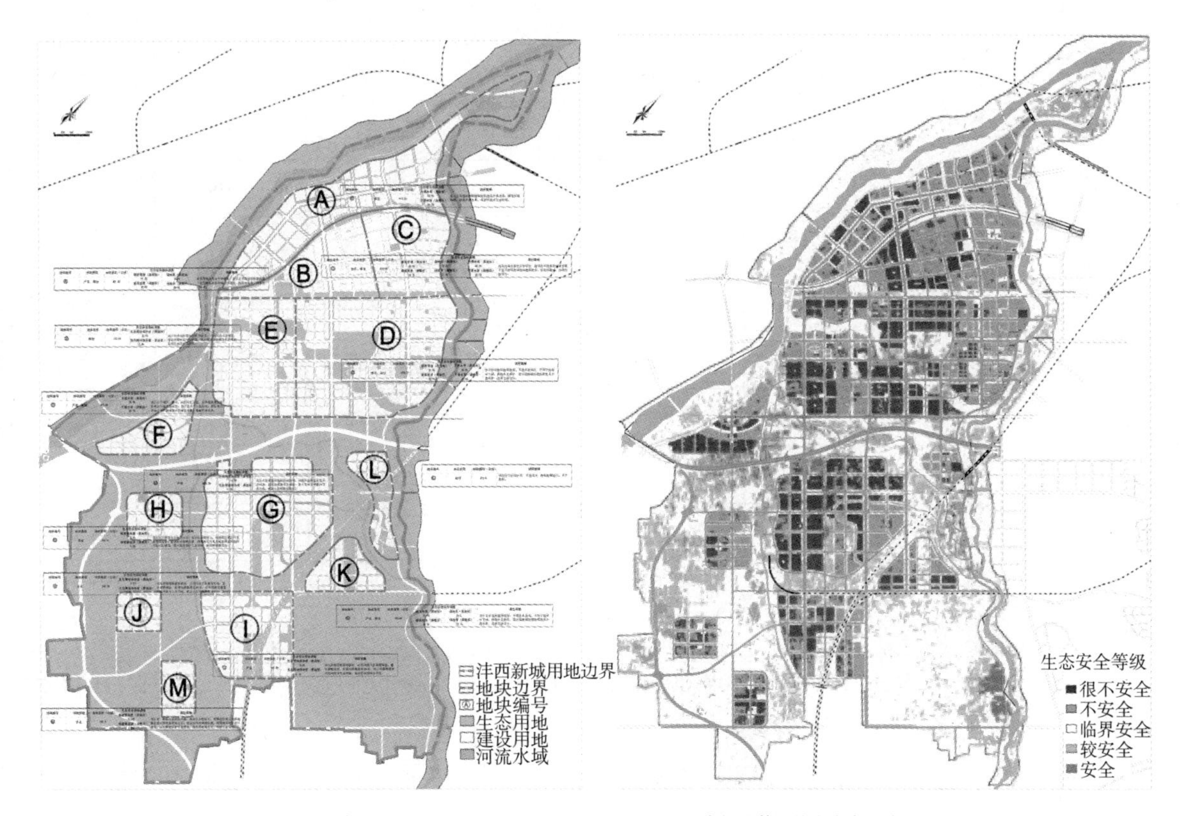

图 6-50　沣西新城分片区城镇化建设调控策略图

图 6-51　指标调整后的生态安全分级图

沣西新城生态安全指标调整前后比较

表 6-23

目标层	准则层	指标层		指标均值	标准化处理值	权重	生态安全指数	生态安全等级
沣西新城城市规划实施后的生态安全评价	驱动力	城镇建设用地比率	（原规划）	44.74%	0.2	0.126	0.025	很不安全
			（调整后）	39.33%	0.4	0.126	0.05	不安全
		人口密度	（原规划）	3700人/平方公里	0.6	0.063	0.038	临界安全
			（调整后）	3630人/平方公里	0.6	0.063	0.038	临界安全
	压力	建筑密度	（原规划）	36.8%	0.4	0.176	0.070	不安全
			（调整后）	34.8%	0.6	0.176	0.1056	临界安全
		容积率	（原规划）	2.37	0.6	0.176	0.106	临界安全
			（调整后）	2.35	0.6	0.176	0.106	临界安全
	状态	坡度	—	3.9%	0.8	0.038	0.030	较安全
		地形起伏度	—	0.06	0.8	0.066	0.053	较安全
沣西新城城市规划实施后的生态安全评价	状态	不透水率	（原规划）	27.7%	0.6	0.123	0.074	临界安全
			（调整后）	27.3%	0.6	0.123	0.074	临界安全
		植被覆盖指数	（原规划）	0.33	0.4	0.123	0.049	不安全
			（调整后）	0.37	0.4	0.123	0.049	不安全
	响应	生态用地保存度	（原规划）	71.1%	0.6	0.082	0.049	不安全
			（调整后）	72.5%	0.6	0.082	0.049	不安全
		绿地率	（原规划）	37.1%	0.6	0.027	0.016	临界安全
			（调整后）	40.8%	0.8	0.027	0.022	较安全
合计			（原规划）				0.561	不安全
			（调整后）				0.617	临界安全

汇总各地块评价指标调整值，再次进行生态安全综合评价并与原评价结果进行比较（表6-23）。

各项生态安全指标调整后，生态安全指数由0.561增加为0.617，区域生态安全等级由不安全转变为临界安全。区域生态安全为临界安全意味着生态环境虽然受到一定破坏，生态系统服务功能有所退化，但生态系统尚可维持基本功能且受干扰后采取措施依然可修复。因此，通过对原规划方案相关生态控制指标适度调整，以较小的代价换来整个区域生态安全保障，为区域城镇化与生态环境协调发展奠定基础。

具体分析10项生态安全指标，情况有所不同，其中2项涉及地形地貌指标未发生变化，其余8项均有所改善，但程度不同。其中5项指标改善幅度小，不足以达到更高一级生态安全阈值条件，因此评分并未变化，包括人口密度、容积率、不透水率、植被覆盖度、生态用地保存度。其余2项原指标评价值就接近生态安全阈值点，加之调整后改善幅度较大，因此评价值达到更高一级生态安全阈值条件值，评分有所提高，包括城镇建设用地比率、建筑密度、绿地率等。

第7章 总结与展望

7.1 总结

自实施西部大开发战略以来，西部地区社会经济发展步入快车道，城镇化步伐加快，城镇人口迅速增长，城镇建设用地扩张迅猛。伴随快速城镇化进程而来的是一系列的生态与环境问题，对区域生态安全构成严重威胁，阻碍了城镇“社会—经济—生态”复合生态系统的协调与可持续发展。如何监测城镇建设活动对生态环境的影响，协调城镇化与生态环境的关系，保障城镇生态安全已成为亟待解决的问题。

以人居环境学、系统学、景观生态学和地理学等为理论基础，“驱动力—压力—状态—响应”（DPSR）生态安全评价模型为框架，构建了城市生态安全评价指标体系。运用GIS、RS等先进技术手段对西安市域生态安全状况进行测度与评价，提出基于生态安全的城镇化发展策略。

1. 构建了适用于城市区域的生态安全评价指标体系。

城市生态安全受社会、经济等人为因素影响较多，选取DPSR模型框架来构建指标体系，相较于其他模型框架，增加了驱动力指标用以反映社会经济建设活动对城市生态环境变化所起的驱动作用，更适合于评价城市区域生态安全问题。

指标体系确定过程中，注重多学科融合与交叉，采用问卷统计指标提及频次与专家访谈相结合的科学方法，集中体现了城乡规划学科、建筑学科、环境学科、地理学科等不同学科对城市生态安全问题的共识，最大限度减少指标选取的主观性与随意性。

在指标选取中改变以往生态安全评价较为注重常态的环境评价指标，而对于气候灾害等突发性极端环境评价指标较少涉及的弊端，凸显极端气候对城市生态安全带来的重大影响。有别于以往生态安全评价关注生态环境、污染物排放等指标，选取了城镇建设用地比率、城镇集聚—碎化指数、城镇化率等指标来测度城镇化建设对城市生态安全的影响。

2. 分析与评价了西安市生态安全驱动力、压力、状态和响应4方面32项单项指标的结果

生态安全驱动力评价方面的主要结论：西安市东北部高陵县、阎良区承接城市工业转移，经济增长最为迅速；老城区周边未央区、雁塔区、灞桥区建设用地比率快速增加，是城市扩张主要区域；老城区人口密度下降，郊区县人口密度上升，说明伴随城镇扩张，出现人口由城市中心向周边扩散的趋势。

生态安全压力评价方面的主要结论：主城区水资源消耗密度最高，其次为北部高陵县、阎良区，再次为远郊区县、较少的为近郊长安区、灞桥区及蓝田县；由于城镇扩张，农用地缩减，土地资源承载力也逐年下降；综合考虑高温、洪涝、低温等灾害气候对于生态安全的影响，西安市区灾害气候综合评价值最低，尤其高温日数较周边多，说明城市热岛效应明显。

生态安全状态评价方面的主要结论：基于遥感影像与DEM数据，对研究区域植被覆盖指数（NDVI）进行分析，低海拔地区（500米以下）NDVI值最小，植被状况最差，反映该区域城镇分布密集，人类活动对植被生态系统造成强烈影响；定量的测度城镇集聚—碎化指数，证明区域发展仍处于相对集聚的状态，中心城市集聚作用明显，内部发展不均衡、城乡差距过大。

生态安全响应评价方面的主要结论：响应评价结果与评价对象经济发展水平密切相关，经济水平越高，响应评价分值越高；经济发展水平最高的主城区三废处理率、单位GDP能耗、环保投资比例等指标得分均靠前，经济落后的远郊区县分值最低。

3. 揭示了西安市总体生态安全处于临界安全状态和城镇生态安全分布与地形地貌的耦合规律。

研究区域总体生态安全状况基本稳定，处于临界安全状态。2006年，西安市生态安全指数在0.3～0.648之间，平均安全指数为0.529；2010年，西安市生态安全指数在0.302～0.655之间，平均安全指数为0.521。

量化研究区域城镇生态安全等级、城镇数目、城镇密度与地形地貌的关系。结果表明，区域城镇生态安全等级呈现山地、台塬、丘陵、平原渐次递减的规律，而区域城镇数目、城镇密度则相反，呈现山地、台塬、丘陵、平原渐次增加的规律。

区域内部生态安全级别越高地区，城镇密度越小、城镇级别越低。生态很不

安全区域的城镇密度最高，城镇密度达到4.17个/ 100平方公里（2006年）和3.81个/ 100平方公里（2010年）；生态安全区域城镇密度最小，城镇密度仅为0.46个/ 100平方公里（2006年）以及0.34个/ 100平方公里（2010年）。

分析2006~2010年西安市生态安全格局演变趋势，生态很不安全、生态不安全、生态临界安全、生态很安全区域范围均有所增长，只有生态较安全区域范围出现较大幅度减少，说明生态安全区域转化为其他安全等级的土地较多。

4. 针对主城区、中小城镇、城市新区提出基于生态安全的城镇化发展策略

对于主城区，需要疏解人口压力，防止“摊大饼”圈层式空间布局，重点发展和培育城市主导功能，增强辐射与带动作用；控制水资源消耗总量，节约用水，提高水资源利用效率，保障用水安全；加快主城区周边河流污染治理，积极引水入城，形成水汽输送通道，缓解城市热岛效应；积极利用绿色新能源、推进建筑节能改造，降低建筑能耗，实现节能减排，减缓生态环境压力。

对于中小城镇，则需要深入挖掘小城镇特色和生态资源优势，将环境优势转化为经济优势，建设特色小城镇。以蓝田县葛牌镇为例，提出依托古镇生态环境与历史文化资源优势，发展旅游业等第三产业吸纳就业，改善基础设施水平，提高当地城镇化率水平；实施生态移民，促进地质灾害多发区域村民异地就业，改善村民生产、生活条件，保障生态安全；推广新能源技术，转变山区村镇以木材为主的传统能源结构；划定葛牌镇规划保护范围，最大限度保护古镇规划格局、历史建筑与自然山水风貌；加强古街与古建等历史文化资源保护，根据建筑的历史价值及破损程度，提出相应的保护措施。

对于城市新区，提出从生态安全角度评估新区规划的评价方法，将规划控制指标与生态安全要素相关联，评估规划实施后的生态安全趋势并提出城镇化发展策略。以沣西新城为例，利用规划图、规划控制指标与现状遥感图及统计数据，评估城镇化建设对区域生态安全的潜在影响，分片区提出生态管理与城镇化建设调控策略。基于生态安全评价结果，对原规划指标进行适度调整，10项评价指标中有8项得到不同尺度的改善，区域生态安全指数由0.561增加为0.617，生态安全等级则由不安全转变为临界安全，确保城镇化建设不突破生态环境底线。

7.2 展望

城市生态安全研究极为复杂，本书只涉及其中一部分内容，对于该领域理论的探索与实际问题的解决，仍有许多地方值得深入研究。由于时间、经费及数据获取等方面的制约，尚存在不足之处，在后续的研究工作中有待改进。

1. 遥感影像数据期数偏少，精度有待提高。

区域生态安全趋势以及城镇扩张状态是在不断发展变化的，研究城镇生态安

全动态演变趋势需要比较、分析不同时期的遥感影像数据，从而摸清城镇生态安全时空演变规律。由于影像数据获取来源有限，只收集到两期遥感影像，如果有更多期的遥感影像作为比较对象将更有利于揭示研究区域长期生态安全动态演变趋势与规律。

另外，TM遥感影像图精度为30米，对于区域宏观层面而言，其解译精度及土地利用划分、NDVI值准确度已经够用，但是对于微观层面小尺度的案例研究则需要解译更高分辨率的影像数据以提高精度，将误差进一步减小。

2. 生态安全评价指标体系有待完善

城市生态复合系统涉及自然、社会、经济等诸多方面，指标体系的可选择范围广泛，指标的取舍就显得尤为重要。本书着重评估城镇化对区域生态安全的影响，基于DPSR模型的生态安全评价方法，采取电话访谈统计指标频次以及专家访谈筛选指标的步骤，从52个备选指标中选择了有代表性、认可度高的32个评价指标作为城镇生态安全评价指标。即便如此，书中提出的评价指标体系仅作为一种尝试，旨在为快速城镇化地区生态安全评价问题的研究探索一种路径，仍有诸多不完备之处。对于指标体系的合理性、科学性与否，仅进行了信度与效度检验，仍缺乏诸如生态优先导向的城镇发展相关理论的验证与支撑，在后续评价体系研究中有待改进。其次，由于关注城镇建设等人为因素对生态环境影响较多，所以有关自然生态系统的评价指标选择较少，如生物多样性、自然生态系统类型等评价指标没有涉及。此外，对于突发性、灾害性指标仅考虑气象灾害，而对城市生态安全有重大影响的地震、内涝等指标，由于难以量化与测度而没有考虑。未来如何将此类具有不确定性、突发性的评价指标纳入到城市生态安全评价指标体系中仍有待探索。

3. 计算机仿真技术

以计算机仿真技术模拟城镇扩张与生态安全变化过程，实现生态安全动态预测将是日后研究的方向。

在全球气候暖化与人类建设活动不断加强的背景下，研究生态安全变化过程，准确预测生态安全演变趋势愈加重要。建立生态安全与时间的函数关系，利用计算机仿真技术模拟城镇扩张与生态安全变化过程，从而较准确地预测生态安全动态演变趋势将会是今后研究的重点与方向。

参考文献

[1] 李德华，主编. 城市规划原理（第三版）[M]. 北京：中国建筑工业出版社，2001.

[2] 何邕健. 1990 年以来天津城镇化格局演进研究 [D]. 天津：天津大学，2012.

[3] 辜胜阻. 中国二元城镇化战略构想 [J]. 中国软科学，1995，(6)：62-69.

[4] 胡必亮. 城镇化道路适合中国发展 [N]. 南方周末，2003，8 (7)：11-13.

[5] 陈星，周成虎. 生态安全：国内外研究综述 [J]. 地理科学进展，2005，24 (6)：8-20.

[6] 肖笃宁，陈文波，郭福良. 论生态安全的基本概念和研究内容 [J]. 应用生态学报，2002，13 (3)：354-358.

[7] 余谋昌. 论生态安全的概念及其主要特点 [J]. 清华大学学报，2004，19 (2)：29-35.

[8] 王根绪，程国栋，钱鞠. 生态安全评价研究中的若干问题 [J]. 应用生态学报，2003，1 (9)：1551-1556.

[9] 仇保兴. 实现我国有序城镇化的难点与对策选择 [J]. 城市规划学刊，2007，171 (5)：1-15.

[10] 程漱兰，陈焱. 高度重视国家生态安全战略 [J].生态经济，1999，61 (5)：9-11.

[11] 左伟，王桥，王文杰，等. 区域生态安全综合评价模型分析 [J]. 地理科学，2005，25 (2)：209-214.

[12] 尹娟，邱道持，潘娟. 基于PSR模型的小城镇用地生态安全评价 [J]. 西南师范大学学报，2012，37 (2)：126-130.

[13] 周锐，李月辉，胡远满. 苏南地区典型城镇建设用地扩展的时空分异 [J].

应用生态学报，2011，22（3）：577-584.

[14] 中证网．西部城镇化谋定“新丝路”[EB/OL]. http://www.cs.com.cn/xwzx/hg/ 201312/ t20131211_4241140.html.

[15] 西安晚报．西安城镇化率达72%[EB/OL] http://epaper.xiancn.com/xawb/html/2013-09/22/content_241695.htm

[16] Boughton DA，Smith ER and O’Neill RV. Regional vulnerability：A conceptual framework. Ecosyst Health，Aquatic Ecosystem Health，1999，8（5）：312-322.

[17] Rapport D J. Ecosystems not optimized：A reply [J]. Aquatic Ecosystem Health，1993，2（1）：57-58.

[18] 孔红梅，赵景柱．生态系统健康评价初探[J]. 应用生态学报，2002，13（4）：486-490

[19] 袁兴中，刘红．生态系统健康评价概念构架与指标选择[J]. 应用生态学报，2001，12（4）：627-629.

[20] Robyn E. Ecological security dilemmas [EB/OL]. http://www. arts.monash. edu. au/ ncas/teach/unit/pol/chpt08. html.

[21] ROGERSK S. Ecological Security and Multinational Corporations. http://www. ciaonet. org/wps/ecs07. html ，1997-04-01 /2003-08-12

[22] Ursula O S. The Future of Humanity：Human，Gender and Ecological Security [J]. Journal of Peace Psychology，2000，6（3）：229-235.

[23] Calow P. Critics of ecosystem healthmisrepresented [J]. Ecosystem Health，2000，6（1）：3-4.

[24] Dennis P.Ecological Security：Micro-Threats to Human Well-Being.Occasional Paper No.13，Harrison Program on the Future Global Agenda，1996.

[25] 莱斯特·R·布朗．建设一个持续发展的社会[M]. 北京：科学技术文献出版社，1984.

[26] Bertollo P. Asessing landscape health：A case study from northeastern Italy [J]. Environ Manag，2001，27（3）：349-365.

[27] Schaeffer DJ，Henricks EE and Kerster HW. Ecosystem health Measuring ecosystem health [J]. Environ Manag，1988，12（4）：445-455.

[28] 世界环境与发展委员会．我们共同的未来[M]. 长春：吉林人民出版社，1997.

[29] Dennis P. Social Evolution and Ecological Security [J]. Bulletin of Peace Proposals，1991，22（3）：329-334.

[30] 王耕，王利，吴伟．区域生态安全概念及评价体系的再认识[J]. 生态学

报，2007，27（4），1627-1637.

[31] Brown S A，Lugo A E. Rehabilitation of tropical lands：a key to sustaining development [J]. Restoration Ecology，1994，15（2）：97-111.

[32] 曲格平. 关注生态安全之一：生态环境问题已经成为国家安全的热门话题 [J]. 环境保护，2002,（5）：3-4.

[33] 胡秀芳，赵军，查书平，等. 生态安全研究的主题漂移与趋势分析. 生态学报，2015，35（ 21）：6934-6946.

[34] 崔胜辉，洪华生，黄云凤，等. 生态安全研究进展 [J]，生态学报，2005，25（4）：861-868.

[35] 秦晓楠，卢小丽，武春友.国内生态安全研究知识图谱——基于Citespace的计量分析 [J]. 生态学报，2014，34（13）：3693-3703.

[36] 李斌. 我国首次提出“国家生态安全”目标 [EB/OL]. http://www.960wood. com /dongtai/dongtai-15. htm（2001. 5. 3）.

[37] 马克明，孔红海，关文彬，等. 生态系统健康评价：方法与方向 [J]. 生态学报，2001，21（12）：2106-2116.

[38] 李瑾，安树青，程小莉，等. 生态系统健康评价的研究进展 [J]. 植物生态学报，2001，25（6）：641-647.

[39] 袁兴中，刘红，陆健健. 生态系统健康评价——概念构架与指标选择 [J]. 应用生态学报，2001，12（4）：627-629.

[40] 傅伯杰，刘世梁，马克明. 生态系统综合评价的内容与方法. 生态学报 [J]. 2001，21（11）：1885-1892.

[41] 肖笃宁. 干旱区生态安全研究的意义与方法 [M]. 生态安全与生态建设，北京：气象出版社，2002，23-27.

[42] 角媛梅，肖笃宁. 绿洲景观空间邻接特征与生态安全分析 [J]. 应用生态学报，2004，15（1）：31-35.

[43] 陈国阶. 论生态安全 [J]. 重庆环境科学，2002，24（3）：1-4.

[44] 李文华，欧阳志石，赵景柱主编. 生态系统服务功能研究 [M]. 北京：气象出版社，2002，1-27.

[45] 欧阳志云，李文华. 生态系统服务功能内涵与研究进展 [M]. 北京：气象出版社，2002.

[46] 王长征，刘毅. 经济与环境协调研究进展 [J]. 地理科学进展，2002，21（1）：58-65.

[47] 关文彬，谢春华，马克明，等. 景观生态恢复与重建是区域生态安全格局构建的关键途径 [J]. 生态学报，2003，23（1）：64-73.

[48] 马克明，傅伯杰，黎晓亚，等. 区域生态安全格局：概念与理论基础 [J].

生态学报，2004，24（4）：761-768.

［49］黎晓亚，马克明，傅伯杰，等. 区域生态安全格局：设计原则与方法［J］. 生态学报，2004，24（5）：1055-1062.

［50］任志远，黄青. 陕西关中地区生态安全定量评价与动态分析［J］. 水土保持学报，2005，19（4）：169-172.

［51］刘燕，李佩成，渭河流域陕西段的生态安全分析［J］. 安全与环境学报，2006，6（5）：64-68.

［52］黄青，王让会，任志远. 西安市城市生态足迹估算与动态变化分析［J］，2007，15（4）：153-156.

［53］霍艳杰，卫海燕，薛亮，等. 基于遥感和GIS的西安市土地利用时空变化研究［J］. 遥感技术与应用，2008，25（2）：672-678.

［54］郭斌，任志远. 西安城区土地利用与生态安全动态变化［J］. 地理科学进展，2009，28（1）：71-75.

［55］郭斌，任志远. 城市土地利用变化与生态安全动态测评［J］. 城市规划，2010，34（2）：25-29.

［56］冯晓刚，李锐，莫宏伟. 基于RS和GIS的城市扩展及驱动力研究—以西安市为例［J］. 遥感技术与应用，2010，23（6）：202-208.

［57］薛亮，任志远. 基于空间马尔科夫链的关中地区生态安全时空演变分析［J］. 生态环境学报，2011，20（1）：114-118.

［58］张定青，曹象明，张崇. 西安地区“泾渭水系”生态廊道建构理念与方法研究［J］. 中国园林，2012，28（6）：113-117.

［59］张定青，党纤纤，张崇. 基于水系生态廊道建构的城镇生态化发展策略—以西安都市圈为例［J］. 城市规划，2013，37（4）：32-36.

［60］张定青，胡欣，周若祁. 关中地区渭河南岸小城镇发展与河流相互关系研究—以西安市户县为例［J］. 华中建筑，2008，26（10）：219-223.

［61］张定青，翟晓婷. 关中地区人居环境生态协调单元的建构［J］. 华中建筑，2009，27（8）：1-8.

［62］杨柳，张定青. 基于城河关系的关中地区滨河小城镇生态化发展空间格局初探［J］. 华中建筑，2010，28（1）：108-113.

［63］刘红，王慧，张兴卫. 生态安全评价研究述评［J］. 生态学杂志，2006，25（1）：74-78.

［64］杨京平，卢剑波. 生态安全的系统分析［M］. 北京：化学工业出版社，2002，28.

［65］毛汉英，余丹林. 区域承载力定量研究方法探讨［J］. 地球科学进展，2001，16（4）：549-555.

[66] 唐剑武，叶文虎. 环境承载力的本质及其定量化初步研究 [J]. 中国环境科学，1998，18（3）：227-230.
[67] 胡永宏，贺思辉编著. 综合评价方法 [M]. 北京：科学出版社，2000，10.
[68] Solovjova N V. Synthesis of ecosystemic and ecoscreeming modelling in solving problems of ecological safety [J]. Ecological Modelling，1999，124：l-10.
[69] Kwak S J，Yoo S H，Shin C O.A multi-attribute for assessing impacts of regional develop projects：a case study of Kore [J]. Environment Management，2002，29（2）：301-309.
[70] 高新波. 模糊聚类分析及其应用 [M]. 西安：西安电子科技大学出版社，2004.
[71] 邓聚龙. 灰色系统理论教程 [M]. 武汉：华中理工大学出版社，1990.
[72] 王清印. 预测与决策的不确定性数学模型 [M]. 北京：冶金工业出版社，2001，1143～1741.
[73] 汪侠，顾朝林. 旅游资源开发潜力评价的多层次灰色方法 [J]. 地理研究，2007，26（3）：51-62.
[74] 赵卫，刘景双，孔凡娥. 物元模型及其在区域水环境质量评价中的应用 [J]. 云南环境科学，2006，25（2）：40-43.
[75] 蔡文. 物元模型及其应用 [M]. 北京：科学技术文献出版社，1994.
[76] 谢花林，张新时. 城市生态安全水平的物元评判模型研究 [J]. 地理与地理信息科学，2004，20（2）：87-90.
[77] 邬建国. 景观生态学——格局、过程尺度与等级 [M]. 北京：高等教育出版社，2000，96-97.
[78] 杨京平主编. 生态安全的系统分析 [M]. 北京：化学工业出版社，环境科学与工程出版中心，2002，129，131-132.
[79] 角媛梅，肖笃宁. 绿洲景观空间邻接特征与生态安全分析 [J]. 应用生态学报，2004，15（1）：31-35.
[80] 俞孔坚. 生物保护的景观生态安全格局 [J]. 生态学报，1999，19（1）：9-15.
[81] 李绥，石铁矛，付士磊，等. 南充城市扩展中的景观生态安全格局 [J]. 应用生态学报，2011，22（3）：734-740.
[82] Rees W E.Ecological footprints and apprppriated carrying capacity：What urban economics leaves out [J]. Environ Urban，1992，4：121-130.
[83] 张志强，徐中民，王建，等. 黑河流域生态系统服务的价值 [J]. 冰川冻土，2001，23（4）：360-366.

[84] Rees W E.Wackernagel M.Urban ecological footprints：Why cites cannot besustainable and why they are a key to sustainability [J]. Environmental Impact Assessment Review，1996，3：224-248.

[85] Rees W E，Wackernagel M. Monetary analysis：Turning a blind eye unsustainability [J]. Ecological Economics，1998，29：47-52.

[86] Waclcernagel M，Onisto L，Bello P，et al. Nationall natural capital accounting with the ecological footprint concept [J]. Ecological Economics，1999，29：375-390.

[87] 蒋依依，王仰麟，卜心国，等. 国内外生态足迹模型应用的回顾与展望 [J]，地理科学进展，2005，24（3）：13-23.

[88] 吴隆杰，杨林，苏昕. 近年来生态足迹研究进展 [J]. 中国农业大学学报，2006，11（3）：1-8.

[89] 杨开忠. 生态足迹分析理论与方法 [J]. 地球科学进展，2000，15（6）：630-636.

[90] 黄肇义，杨东援. 测度生态可持续发展的生态痕迹分析方法 [J]. 城市规划，2001，25（11）：26-32.

[91] 徐中民，陈东景，张志强，等. 中国1999年的生态足迹分析 [J]. 土壤学报，2002，39（3）：441-445.

[92] 徐中民，张志强，程国栋. 甘肃省1998 年生态足迹计算与分析 [J]. 地理学报，2000，55（5）：607-615.

[93] 陈东景，徐中民. 生态足迹理论在我国干旱区的应用与探讨——以新疆为例 [J].干旱区地理，2001，24（4）：305-309.

[94] 陈东景，徐中民，程国栋. 中国西北地区的生态足迹 [J]. 冰川冻土，2001，23（2）：164-169.

[95] 张志强，徐中民，程国栋. 中国西部12省（区市）的生态足迹 [J]. 地理学报，2001，56（5）：599-610.

[96] 肖荣波，欧阳志云，韩艺师，等. 海南岛生态安全评价 [J]. 自然资源学报，2004，19（6）：769-775.

[97] 薛亮. 基于格网GIS的关中地区生态安全评价与格局变化分析 [D]. 西安：陕西师范大学，2009.

[98] 陈东景，徐中民. 西北内陆河流域生态安全评价研究—以黑河流域中游张掖地区为例 [J]. 干旱区地理，2002，25（3）：219-224.

[99] Roe E，Vaneeten M.Threshold—based resource management：A framework for comprehensive ecosystem management [J]. Environmental Management，2001，27（2）：195-214.

[100] Kim H M, Yoon Y N, Kim J H, et al. Searching for strange strange attractor in waste-water flow [J]. Stochastic Environmental Research and Risk Assessment, 2001, 15(5): 399-413.

[101] 刘勇，刘友兆，徐萍．区域土地资源生态安全评价——浙江嘉兴市为例[J]．资源科学，2004，26(3)：69-75.

[102] 陈浩，周金星，陆中臣，等．荒漠化地区生态安全评价——首都圈怀来县为例[J]．水土保持学报，2003，17(1)：58-62.

[103] 黄辉玲，罗文斌，吴次芳，等．基于物元分析的土地生态安全评价[J]．农业工程学报，2010，26(3)：316-322.

[104] 俞孔坚，王思思，李迪华，等．北京市生态安全格局及城市增长预景[J]．生态学报，2009，29(3)：1189～1204.

[105] 郭明，肖笃宁，李新，等．黑河流域酒泉绿洲景观生态安全格局分析[J]．生态学报，2006，26(2)：457-466.

[106] 俞孔坚，李迪华，刘海龙，等．基于生态基础设施的城市空间发展格局——"反规划"之台州案例[J]．城市规划，2005(9)：76 -80.

[107] 俞孔坚，张蕾．基于生态基础设施的禁建区及绿地系统——以山东菏泽为例[J]．城市规划，2007，31(12)：89-92.

[108] 黄妮，刘殿伟，王宗明．辽河中下游流域生态安全评价[J]．资源科学，2008，(30)8：1243-1251.

[109] 杨存建，陈静安，白忠，等．利用遥感和GIS进行四川省生态安全评价研究[J]．电子科技大学学报，2009，38(5)：700-706.

[110] 魏彬，杨校生，吴明．生态安全评价方法研究进展[J]．湖南农业大学学报(自然科学版)，2009，35(5)：572-579.

[111] 刘世梁，崔保山，温敏霞，等．重大工程对区域生态安全的驱动效应及指标体系构建[J]．生态环境，2007，16(1)：234-238.

[112] 左伟，周慧珍，王桥．区域生态安全评价指标体系选取的概念框架研究[J]．土壤，2003，(1)：2-7.

[113] 任志远，张艳芳．土地利用变化与生态安全评价[M]．北京：科学出版社，2006.

[114] Yamamoto J, YonezawaY, NakataK, et al. Ecologicalrisk assessment of TBT in Ise Bay [J] .Journal of Environ-mental Management, 2009, 90: 41-50.

[115] 张向晖，高吉喜，董伟，等．生态安全研究评述[J]．环境保护，2005，(12)：47-48.

[116] 孔红梅，赵景柱，马克明，等．生态健康评价方法[J]．应用生态学报，

2002，13(4)：486-490.

[117] Kaly U，Pratt C.Environmental vulnerability index. In：SOPAC Technical Report 306.Fiji，2000，34-37.

[118] Villa F，McLeod H.Environmental vulnerability indicators for environmental planning and decision-making：Guidelines and applications [J]. Environmental Management.2002，29(3)：335-348.

[119] Barnthouse LW.1992.The role of models in ecological risk assess-ment. Environ Toxic Chem，11：1751 ~ 1760.

[120] 肖笃宁，布仁仓，李秀珍. 生态空间理论与景观异质性 [J]，生态学报，1997，17 (5)：453 ~ 461.

[121] 付在毅，许学工，林辉平，等. 辽河三角洲湿地区域生态风险评价. 生态学报，2001，21 (3)：365-372.

[122] 杨京平，卢剑波. 生态安全的系统分析 [M]. 北京：化学工业出版社，2002.

[123] 周文华，王如松. 城市生态安全评价方法研究——以北京市为例 [J]. 生态学杂志，2005，24 (7)：848-852.

[124] 任建丽，金海龙，叶茂，等. 基于PSR模型对艾比湖流域生态系统健康评价研究 [J]. 干旱区资源与环境，2012，26 (2)：37-41.

[125] 杨勇，任志远. 泾河流域中下游生态安全评价与分析 [J]. 干旱区研究，2009，26 (3)：441-446.

[126] 冯科，郑娟尔，韦仕川，等. GIS 和 PSR 框架下城市土地集约利用空间差异的实证研究——以浙江省为例 [J]. 经济地理，2007，27 (5)：811-814，818.

[127] 谈迎新，於忠祥. 基于DSR模型的淮河流域生态安全评价研究 [J]. 安徽农业大学学报 (社会科学版)，2012，21 (5)：35-39.

[128] 李玉照，刘永，颜小品. 基于 DPSIR 模型的流域生态安全评价指标体系研究 [J]. 北京大学学报 (自然科学版)，2012，48 (6)：971-981.

[129] 张继权，伊坤朋. HiroshiTani，等. 基于DPSIR的吉林省白山市生态安全评价 [J]. 2011，22 (1)：189-195.

[130] 张幸，钱谊，张益民，等. 基于DPSR 模型的涉及自然保护区海岸带生态安全评估研究 [J]. 安徽农业科学，2012，40 (26)：13043-13045，13140.

[131] 李稣获，任学慧，曹奇刚，等. 城市化进程中基于 DPSR 模型的大连市与锦州市土地集约利用对比分析 [J]. 云南地理环境研究，2012，24 (5)：6-11.

[132] 向言词，彭少麟，任海，等. 植物外来种的生态风险评估和管理 [J]. 生态学杂志，2002，21 (5)：40-48.

[133] HammesW P，Hertel C.Aspects of the safety assessment of genetically modified microorganisms Ernahrung [J]. Environmental Management，1997，24 (3)：236-243.

[134] 吴国庆. 区域农业可持续发展的生态安全及其评价研究 [J]. 自然资源学报，2001，16 (3)：227-233.

[135] 王强，杨京平. 我国草地退化及其生态安全评价指标体系的探索 [J]. 水土保持学报，2003，17 (6)：27-31.

[136] 李文华，张彪，谢高地. 中国生态系统服务研究的回顾与展望 [J].自然资源学报，2009，24 (1)：1-10.

[137] 徐欢欢，林坚，李昕，等. 基于生态压力指数测算的中原经济区生态安全研究 [J]. 城市发展研究，2012，19 (10)：118-124.

[138] 李佩武，李贵才，张金花，等. 深圳城市生态安全评价与预测 [J]. 地理科学进展，2009，28 (2)：245-252.

[139] 吴良镛. 人居环境科学导论 [M]. 北京：中国建筑工业出版社，2001.

[140] 马世俊，王如松. 社会—经济—自然复合生态系统 [J]. 生态学报，1984，4 (1)：1-9.

[141] 沈清基. 城市生态系统基本特征探讨 [J]. 华中建筑，1997，15 (1)：88-91.

[142] 席慕谊. 城市生态学与城市环境 [M]. 北京：中国计量出版社，1997.

[143] 李虹. 大学教师工作压力量表的编制及其信效度指标 [J]，心理发展与教育，2005 (4)：105-109.

[144] 郑日昌等. 心理测量学 [M]，北京：人民教育出版社，1999，14-64.

[145] 汪应洛. 系统工程 [M]，北京：机械工业出版社，2003，130-132.

[146] 王非，王春梅. 层次分析法在西安市城隍庙街区更新与改造规划设计方案比选中的应用 [J]，华中建筑，2008，26 (11)：205-210.

[147] 西安市地图集编纂委员会. 西安市地图集 [M]，西安：西安地图出版社，1989，101.

[148] 西安市水利志编纂委员会. 西安市水利志 [M]，西安：陕西人民出版社，1999，34-40.

[149] 西安市地图集编纂委员会. 西安市地图集 [M]，西安：西安地图出版社，1989，121-194.

[150] 百度百科. 植被指数 [EB/OL]. http:// baike.baidu.com/link?url=Kawxk9D5SXUR0y2kVN5nc4-SHMZGhzRzXphy5LM1tWragYjnJq1TXwk2

OJFcn-5azlsiaPcm9WisPgY9DncRQq#3_2

[151] 张景华，封志明，姜鲁光．土地利用/土地覆被分类系统研究进展［J］．资源科学，2011，33（6）：1195-1203．

[152] 刘纪远．中国资源环境遥感宏观调查与动态［M］．北京：中国科学技术出版社，1996．

[153] 赵春霞，钱乐祥．遥感影像监督分类与非监督分类的比较［J］．河南大学学报（自然科学版），2004，34（3）：90-93．

[154] 杨鑫．浅谈遥感图像监督分类与非监督分类［J］．四川地质学报，2008，28（3）：251-254．

[155] 王彦丽，李忠峰．基于RS与GIS支持下的定边县土地利用变化分析与发展趋势研究［J］．安徽农业科学，2007，35（20）：6226-6227．

[156] 李吉吉，马润赓．云南丽江地区土地利用变化的遥感检测与分析［C］．2006年中国土地学会学术年会论文集，重庆：地质出版社，2007：622-627．

[157] 朱会义，李秀彬，何书金，等．环渤海地区土地利用的时空变化分析［J］．地理学报，2001，56（3）：253-260．

[158] 中国政府网．陕西省2010年第六次全国人口普查主要数据公报［EB/OL］．http://www.gov.cn/gzdt/2011-05/11/content_1861638.htm

[159] 白宏涛，王慧芝，乔盛．土地资源承载力在城市发展战略环境评价中的应用研究［J］．中国环境科学学会学术年会论文集，2010：1759-1762．

[160] 豆农．中国去年能源消费总量超过美国［EB/OL］．http:// .www.guancha.cn/indexnews/ 2012_05_28_76037.shtml

[161] 赵永宏，邓祥征，战金艳，等．我国农业面源污染的现状与控制技术研究［J］．安徽农业科学，2010，38（5）：2548-2552．

[162] 王建兵，程磊．农业面源污染现状分析［J］．江西农业大学学报（社会科学版），2008（9）：35- 39．

[163] 章立建，朱立志．我国“农业立体污染”防治对策研究［J］．农业经济问题，2005，（2）：4-7．

[164] 金相灿，刘鸿亮，屠清瑛，等．中国湖泊富营养化［M］．北京：中国环境科学出版社，1990．

[165] 百度百科．工业废水［EB/OL］．http://baike.baidu.com/link?url=RuQx1uQn4ocO5mit2 HJijBuzkp8tkbv6fO4WePoRzhGM0CYWq8pkTSpd1FSnb9cF．

[166] 赵晓光，党春红，秋志远．民用建筑场地设计［M］，北京：中国建筑工业出版社（第二版），2012：10．

[167] 李民赞. 光谱分析技术及其应用 [M]. 北京：科学出版社，2006.

[168] 郭琳，裴志远，吴全，等. 面向对象的土地利用/覆盖遥感分类方法与流程应用 [J]，农业工程学报，2010，26（7）：194-198.

[169] 于成龙，张海林，刘丹. 黑龙江省极端温度时空演变特征分析 [J]. 东北林业大学学报，2008，36（10）：33-36.

[170] 刘小艳，宁海文，杜继稳，等. 近 56年来西安市气温突变与致灾效应 [J]. 干旱区资源与环境，2009，23（10）：94-99.

[171] 张宁，孙照渤，曾刚. 1955-2005 年中国极端气温的变化 [J]. 南京气象学院学报，2008，31（1）：123-128.

[172] 任国玉，陈峪，邹旭恺，等. 综合极端气候指数的定义和趋势分析 [J]. 气候与环境研究，2010，15（4）：354-364.

[173] 鲁渊平，杜继稳. 气候变化与城市发展对城市气象灾害的影响及对策——以西安市为例 [J]. 灾害学，2008，23（9）：7-10.

[174] 陈颙，史培军. 自然灾害 [M]. 北京：北京师范大学出版社，2007：221-225.

[175] 张保安，钱公望. 城市热岛效应研究进展 [J]. 四川环境，2007，26（2）：88-91.

[176] 张旭阳，宁海文，杜继稳，等. 西安城市热岛效应对夏季高温的影响 [J]. 干旱区资源与环境，2010，24（1）：95-101.

[177] 杨文峰，郭大梅. 陕西省强降水日数变化特征 [J]. 干旱区研究，2011，289（5）：866-870.

[178] 刘晓玲，殷淑燕，王海燕. 1951-2009年西安极端气温事件变化分析 [J]. 干旱区资源与环境，2011，25（5）：113-116.

[179] A·N·斯皮里顿诺夫. 地貌制图学 [M]. 北京：地质出版社，1956：81-84.

[180] 李志祥，田明中，武法东等. 河北坝上地区生态环境评价 [J]. 地理与地理信息科学，2005，21（2）：91-93.

[181] 齐清文，何大明，邹秀萍等. 云南沿边境地带生态环境3S监测、评价与调控研究 [J]，地理科学进展，2005，24（2）：2-12.

[182] 封志明，唐焰，杨艳昭. 中国地形起伏度及其与人口分布的相关性 [J]，地理学报，2007，62（10）：1073-1082.

[183] 百度百科. 地形起伏度 [EB/OL]. http://baike.baidu.com/link?url=WDkgwTl76nz8HsSOVibbDlTaFCjk_1e5qWQRbUQHmMk4w52h5yDtSzJ5mv0KfKDT6-86JRlfNNRlkxRVDearya.

[184] 刘学军，张平，朱莹. DEM坡度计算的适宜窗口分析 [J]. 测绘学报，

2009，38（3）：264-271.

［185］师长兴，周园园，范小黎．利用DEM 进行黄河中游河网提取及河网密度空间差异分析［J］．测绘通报，2012，58（10）：24-27.

［186］秦伟，朱清科．植被覆盖度及其测算方法研究进展［J］．西北农林科技大学学报（自然科学版），2006，34（9）：163-166.

［187］莫瑶，郑有飞，陈怀亮，等．1982-2000年黄淮海地区植被覆盖变化特征分析［J］．遥感技术与应用，2007，22（3）：397-398.

［188］夏照华，张克斌，李瑞，等．基于NDVI的农牧交错区植被覆盖度变化研究：以宁夏盐池县为例［J］．水土保持研究，2006，13（6）：179-181.

［189］张毅．安顺屯堡风景名胜资源调查评价及保护对策［D］．贵州：贵州大学，2010.

［190］Clyde Mitchell-Weaver，David Miller and Ronald Deal Jr.Multilevel Governance and Metropolitan Regionalism in the USA［J］.Urban Studies，2000，37（6）：851-876.

［191］罗震东，张京祥．大都市区域空间集聚—碎化的测度及实证研究——以江苏沿江地区为例［J］．城市规划，2002，26（4）：61-63.

［192］杨立国，向清成，李玲玲，等．长株潭城市群空间集聚-碎化的测度［J］．衡阳师范学院学报，2010，31（6）：77-81.

［193］人民日报．民生支出感受差异有四大原因［EB/OL］．http://paper.people.com.cn/rmrb/html /2011-10/16/nw.D110000renmrb_20111016_7-04.htm.

［194］秦静，王燕东，谭文兵，等．基于循环经济我国“十一五”时期土地产出率评价［J］．中国国土资源经济，2013（6）：30-33.

［195］人大经济论坛．第三产业在经济中比重［EB/OL］．http://bbs.pinggu.org/forum.php?mod =viewthread&tid=743380&page=1，2010.3.19.

［196］夏飞，叶莉，袁洁．中国公路交通与城镇化发展综合评价及其相关性研究［J］．广西财经学院学报，2010，23（4）：1-6.

［197］百度百科．工业固体废物［EB/OL］．http://baike.baidu.com/link?url=_8QkHLO _ZYMyoJtU6Xts PoWrb0QzAML4_68FprC8TYxP-tH8TMWoxrLdan7-KrMG.

［198］张小永．环境投资与效益的国际比较研究——兼论完善中国环保投融资机制［D］．西安：陕西师范大学，2009.

［199］查勇，倪绍祥，杨山．一种利用TM 图像自动提取城镇用地信息的有效方法［J］．遥感学报，2003，7（1）：37-40.

［200］吴宏安，蒋建军．西安城市扩展及其驱动力分析［J］．地理学报，2005，60（1）：143-150.

［201］朱孟珏，周春山．改革开放以来我国城市新区开发的演变历程、特征及机制研究［J］．现代城市研究，2012（9）：80 - 85．

［202］廖喜生，王秀兰．容积率最佳使用的经济学分析［J］．国土资源科技管理，2004（2）：73-74．

［203］（美）国际城市（县）管理协会，美国规划师协会著；张永刚，施源，陈贞，译．美国地方政府规划实践（原著第三版）［M］．北京：中国建筑工业和出版社，2006：45-55．

［204］王建武，卢静.看发达国家城镇化建设怎样用地［EB/OL］，http://www.gtzyb.com/guojizaixian /20130513_38418.shtml.

［205］李佩武，李贵才，张金花等．深圳城市生态安全评价与预测［J］．地理科学进展，2009，28（2）：245-252．

［206］Stone B Jr.Paving Over Paradise：How Land Use Regulations Promote Residential Imperviousness［J］. Landscape and Urban Planning.2004，69：101-113.

［207］Thomasville Municiple Zoning. Section 22-234，Minimum design and development criteria［EB/OL］［2009-03-18］. http://www.rose.net/citycode/Chapter_22/index.html.

［208］中国政府网．建设部《宜居城市科学评价标准》正式对外发布［EB/OL］http://www.gov.cn/jrzg/2007-06/25/content_660218.htm.

［209］百度文库．中国人居环境奖评价指标体系［EB/OL］https：//wenku.baidu.com/view/33cb851c650e52ea55189888.htmlreview.

［210］百度百科．关中天水经济区发展规划［EB/OL］．http://baike.baidu.com/link?url=E9aPs2rP8r9LvvEeLplaqd9yXUV0CxxvSuDVYEM5iyX2wh468RgHK_QDU_aV1Upg8RuDPuuWysO1663X

［211］西咸新区沣西新城分区规划说明书［R］．西安市城市规划设计研究院，2011，1-60．

［212］方创琳，马海涛．新型城镇化背景下中国的新区建设与土地集约利用［J］，中国土地科学，2013，27（7）：4-10．

图书在版编目（CIP）数据

西安市生态安全综合评价与城镇化发展策略 / 王非著.
—北京：中国建筑工业出版社，2017.12
（人居环境可持续发展论丛. 西北地区）
ISBN 978-7-112-21600-0

Ⅰ. ①西… Ⅱ. ①王… Ⅲ. ①生态安全－安全评价－西安
②城市化－城市发展战略－西安 Ⅳ. ①X321.241.1 ②F299.274.11

中国版本图书馆CIP数据核字（2017）第298461号

责任编辑：石枫华　李　杰
书籍设计：张悟静
责任校对：芦欣甜　王　烨

人居环境可持续发展论丛（西北地区）
西安市生态安全综合评价与城镇化发展策略
王　非　著
*
中国建筑工业出版社出版、发行（北京海淀三里河路9号）
各地新华书店、建筑书店经销
北京锋尚制版有限公司制版
北京建筑工业印刷厂印刷
*
开本：787×1092毫米　1/16　印张：14　字数：336千字
2018年2月第一版　2018年2月第一次印刷
定价：48.00元
ISBN 978－7－112－21600－0
（31102）